公元787年，唐封疆大吏马总集诸子精华，编著成《意林》一书6卷，流传至今
意林：始于公元787年，距今1200余年

一则故事　改变一生

意林青年励志馆

与其迷茫，不如勇敢去闯

《意林》图书部 编

吉林摄影出版社
·长春·

图书在版编目（CIP）数据

与其迷茫，不如勇敢去闯 /《意林》图书部编. --长春：吉林摄影出版社，2023.6
（意林青年励志馆）
ISBN 978-7-5498-5792-0

Ⅰ. ①与… Ⅱ. ①意… Ⅲ. ①成功心理－青少年读物 Ⅳ. ①B848.4-49

中国国家版本馆CIP数据核字(2023)第075907号

与其迷茫，不如勇敢去闯
YUQI MIMANG, BURU YONGGAN QU CHUANG

出版人	车 强
主 编	杜普洲
责任编辑	吴 晶
总策划	徐 晶
策划编辑	王征彬
封面设计	资 源
封面供图	林 田
美术编辑	刘海燕
开 本	889mm×1194mm 1/16
字 数	350千字
印 张	11
版 次	2023年6月第1版
印 次	2023年6月第1次印刷

出 版	吉林摄影出版社
发 行	吉林摄影出版社
地 址	长春市净月高新技术开发区福祉大路5788号
	邮 编：130118
电 话	总编办：0431-81629821
	发行科：0431-81629829
网 址	www.jlsycbs.net
经 销	全国各地新华书店
印 刷	天津泰宇印务有限公司

书 号	ISBN 978-7-5498-5792-0	定 价 36.00元

启 事

本书编选时参阅了部分报刊和著作，我们未能与部分作品的文字作者、漫画作者以及插画作者取得联系，在此深表歉意。请各位作者见到本书后及时与我们联系，以便按国家相关规定支付稿酬及赠送样书。

地 址：北京市朝阳区南磨房路37号华腾北搪商务大厦1501室《意林》图书部（100022）
电 话：010-51908630转8013

版权所有翻印必究

（如发现印装质量问题，请与承印厂联系退换）

目录 CONTENTS

学会自醒：
从被动努力到主动改变

- 002 | 迈出改变的第一步 　陈海贤
- 004 | 我是小说家吗　育　邦
- 004 | 独　坐　余光中
- 005 | 请俟十年　陆其国
- 006 | 复利思维　香　帅
- 007 | 拿手　子　沫
- 008 | 一定要学会的三句"咒语"　刘　润
- 009 | 看见孤星，
  　　　我便觉得人生不能轻易坠落　傅　菲
- 010 | 通往父亲的路　雪　樱
- 011 | 园丁的畅想　韦华明
- 012 | 如何化解"指责型"人格　唐　婧
- 013 | 意志力　朱光潜
- 014 | 熟能生巧之妙　刘道玉
- 015 | 第一个上校车的人
  　　　[美]艾米·布莉吉特　译/乔凯凯
- 016 | 父亲的课堂　明前茶
- 017 | 三千年历史经验　李雪涛
- 018 | 不擅长思考的大脑
  　　　[美]威林厄姆　译/赵　萌
- 019 | 物性之愚　迁夫子
- 020 | 赵高之弑　米　舒
- 021 | 看戏与演戏　朱光潜
- 022 | 父亲的金蛉子　赵丽宏
- 023 | 与自己谈话的能力　周国平
- 024 | 濒危食物，你吃了吗
  　　　[英]达恩·萨拉蒂诺　译/佚　名
- 025 | 金黄的稻束　郑　敏
- 026 | 谎言之境
  　　　[以色列]埃特加·凯雷特　译/楼武挺
- 027 | 流水坐过的台阶　陈年喜
- 028 | 谁多看了你一眼　南在南方

订立目标：
每个人难免要走很远的路

030 | 人生的契机和姿态　卞毓方
031 | 三分生　郭华悦
032 | 未被摧毁的生活　李伟长
033 | 共识的说服力　王安忆
034 | 食堂里的画家　林雅
035 | 天气预报　陈劲松
036 | 长腿的风什么都知道　田鑫
037 | 君子走眼　茅家梁
038 | 痛苦的时候，请把自己当外人　陈禹安
038 | 语言的镜头　黄集伟
039 | 创新有时取决于协同
　　　　[美]史蒂芬·柯维　译/石继志
039 | 六　言　张二棍
040 | 有什么办法能让大脑"转"起来　Lachel
041 | 认知也有保鲜期　[德]尼采　译/庄立
042 | 一街香羊肉馆　聂鑫森
043 | 从深渊到深山　石子砀

044 | 同"柳"何以不同局　赵畅
045 | 金雕失手的启示　睿雪
046 | 有特长却又不够高水平，
　　　　未来的路怎么走　高艳
047 | 天才的恐惧　徐九宁
048 | 丰子恺的"快乐教育"　宋菲君　许晓迪
049 | 人　生　[日]芥川龙之介　译/吕元明
050 | 演讲的开场白到底怎么说　李南南
051 | 神交三百年　徐佳
052 | 洞明与练达　刘道玉
053 | 让心先过去　刘世河
054 | 澄明之境　俞果
054 | 造物者心肠　陈传席
055 | 孔子操琴　杨无锐
055 | 寒冷是清澈的　巴哑哑
056 | 便利店的心理学　张文成

成为自己：
不要在别人的赛道上奔跑

058	善用直觉 编译/王隽		072	他的心恰似一座花园 明前茶
059	彼 此 林深		073	世上最好的树 董改正
060	"唯一未被荣誉摧毁的人" 董洁林		074	曹雪芹的风筝 魏芳芳
061	诸葛亮的困难 许倬云		075	大画家与装裱工 张达明
062	一棵不肯老去的树 马亚伟		076	四个"静悄悄" 王厚明
063	人生之乐乐无穷 [美]史景迁 译/温洽溢		077	停 云 王亚
064	微笑是他最后失去的东西 贾静晗		078	被施了魔法的花园
066	朋友的"贝塔值" 岑嵘			[意大利]卡尔维诺 译/马小漠
067	成功焦虑症 杨无锐		080	树 帖 赵大民
068	琢磨"傻问题" 李荣		081	情比岁月长 唐宝民
069	月亮右边 潘玉毅		082	雨滴和雨滴在大地重逢 傅菲
069	二十四节气里的警惕心 穆涛		083	李四光的一步之长 侯美玲
070	太守与鱼 徐海蛟		084	董其昌之谜 杨小彦
071	一片鱼形的树叶 王宜振		084	人生的三重境界 曾昭安

保持开放：
有主见，但不要固执己见

- 086 | 用什么样的爱抚去催醒花蕾　扶　云
- 087 | 能再快些吗　徐立新
- 088 | "科学失误"也有价值　沈　栖
- 089 | 用不可靠的组件做成可靠的火箭系统　玉　然
- 090 | 求助的艺术　韩田鹿
- 091 | 教育是一件多么不可思议的事　罗振宇
- 092 | 宇宙和你的房间一样
  　　　[西班牙]大卫·加耶　译/张方正
- 093 | 话　语
  　　　[乌拉圭]爱德华多·加莱亚诺　译/姜　宁
- 094 | 殷浩突围　付振双
- 095 | 番茄决定不了自己的身世　李　倩
- 096 | 苏轼的白发　周岩壁
- 097 | 雪落无声且无悔　王丽君
- 098 | 标点的"命运"　黄桂元
- 099 | 见　识　林树岭
- 100 | 嘉庆难题　范　军
- 101 | 转念一想　徐九宁
- 102 | 规谏的代价　陆其国
- 103 | 冗余不是多余
  　　　[美]奥赞·瓦罗尔　译/李文远
- 104 | 你乘坐的电梯缆绳断了
  　　　[美]科迪·卡西　迪保罗·多赫蒂
  　　　译/王思明
- 105 | 童年的星星　王子英
- 106 | 古人的"科幻"世界　赵运涛
- 108 | 天才与笨鸟　刘道玉
- 109 | 雾取水　沈　彦
- 109 | 狼狗时光　骆以军
- 110 | 古代到底有没有"轻功"　朝　文
- 111 | 责人易，非己难　黄小平
- 112 | 活了5400年，生命剩下28%　罗宜淳
- 113 | 为何不去沙漠取沙　鹤老师
- 114 | 渐行渐远的绝妙比喻　张天骄

坚定信念：
只要热爱，前路终有坦途

- 116 | 市场街的阁楼　周春梅
- 117 | 30秒说出关键点
　　　　[美]米罗·弗兰克　译/黄 蔚
- 118 | 剪花娘子　三 伏
- 120 | 起初，我只想拥有一本作文书　李柏林
- 121 | 区别对待的善良　俊 彦
- 122 | 收字纸的老人　汪曾祺
- 123 | 芳香行走野水芹　冷 莹
- 124 | 画　心　胡 烟
- 125 | 晚　成　草 子
- 126 | 生命是细节的长河　赵 丰
- 127 | 什么情况下，人们更愿意冒险　张 兵
- 128 | 且将一生草木染　方 蕾
- 129 | 观察一棵树　简 平
- 130 | 杨凝式之疯　米 舒
- 131 | 业余爱好者的胜利　郁喆隽
- 132 | 害怕后悔　岑 嵘
- 133 | 生生之船　郁喆隽
- 134 | 宋代饮食烹饪哲学　孙晓明
- 135 | 画家眼中的瓶子　李 更
- 136 | 栖息的树　朱艾萨克
- 137 | 另一种天才　王 蒙
- 138 | 白居易的谏诤　张向前
- 139 | 只专注于那一个小格　流念珠
- 140 | 鸟　鸣　王 川
- 141 | 字字皆辛苦　国中华
- 142 | 竞争中的"N效应"
　　　　[美]戴维·迪萨尔沃　译/王岑卉

6

感受美好：
去过充实而有趣的生活

144 | 我的四位美育老师　唐韧
145 | 以盈待虚　郭华悦
146 | 亮起来的房间　江鹅
147 | 在集中营里观鸟　陈翠珍
148 | 鸫舅舅的故事　苗炜
149 | 晦养与磅礴　黑陶
150 | 繁木是夏　草予
151 | 九重宫阙　万晓岩
152 | 没有什么不能用数学表达　郝景芳
153 | 闭环思维　丛绿
154 | 舍不得　李作民
155 | 石级的装饰画　王剑冰
156 | 真菌消失后的世界
　　　　[法]蒂图昂·科莱　编译/邹伶俐

157 | 向自然万物请教
　　　　[德]埃克哈特·托利　译/曹植
158 | 不期而遇的感觉　冯骥才
159 | 等待中的期许　张恒
160 | 路是森林的露天舞台　艾平
161 | 问题很简单　王吴军
162 | 你的猫一直在认真听你说话　贾静晗
163 | 一个遥远的下午
　　　　[美]理查德·布劳提根　译/潘其扬　肖水
164 | 画境之中有蓑衣　明前茶
165 | 爱的天赋　傅菲
166 | 树与人　孙葆元
167 | 我让萤火虫去接你　周华诚

学会自醒：
从被动努力到主动改变

迈出改变的第一步

□陈海贤

有一个关于大象和骑象人的比喻，说大象就像我们的情感，骑象人就像我们的理智。当我们想改变时，骑象人就会指挥大象，去自己想去的地方。但是，很多时候，大象也会劝说骑象人，让他相信，改变既没必要，也不可能。也就是说，情感会引诱、恐吓理智，使我们停留在心理舒适区，无法做出改变。那么，有没有办法克服这种阻力，让大象顺利迈开步子呢？

有一种特别的方法，能够有效推动改变，它运用了"小步子原理"。

简单来说，小步子原理就是在改变的路上迈出小小的一步，获得一个小小的成功。通过不断获得小的成功来积累经验，从而为下一步行动提供心理动力。

小成功能够让大象体会到改变的好处，也会塑造一种希望，让大象相信改变是可能的，并促使大象不断迈开步子。可问题是，成功总是出现在行动之后。我们要先有行动，才可能获得好结果。如何让大象迈出第一步呢？

心理咨询领域有一种提问技术，叫作奇迹提问。什么是奇迹提问呢？我举一个例子你就明白了。

我有一个来访者，上大学四年级。他需要在最后一学期修完四门课才能毕业，否则会被退学。就在这个关键的时候，他却每天窝在宿舍打游戏，几乎不出门。

他是村里第一个考上名牌大学的人，村里人教育自家孩子要好好读书的时候，都会以他为榜样。他家里并不富裕，他很清楚自己顺利毕业参加工作对家庭的意义。可就是因为这些压力，他提不起精神好好看书备考。谈到将要来临的考试时，他说自己已经想明白了，毕不毕业无所谓，大不了去干体力活，有口饭吃就行，也能帮家里分担压力。

当然，他并不是真的无所谓，只是心里的大象畏惧压力，迈不开步子，逐渐对改变失去了信心。

有一天我问他："假如奇迹出现了，你真的顺利毕业了，会发生什么呢？"他摇摇头，说不想去想这些没意义的事。

不去想可能的改变，这也是大象保护自己的方式。有时候，为了避免让自己失望，我们宁愿不产生希望。

可我坚持说："没关系，只是想想嘛！"他慢慢开始想了，说可能会去家乡的省会城市找一份工作；如果找不到，就回高中母校当老师。

说到这里，他脸上开始有光了，也许是回想起在高中当学霸的时光。

我继续问："你再想一想，如果你已经顺利毕业了，回顾这个过程，你迈出的第一步是什么？"他想了想说："我至少要让自己的作息正常起来，按时去食堂吃饭。"我说："好，那你能做到吗？"

奇迹提问是心理治疗中经常用到的一种提问方式，它看起来简单，其实有着精巧的设计。在改变的过程中，我们在往前看和往回看时，看到的东西经常不一样。往前看，会看到困难；往回看，会看到方法和路径。当假设好的结果已经发生了，再往回看的时候，我们其实已经绕开了大象的防御机制。好的结果，哪怕只是假设中的好结果，有时候也会让大象欢欣鼓舞。因为它提供了一种动力，让大象不再去思考这件事的可能性、它的困难在哪里，转而去思考这个过程是怎么发生的。这样，我们会更清楚地知道，改变的第一步该怎么走。

在这个咨询片段里,我没有跟来访者讨论怎样学习、如何通过考试,因为这些任务都会吓坏大象,让它不敢迈出步子。我们讨论的,仅仅是按时去食堂吃饭。这是来访者能做到的事,也是他有信心做到的事。所以,奇迹提问带来了改变的第一步。这样的改变虽然微小,对来访者却是非常有帮助的。

此外,这样的改变还有特别的意义。这种改变的一小步,最好是在心理免疫系统的基础上提出的。我知道他之所以每天待在寝室,不去教室,也不去图书馆,是怕碰到熟人。如果被熟人问起,他会感到无地自容。每天按时去食堂吃饭,就是针对他的心理免疫系统迈出的小小的一步。

之后,他真的这样做了。刚开始他小心翼翼,生怕被别人看到。没想到,第二天打饭的时候,还真遇到了一个同学。那个同学很热心,问起他的情况,他犹豫了一下就回答了。也许是出于好意,那个同学告诉他,自己正在备考,也很孤独,需要一个人提醒自己早起。于是,他们约定相互提醒,一起吃早饭。后来,他们开始一起上自习,来访者的状态慢慢好了起来。

有时候改变就是这样,好像一副多米诺骨牌。对我们来说,最重要的是找到能够推动改变的那块牌,找到第一个小小的改变,把它推倒,并带着好奇,看看会发生什么。用奇迹提问找到第一个小小的改变,并让它实现,这个策略就叫小步子原理。

改变的时候,千万不要试图和心中的大象正面对抗,而是要绕开它的防御机制。小步子原理就是绕开这种防御机制,帮助我们行动的方法。

也许你会想,这个故事的结局太完美了。万一那位来访者去食堂时,没有碰到那个同学呢?万一那个同学没有出于好心约他一起上自习,而是嘲笑他呢?那他迈出的这一小步,不是没用了吗?

小步子原理不是一个让我们获得最终成功的策略,而是一个让我们有所行动的策略。它的重点不是结果,而是此时此刻的行动。它的核心思想其实是古希腊斯多亚学派的主张:努力控制你所能控制的事情,并接纳你不能控制的事情。

如果你需要有最终成功的承诺,才能去做一件事,那你已经陷入让自己无法行动和无法改变的思维模式。因为你会发现,没有什么人或者什么方法能够给你这样的承诺。

小步子原理的核心,是让你专注于当下能做的事情。至于这件事情能不能带来想要的结果,这不是你能控制的,因此,也不需要你去关注。

也许你还有疑问:万一那位来访者真的受到其他人的嘲笑,该怎么办呢?

我认真地想过这个问题。如果它真的发生了,那我就会建议那位来访者转移关注点,去看看嘲笑是不是真的像自己想象的那样可怕。如果他发现嘲笑并没有那么可怕,那他便会获得一种新的经验,这也能帮助他进一步行动。

我很爱讲一个故事。从前有一个老和尚和一个小和尚下山去化缘,回到山脚时,天已经黑了。小和尚看着前方,担心地问老和尚:"师父,天这么黑,路这么远,山上还有悬崖峭壁、各种怪兽,我们只有这一个小小的灯笼,怎样才能回到家啊?"老和尚看看他,平静地说了三个字:"看脚下。"

改变的过程就是这样,我们心里有目的地,可是在行动上,只能看清脚下。也许有一天回过头,我们会发现,走着走着,自己已经走得很远了。

我是小说家吗

□ 育 邦

在一个写着评论圣伯夫文章纲要的小本子上，马塞尔·普鲁斯特写了这样两句话："我应该写小说吗？我是小说家吗？"这样的彷徨驻足与迟疑自问也许萦绕了普鲁斯特的一生。

在正式创作《追忆似水年华》之前，普鲁斯特如阮籍《咏怀》中所言："娱乐未终极，白日忽蹉跎。"人们普遍认为他是一个花花公子，对文学充满虚荣，是一个流连于达官贵人与上流社会的交际达人。

事实上，此时的他已展现出必然成为一位巨大的独创性大作家的所思所想。1908年1月，一场能生产人工钻石的骗局即"勒莫瓦那事件"刺激了普鲁斯特，作家的幽默感被激发出来。2月22日，《费加罗报》文学增刊发表了普鲁斯特就"勒莫瓦那事件"展开评论的第一部分，分别模仿了巴尔扎克、龚古尔兄弟、史学家米什莱和批评家埃米尔·法盖的文风。3月，文章的第二部分发表，普鲁斯特又分别模仿了福楼拜、圣伯夫和勒南。这7篇文章合在一起被称为《勒莫瓦那事件》。

普鲁斯特在语言模仿上绝对是个天才，但他对仿作的要求甚严，他致力寻找出所要模仿作家的口吻、节奏和笔调。他发现并成功复制这些作家写作的"秘密指纹"。普鲁斯特在模仿这些大作家的时候，娴熟地掌握了"十八般武艺"，也发现了他们的写作方式永远无法实现他所需要的表达。他清晰地认识到无论有意模仿还是无意为之，都是他必须越过的藩篱。"有意模仿，是为了以后再次拥有独特性，而不是终其一生无意识地进行模仿。"多年之后，为了反击当时人们对福楼拜的攻击，普鲁斯特为福楼拜撰写了一篇评论，他阐释道："如果我们的心灵没能就自己无意识的创作进行分析，或者没有对分析过的东西进行再创造，它就永远无法满足。"

从1908年5月开始，普鲁斯特不再沉溺于仿作，而是深入地探索真正属于自己的艺术星球。作为文体革新家的普鲁斯特显然要从旧路中抽离，开辟一条前无古人的道路。普鲁斯特不再满足于龚古尔兄弟的文本，在"过去的将来"中，普鲁斯特将会成为这样一位小说家："我已经不再注意表面现象，就像一位外科医生，通过妇女那丰腴的肌肤，发现腹腔内的病灶。"1908年，普鲁斯特写出《勒莫瓦那事件》《驳圣伯夫》后，反复思考构建自己的艺术大厦，他下定决心写出一部波澜壮阔的小说。

这一年，普鲁斯特37岁。从此，巴黎奥斯曼大街102号的灯就常常亮着，它日夜陪伴着那个创作《追忆似水年华》的人。直到1922年11月18日，灯灭人寂。

独 坐

□ 余光中

一整个下午电话无话
最后是再也分不清楚
是我更空些还是空山更空
只隐然觉得
晚春，只剩下一片薄暮
薄暮，只剩下一只布谷
用那样的颤音
锲而不舍
探测着空山的也是我的深处

请俟十年

□ 陆其国

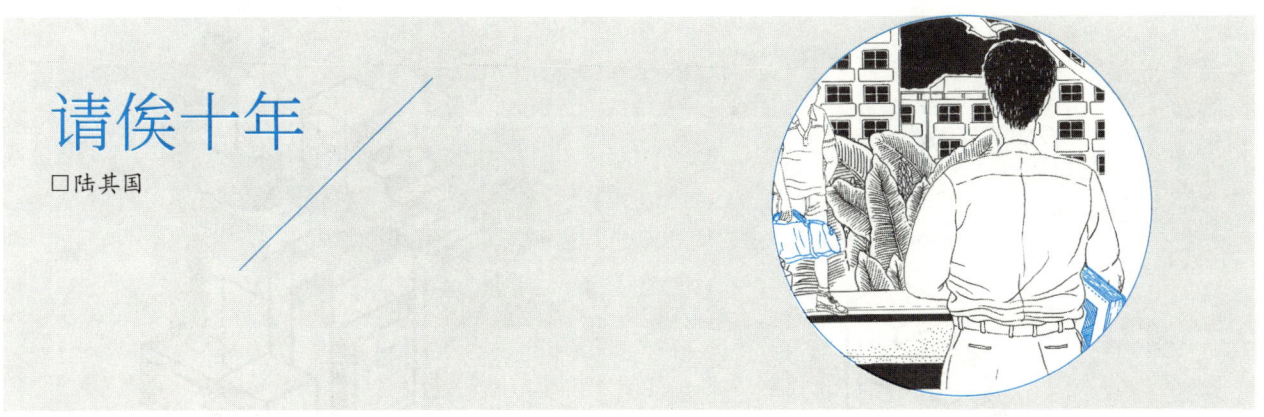

1942年春，在东北大学执教的陈寅恪的弟子朱延丰，将自己的专著《突厥通考》寄给乃师，想请他作序。陈寅恪由是在该序中，写下了他与朱延丰发生在十年前的一段往事。原来十年前，时在清华研究院的朱延丰完成了一篇论文，题目正是《突厥通考》。陈寅恪看后，给出了如下意见和建议："此文资料疑尚未备，论断或犹可商，请俟十年增改之后，出以与世相见，则如率精锐之卒，摧陷敌阵，可无敌于中原矣。"

"请俟十年"——请你再等待十年！用这十年修改你的论文。其实早在1934年，这样的学术精神陈寅恪在《王静安先生遗书序》中即已清晰表白："自昔大师巨子，其关系于民族盛衰学术兴废者，不仅在能承续先哲将坠之业，为其托命之人，而犹在能开拓学术之区，补前修所未逮。故其著作可以转移一时之风气，而示来者以轨则也。"陈寅恪正是以这样的标准，来要求朱延丰的。

然而，板凳坐得十年冷，这话说起来轻松，但做起来绝非易事。所以提出这样的意见和建议，陈寅恪事后也承认，他当时说这番话，实在是因为痛恨其时社会上有些所谓文人轻率为文、随意出书，全然不顾如此轻佻文字，实在有误读者。只是在那样的情况下对朱延丰出此言，确实失之"有所不顾"。但让陈寅恪感到欣慰的是，朱延丰不仅没有抱怨，而且不辜负他的期望，果真积十年之功，最终将一篇论文"增改"成一部立得住的专著。从这件事上，也可以让作为后人的我们，借此领略到融化在当年像陈寅恪、朱延丰这些学人身上可敬可佩的学术精神。

其实陈寅恪对朱延丰说这番话，虽然事后觉得未免失之"有所不顾"，但细究起来，应该也和陈寅恪自身的经历有关。他的治学之路以及走上大学讲坛，就是一部很有说服力的"请俟十年"的活教材。1925年吴宓举荐三十五岁的陈寅恪担任清华国学研究院导师时，校方一度因陈寅恪既没有什么学位，又没有出版过什么著述，在是否聘用他的问题上踌躇。但吴宓深知陈寅恪在治学上厚积薄发的特点和学术功底，相信自己对他的举荐是知人善任。而陈寅恪也果然不负众望，在五十岁时写出了第一部奠定他在隋唐史领域研究地位的专著《隋唐制度渊源略论稿》；一年后又写出专著《唐代政治史述论稿》，被称为开创隋唐史研究新时期的"双璧"。

后来，像这样因感同身受而不拘一格降人才的故事，又在陈寅恪和胡适等人及季羡林身上有了传承。那是二战结束后，时在德国的季羡林听说陈寅恪先生正在英国就医，就给他写了一封致敬信，并附上自己发表在哥廷根科学院集刊上用德文写的论文，向陈寅恪先生汇报自己十年来学习梵文的成绩。信寄出后，季羡林很快收到陈寅恪先生的回信，信中问他愿不愿意到北大去任教。季羡林自述道，北大"门槛一向极高，等闲难得进入。现在竟有一个天赐的机遇落到我头上来，我焉有不愿意之理！我立即回信同意"。于是，陈寅恪即向北大推荐季羡林。北大三位领导相信陈寅恪的眼光，欣然接受他的举荐。"于是我这个三十多岁的毛头小伙子，在国内学术界尚藉藉无名，公然堂而皇之地走进了北大的大门"，后来更是荣膺"北大正教授兼东方语言文学系系主任"。季羡林之所以有这样的结果，其实正是像朱延丰那样，做到"请俟十年"——板凳宁坐十年冷，也决不率尔操觚，去弄些一地鸡毛，甚至制造文字垃圾。正因为有了那样的遵循和坚持，才有了最后的回馈。

复利思维

□香 帅

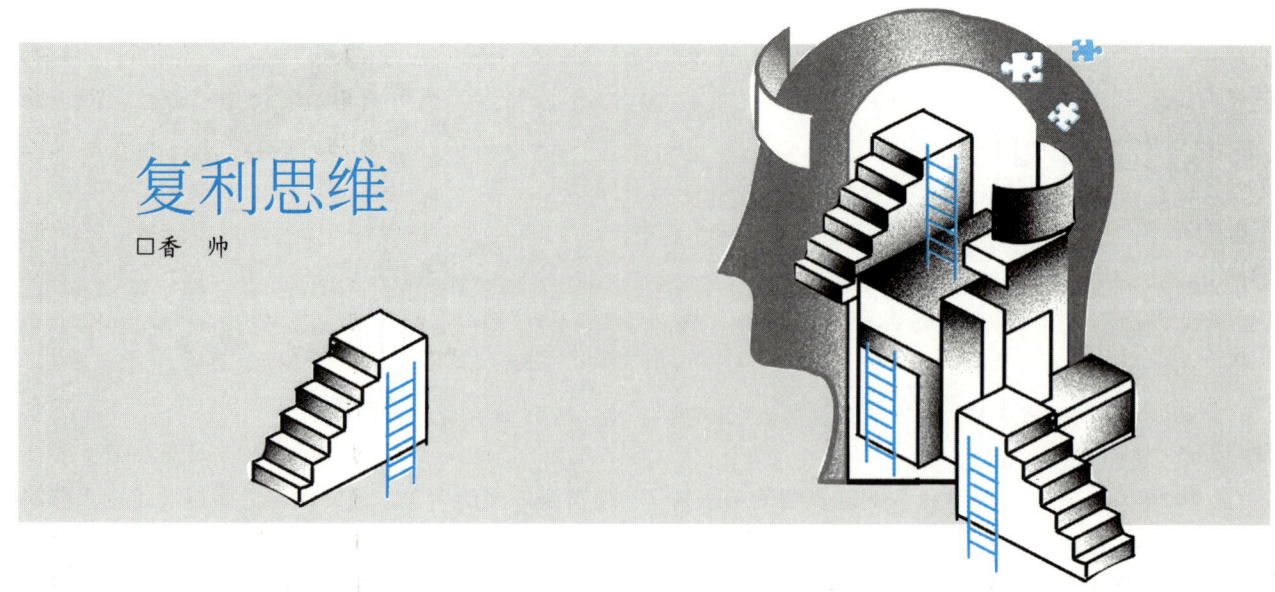

所谓复利,是指每经过一个计息期后,都要将所产生的利息加入本金,通俗地说,就是利滚利。这种利滚利的威力有多大?

比如,一笔24美元的资产,如果从1626年开始以9%的投资回报率进行复利增长,到2000年,就会变成约2386万亿美元。2386万亿美元是一个在现实生活中几乎不可能看到的天文数字。2020年苹果公司的市值一度达到1.68万亿美元,而美国全年国民生产总值不过21万亿美元。24美元在374年间不断以每年9%的速度增长,会形成一笔相当于1400多个苹果公司,或100多个美国国民生产总值的巨额财富。

复利的力量真的是水滴石穿,积跬步以至千里。所以,我们平时谈的复利思维,主要说的是"长期"和"增长"两个关键词。"复"你可以理解成重复、不间断,"利"则是增长、进步、利润。但这个理解还没有抓住复利的另一个核心——复利思维其实是一种加速度思维。

加速度思维

回到文章开头的例子。仔细分析这笔财富的增长过程,你会看到这么一串数字:到第10年的时候,这笔投资其实没有增加多少,只不过从24美元变成56.8美元;到第50年的时候,变成1784.6美元。数字本身并不是很令人惊奇,对不对?但是,到第200年的时候,这个数字就变得惊人了,是7.3亿美元;到第374年,就变成约2386万亿美元。

你发现这些数字里的秘密了吗?那就是,随着时间的推移,复利导致的绝对值的增长,呈现一种加速的趋势。时间越久,这种绝对值的加速就越快。

当初始财富很少时,在相当长的时间内,复利的效果不是特别明显。但是,一旦跨过一定的阈值,绝对财富累积的速度就变得非常明显了。这种趋势在企业发展上也是非常明显的。全世界小微企业的生存周期都很短,原因之一就是初始值太小,即使按复利增长,早期企业的绝对规模和实力还是很弱小。所以,它们抵御外界风险的能力是比较低的。

这就是战略专家说过的,企业首先要完成的是从0到0.1的突破。在达到0.1这个生存阈值之前,企业随时面临翻船的风险。所以,在这个阈值之前,任何长期战略远景都没有生存重要。同样,在我们个人的成长过程中,也会经常碰到这个阈值带来的问题:我努力了很久,效果却不是很明显。这种感觉,经常会伴随着很大的挫败感,让人坚持不下去。

比如背单词,很多人会停留在一本单词书的前面几页。当年我准备考GRE(美国研究生入学考试)时就是这个样子。背了一阵子,觉得词汇量没有显著增加,反复几次也没什么效果。一直到快考试时被逼急了,才拼命地花一周死磕,把整本书背完,不管中间忘掉多少,再花一周背第二遍、第三遍。

这时,奇迹出现了,在背第三遍的时候,我很明显地感觉到单词在脑子里呈现有序的排列,不同单词之间的联系开始浮现。第三遍只花了不到5天就完成了,而且能明显感觉背的效果要好很多。然后,第四遍、第五遍就完全是越过山丘的感觉了。到第六遍的时候，只花了一天多，很多单词一眼扫过去，例句已经自动呈现在脑海里了。

这个时候再做GRE的题，感觉就完全变了，因为生词没有了，数学部分、逻辑部分的理解基本上就没有了障碍。加上一点点套路式的训练，很快就能拿到高分。更重要的是，经过这么一次GRE的特训之后，你会发现自己读英文文献的难度大大降低了，在英语学习上能够进入一个相对正向的反馈机制了。

换句话说，只有经过一个阈值之后，复利的加速效应才能真正实现。

如何实现加速度

"加速度"才是复利奇迹的来源。而要实现这个加速度，必须跨过一个基本阈值，也就是要实现从0到0.1的突破。如果一个人的初始值很大，比如有钱的人投资，比如北京大学、清华大学的学生毕业后找工作，硅谷的精英自己创业，那他自然会发现复利效应更容易实现。

但是，对绝大多数普通人来说，这个初始值是比较小的。那么，怎样才能完成财富或成长道路上的阈值突破，实现复利效应呢？我的答案是初始速度要快。

还是回到开头的例子，一笔24美元的小额资金，给定每年9%的收益率，按复利增长，到1万美元要花70年，到100万美元要花124年，到第177年已破亿美元。很明显，最早的1万美元的积累花费了更长时间，后面慢慢有了加速度。那假设初始资金只有10美元，给定9%的增速，到1万美元要花费多长时间呢？81年。可是，如果我们改变增长速度，以15%的速度进行复利增长，事情就会发生变化：到1万美元只要50年，83年后到达100万美元，116年后破亿美元。

所以，你会发现，只要增长速度够快，初始值所造成的差异很快就可以忽略不计，而且可以实现逆袭，更快地实现复利的加速度效应。

这个逻辑放在企业和个人成长上也是一样的，甚至更明显。在起步阶段，你必须竭尽全力保持高速增长，争取在最短的时间内突破阈值，步入加速度的进程，这样你才能在后期获得复利的红利。就像我前面说的背单词的小例子，如果没有第一遍、第二遍死磕式的记忆，后面的一切都是空话。同样，很多创业企业为什么要在开始阶段狂飙猛进，跟自己、跟产品、跟市场死磕？这都是为了更快地实现从0到0.1的突破，开始加速度发展，拉大自己和其他竞争者的差距。

所以，当不少学生来跟我抱怨复利的效果在自己身上并不显著时，我经常会问他们一些问题：你的速度够快吗？你有没有把自己逼到墙角，然后纵身一跃？如果你认为自己的赛道是对的，但又看不到努力坚持的效果，那最好的办法是什么？就是加速，加速，再加速，直到突围为止。初始速度不够的话，实现复利效应就要耗费长得多的时间。

从这个意义上再来看复利思维，你就会发现，它不仅要有一个长期增长框架，更基本的是要有足够的初始速度。只有突破阈值，才能真正实现复利的加速度，获得复利的红利。

拿　手

□子　沫

我最近正在看一本小说，主人公的父亲是电力公司的抄表员，他总喜欢在抄电表时带着儿子走街串巷。主人公说："父亲临终时，手都是敲门的姿势。那不是喜不喜欢的问题，对于我父亲来说，那是他最拿手的东西，这种活法在某种意义上，也许是正确的。虽然他从事的只是一份不起眼的工作，但他默默地活在自己最拿手的工作里，一生不变。"

一定要学会的三句"咒语"

□ 刘 润

我特别想分享三句话。这三句话,就像三句神奇的"咒语",关于成长、关于协作,会让我们发生重大的改变。

我不会,我可以学

"我不会",这三个字很难说出口。说了我不会,相当于承认自己的无知,还有被嘲笑的风险。即使真的说出口,也像是被逼的。这事儿我还能不会吗?唉,既然你说我不会,那我就不会吧。

你能感受到一种怨气,甚至有一丝骄傲。但这样的状态并不好。因为这就把自己当成了无所不能的人,但是,怎么会有无所不能的人呢?

跑步,谁都会,但跑得像苏炳添一样,大多数人就不会了;上班,谁都会,但成为公司前20%,大多数人也不会了。

为了让自己更好一点,有人愿意去研究、去探索,于是,他们会自然而然地说出后面半句话:我不会,但我可以学。有人会说,学习的过程很累,太痛苦了。我想说的是,那你应该感到高兴。学习带来的短暂痛苦就像去健身房锻炼一样,撕裂的肌肉,会让你变得更强壮。

敢于承认我不会,并且放低姿态学习,以欢迎的态度面对世界,这是真正成长型的人。

我不懂,请你帮我

这句话也挺难说出口的。这意味着自己有缺陷。而寻求别人的帮助,也代表着自己的弱小。于是在很多人的生活里,就没有求助这个选项。他们更想自己有三头六臂,大包大揽。

但其实这也是不可能的。很多时候,我们需要去求助,通过求助完成协作。而每一次求助,都是一次连接。

求助是信任,而你求助的人,也一定是你信任的人。你信任对方专业的能力,也信任对方良善的意愿。"请你帮我",其实这句话是在说,我信任你,而且相信你不会背刺我。

当然,求助有很多种方法。在求助之前,自己先思考、先努力,别当伸手党。求助的时候,清楚地描述需求,而不是含糊其词。求助,是请求帮助,不是甩锅……

"我不懂,请你帮我。"不会说这句话的人,是一个封闭的点。懂得说这句话的人,是连接的一张网。

我错了,我可以改

如果说承认无知和寻求帮助很难,那么承认错误,更是难上加难。对于一些人来说,让他说自己错了,简直像在羞辱他们。这种心理,我把它叫作Ego。Ego就是以自我为中心,拼命维护自己认为正确的想法。

有一次,我和一家公司的高管聊天。我说现在网上有不少对你们的批评,你们要重视。那位高管的回答:"这些都是竞争对手在使坏。他们整天就想着怎么黑我们,我们错就错在自己太优秀了。"从这句话里,我感受一种强烈的自我。面对质疑,他们觉得"这不是我的错,或者说不完全是我的错"。但不完全是你的错,不还是你的错吗?

所以,能说"我错了,我可以改"这句话的人,是极度谦虚、自信且能担当的人。

这就是我想分享的三句话:我不会,我可以学;我不懂,请你帮我;我错了,我可以改。

这些话的背后,其实是一套心智模式。

真正的改变是行为上的改变,但行为上的改变首先是认知上的改变。

看见孤星,我便觉得人生不能轻易坠落

□傅 菲

以任何姿势看星星,都是很美的。

每一个夜晚的星空,都不一样。无论我们仰望星空时有多凝神专注,都无法穿透它——是啊!星空比我们想象的更广博、更浩渺。它繁乱而有序,驳杂而纯粹,璀璨而孤独。星星如碎冰,在瓦蓝的幕布中,耀眼又冰寒。

一滴露水有星空,一面镜子有星空,一个玻璃瓶有星空,一口井有星空,一个湖泊有星空,一片汪洋有星空。我抬起头,亮星点点,星空覆盖了辽阔的大地。

星空暂时保管在我的木桶里。我从木桶里舀水上来烧。我听到星星在水壶里拉响了停泊时的汽笛,呜——呜——呜,我喝下一口土茶,星光便流进了我的五脏六腑。夜露微凉,靠在露台的木栏杆上,我微微仰起头,光瀑在奔涌。星光只在夜深人静时奔涌而来,没有声音没有气味,它和思念具有相同的气质。

看一看夜空,是我们的哲学课。即使是微雨之夜,虽大多漆黑,但不是浓黑,仍有薄光透射出来。薄光是天空的自然之光。天空也不是空无一物,有孤星斗转。孤星高悬,明明灭灭,如火柴盒里的萤火虫。"看见孤星,我便觉得人生不能轻易坠落。"我给远方的朋友发了一条短信息。豆亮的星,给了黑夜完整的平衡。

我从不认为,星星是定格在银河中的某个位置的。所有的星辰都张起了帆,夜夜航行。它们是颗粒状的船。没有人知道它们来自哪儿,又去往何方。它们带有自己的河流,带有自己的季风。我们看到的时候,它们正好停泊在遥远的港口,我们只是它们的彼岸。无数的河流汇集在一起,有了海洋——我们瓦蓝的苍穹,帆影宛如繁花。

通往父亲的路

□ 雪 樱

父亲离开后,我一直找不到夏天的打开方式。夏至吃凉面,黄瓜切细丝,胡萝卜咸菜丁、香椿咸菜末、麻汁要备齐,蒜呢,要捣烂成泥……这些烦琐而细致的工序,原来就是未曾加工的记忆。"再给我拿两瓣大蒜!"这个夏天,当我吃第一口凉面时,父亲的大嗓门在我耳畔萦绕,泪水不禁夺眶而出。

小区对面的学校里有一家老驾校,经常遇到前来学车的人打听地方,也不乏一些残障人士。那天中午饭点,母亲跑出去买馒头,连口罩也忘了戴,拖拉着脚步就匆匆出了门。过了好长时间,她才回来,后背湿了半截,汗珠在脸上乱爬,顾不上换件干松的衣服,她兴冲冲地和我说起一件事。

她遇见一对来学车的母子,母亲用轮椅推着儿子,那轮椅看上去轻盈、便捷,两个轮子跑起来嗖嗖的,像风一样。她追上去问轮椅是什么牌子的,对方告诉她,她怕记不住,向旁边的小商贩要来笔和半截纸壳,写两下,揣进口袋。还没问完,男孩就划着轮椅跑出老远,他母亲话没说完便追了过去,一前一后,引人围观。母亲喃喃地对我说:"人家这款轮椅不用打气,关键是轻便好用,你去网上搜搜。"结果没搜到。本以为这件事就这样过去了,母亲却念念不忘,晚上睡前想起来就叨叨几句,"那个男孩看来自尊心很强,不愿与陌生人说话。"我点点头。

夏至那天早上,母亲去西边路口买早餐,打完豆浆准备离开时,猛然间发现坐在长条桌上吃早餐的正是那天学车的母子俩。她一阵狂喜,赶紧上前询问轮椅是否厂家定做、究竟是在哪个地方买的。这时候,男孩不好意思地低下头,推开还没喝完的豆腐脑,双臂一挥,划着轮椅扭头就走了。他的母亲回答完,无奈地摇摇头,直说:"孩子不懂事。"原来,他们来自城郊,早起过来学车,图个凉快。说完,她就起身追男孩去了,桌上剩下几根油条和半碗豆腐脑,冷冷清清,好像憋着一肚子委屈。

母亲为我的轮椅操碎了心,这样说一点不夸张。出门前的擦拭,回来后的放置,最头痛的是各种小故障不期而至,除了轮子不响,没有不"咯噔"的地方,经常为此提心吊胆。每次给轮胎充气也很费劲,上次打气筒不知怎么坏了,她跑出去找修自行车的师傅修理,没想到修了后更难用。她从心里记下了这件事:买辆新轮椅,让我少受罪。于是,便有了开头的这一幕追问。母亲奔波的身影,让我感到温暖又惆怅,因为我从她的身上看到了父亲的影子,继而寻到通往父亲的路。

这个月底,父亲离开两年了,既短又长,既恍若昨日又好像几个世纪那样漫长,我依然如同做梦,只不过,独独多了份清醒:他走了,我少了一个可以掏心掏肺聊天的人、一个可以毫无顾忌敞开心扉的人。到哪里,才能找到像他一样的倾听者呢?时间缄默不语,我的心里逆流成河,回荡着一个轰然巨响:他不在了,我写的书,给谁看呢?好像生活失去了意义。叶兆言在长篇小说《通往父亲之路》中也写到这一困惑：主人公张左，后来成为学术编辑，在父亲张希夷去世后，与他有关的书籍编得越多，就越不了解父亲。小说俨然是更真实的生活。张左幼时，父母便离了婚，张左由外公魏仁抚养，外公培养他练得一手漂亮的毛笔字，也是他精神层面的父亲。魏仁与张希夷则是精神盟友，他师从张希夷祖父学习古文字学，张希夷跟他学习甲骨文，两人虽为翁婿，却远胜父子关系。后来，张左的儿子张卞与英国混血女孩结婚，有了第三代查尔斯。张左还是觉得与父亲很陌生。"通往父亲的道路太漫长，张左发现他从来就没有真正走近过张希夷，有时候走得很近，感觉越远。张左现在只剩下一个身份，这就是国学大师张希夷的儿子。"与其说叶兆言了却一桩心愿，用六十年的家族文化传承史完成对父辈的致敬，不如视作对20世纪80年代少年记忆的反刍，在反刍中痛定思痛，完成生命的超越。

在通往父亲的路上，我又看到了什么？看到了他自幼饱尝摔伤之痛，当时爷爷在外地出差，等回来再带他去医院就诊为时已晚，留下终生遗憾；看到了他工作之后的吃苦耐劳，看到了他遭遇苦难后的刚直，看到了他为我治病四处打听偏方的恳求眼神……太多的细节在心头滚动、碾压，给予我嵌入骨血的至痛至爱。父亲所经历的一切，使我不敢浪费时间，不敢亵渎生命，不敢轻言放弃，更没有任何理由中断或放弃写作，好像只有这个样子，才对得起他所负载的岁月之重。想起一桩小事，母亲去银行办理业务，偶遇以前厂里的老同事吴姨，一二十年不见，都老得认不出模样了。她的老伴体弱多病，现在卧床不能自理，她念念不忘父亲当年跑前跑后帮忙办病退一事。"他是个热心肠，待人真心实意，对谁都一样。"母亲含泪不语。骨子里的善良是父亲对我的灵魂暗语，也是我用一生咀嚼不尽的精神财富。

诗人多多写道："我的身后跪着我的祖先/与将被做成椅子的幼树一道/升向冷酷的太空/拔草。我们身右/跪着一个阴沉的星球/穿着铁鞋寻找出生的迹象/然后接着挖——通往父亲的路……"通往父亲的路实在太漫长，人生又极短暂，这恰恰诠释了一个举世皆知的道理，长的是苦难，短的是人生。我慢慢地挖掘，慢慢地发现，用心灵，用文字，也用目光；当目光与目光隔空对视，就是生命与生命隔空相聚——不知不觉中，我就活成了他的模样。

通往父亲的路，重叠着我的车辙印，以及我眼底流转的星光。

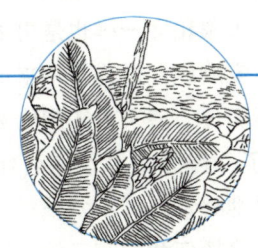

园丁的畅想

□韦华明

对一个只把侍弄园子当成爱好的业余园丁而言，年头岁尾、冬季夏季都是思考的时候。

夏至时，自然界万物蓬勃生长，阳光热力即将变化的消息被盛夏带来的鲜花盛宴淹没。

冬至过后，阳光热力渐增。每过一个小时，我们就会更接近那一天：在没有任何预兆的情况下，在许多错误的开端之后，每个人都会有一种说不出的感觉——春天来了。

对一个老园丁而言，冬至不仅意味着对欢乐到来的期盼，也是快速生长的枝条上的一个结节，还提醒自己：我只是像园子里的一株普通植物。

年终岁末时，无论年老还是年轻的园丁，心中首先想到的都一定是感激：他能活到今天，看到如此惊人的一年就要结束了，这样的时光在那些经历过的人去世后仍是令人难忘的。

园丁们常常抱怨5月的霜冻、冬季的潮湿等一切我们看作不正常的天气，却没有开明的人去想，好天气和坏天气最终带来的结果是平衡的。

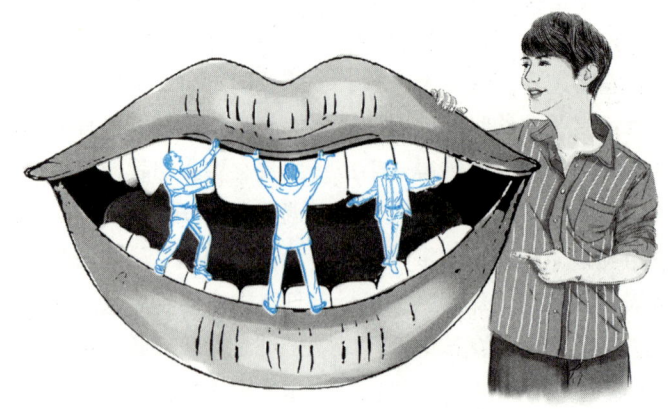

如何化解"指责型"人格

□ 唐 婧

"被指责"引起的心理挫折感，相信大家都经历过。然而，有的人小时候生活在父母的指责声中，长大后却沿袭了家庭中的"指责型"人格特点，对外界的人和事广泛加以指责，显得挑剔严苛、富于言语攻击性。这样的行为模式使得他们往往在人群中较为孤独，群体归属感较差，同时他们内心渴望爱，却不知如何寻求爱。

究其根本，他们受到了"指责型"家庭氛围所带来的人格层面的深刻影响。"指责型"家庭氛围是指：家长对孩子的教养方式以指责、打击、否定或嘲讽为主，缺乏认可和鼓励。在这样的氛围中成长的人，往往性格压抑敏感，容易自我怀疑与自我否定，有着深深的自卑，常高度地自我负面关注。他们在人际关系中常呈现两种模式：一种是向内指责、向外讨好，另一种是广泛性指责。相较而言，"向内指责、向外讨好"的人因长期自我压抑，心理压力更大，焦虑水平更高。而"广泛性指责"的人，虽然人际关系受到影响，但心理压抑能得到一定疏解，焦虑水平相对低一些。成长于"指责型"家庭氛围中的人，容易把"指责"的模式代入自己的生活中：一方面，容易对身边的人挑剔、苛求、指责；另一方面，往往也不能很好地接纳自己，内心总觉得自己不对、不好、不够尽力。常见的指责形式有两种：

一种是非理性的"责任归因"及"事后追责"：似乎一定要把不理想的结局和某人的行为绑定在一起，比如"孩子又感冒了。为什么你一带他出去玩他就感冒？我们带都没事。他出汗了你当时就该给他换衣服啊，你为什么没给他换？……"这种指责往往将责任归结在一方身上，且纠结的点在无可补救的"当时"。它会给他人或自己带来极强的挫败感和自责感，对人际关系和个体自尊感的破坏性极强。

另一种是不公平对比：拿指责对象的缺点与别人的优点作比较，抬高别人，贬低指责对象。比如"你看你们班某某，人家和你一样也是男生，人家就管得住自己，每天在家刷题，做作业从来不拖延，不需要家长提醒，你看看你，每天就知道偷着玩，以后人家考上重点学校了，你怎么办？你有什么前途可言？……"可以明显地感觉出"不公平对比"所带来的心理失衡。它不仅会挫伤我们的自信，还容易把当事人引入一种莫名的嫉妒情绪中，破坏人与人之间的情感和关系。

该如何调整这两种"破坏性极强"的指责模式，以减轻它们带给我们及周围人的伤害和心理压力呢？在指责之前，我们可以尝试做以下四个方面的心理调整，以帮助自己改善情绪基调和心理感受：

允许自己和别人犯错：提醒自己，我们都是凡人，是人都会犯错；综合归因：结果的发生往往是综合因素导致的，不仅仅是某一个人的责任，去全面看待导致结果的多个因素；既往不咎，聚焦当下：别再纠结于"当时应该"怎样，那些于事无补，专注于思考当下的解决办法；综合对比：当你想要拿自己或他人与另一个人对比时，记得要综合对比，把双方的优点和缺点各写出5~10条，再进行综合对比。很快你会发现，人和人是不具有可比性的，每个人都有自己的优点和缺点。

做完这四个方面的思考和调整后，再去向他人或自己表达"指责"，你的攻击性和破坏力就已经卸掉了一半，这时，指责带来的伤害会大为减轻。

在这里，我们强调的并不是去消灭"指责"这种表达方式，指责是每个人都需要具备的能力，它是一种心理上的攻击性能量的表达，是我们自我保护以及内心力量感的一种体现。然而成长于"指责型"家庭氛围中的人，因常年受到压制，难以正面表达自己的想法和需求，而常用指责、嘲讽或阴阳怪气的方式来表达。我们只是需要合理健康地表达指责，让它成为冲突沟通中的有效方式，而不要成为自我伤害或者破坏人际关系的罪魁祸首。

意志力

□朱光潜

在冬天的早晨，你睡在热被窝里很舒适，心里虽知道这应该是起床的时候而你总舍不得起来，你不起来，则顺着惰性，朝抵抗力最低的路径走。被窝的暖和舒适，外面的空气寒冷，多躺一会儿的种种借口，对于起床的动作都是很大的抵抗力，使你觉得起床是一件天大的难事。但是你如果下一个决心，说非起来不可，一耸身你也就起来了。这一起来事情虽小，却表示你对于最大抵抗力的征服，你的企图的成功。

这是一个琐屑的事例，其实世间一切事情都可作如此看法。历史上许多伟大人物之所以能有伟大成就者，大半都靠有极坚强的意志力，肯向抵抗力最大的路径走。

例如孔子，他是当时的大学者，门徒很多，如果他贪图个人的舒适，大可以坐在曲阜过他安静的学者的生活。但是他毕生东奔西走，席不暇暖，在陈绝过粮，在匡遇过生命的危险，他那副奔波劳碌栖栖遑遑的样子颇受当时隐者的嗤笑。

他为什么要这样呢？就因为他有改革世界的抱负，非达到理想，他不肯罢休。《论语》中的《长沮桀溺耦而耕》一节，足见出他的心事。

长沮、桀溺二人隐在乡下耕田，孔子叫子路去向他们问路，他们听说是孔子，就告诉子路说："滔滔者天下皆是也，而谁以易之？"意思是说，于今世道到处都是一般糟，谁去理会它，改革它呢？孔子听到这话叹气说："鸟兽不可与同群，吾非斯人之徒与而谁与？天下有道，丘不与易也。"意思是说，我们既是人就应做人所应该做的事；如果世道不糟，我自然就用不着费气力去改革它。

孔子平生所说的话，我觉这几句最沉痛、最伟大。长沮、桀溺看天下无道，就退隐躬耕，是朝抵抗力最低的路径走；孔子看天下无道，就牺牲一切要拼命去改革它，是朝抵抗力最大的路径走。他说得很干脆："天下有道，丘不与易也。"

熟能生巧之妙

□ 刘道玉

熟能生巧是汉语中的一个成语，它出自宋朝欧阳文忠公文集《归田录·卖油翁》，说的是一个叫陈康肃的人，在大庭广众卖弄自己的剑术，却遭到卖油翁的蔑视。这个典故告诉我们，只要长期摸索，不断实践，不断完善，发现规律，掌握规律，任何过硬的本领都可以练就，熟能生巧。

一个人对某项技术或学问，达到熟能生巧的地步，那就进入发明创造的境界了。

为什么熟能生巧能够导向发明创造？"熟"与"巧"是因果关系，"熟"意味着你牢牢掌握、彻底理解了某项技术，已经从感性阶段上升到理性阶段，能够融会贯通了。这个时候，融入大脑的各种信息，像进入胃中的食物一样，在各种酶的催化下，进行化学或生化反应，进而产生和分离出各种新的物质。就大脑而言，经过各种信息的交融或碰撞，形成的是各种新创意、新创造。

在科学研究中，发现新的真理、新成果，一直是大家追求的崇高目标。为此，必须认清科学研究的本质，掌握科学发明的规律，方可熟能生巧地获得创造性成果。什么是科学的本质？2017年诺贝尔生理学或医学奖获得者是三位美国生物学家，他们分别是杰弗里·C.霍尔、迈克尔·罗斯巴希和迈克尔·扬，获奖的成果是：发现了控制昼夜节律的分子机制。获奖后，他们发表的共同体会是：科学的本质是研究我们日常生活中习以为常的事。

人类对自己生存的世界和对自身的研究，从来就没有停止过。通过这些研究，不断积累新知识，丰富着对客观世界和自身的认识，不断适应着变化的环境，提高改造客观世界的能力。因此，可以说人类的历史，就是一部从事研究的历史，而这些研究也大多是从人们司空见惯的事物开始的。

例如，圆看似一个十分简单的形状，但从圆的概念形成，学会画圆，到发明了一系列与圆有关的理论、仪器和工具，却经历了数千年。圆，是物体旋转运动形成的完美曲线，它寓意着圆满、美满、和谐和幸福。那么，圆的概念是怎么形成的呢？地球上的人类与宇宙中的日月星辰朝夕相处，他们好奇，为什么太阳、月亮和星星都是圆的？于是，古人有了圆的观念，并逐步学会画圆，制造圆形的工具或器械。大约在六千年前，美索不达米亚人制作了第一个圆形木轮子，随后人类又发明了圆规、对电视发展起重大作用的装置——"扫描圆盘"、留声机的圆形唱片等。

人类对自己赖以生存的地球的认识，也经历了漫长的历史过程，而且充满不同学说的激烈的争论。古人认为地球是平面的，同时以为地球是平面无限延伸的。公元前六世纪到公元前五世纪，古希腊数学家毕达哥拉斯第一个提出地球是圆形的，他并没有给出科学的依据，仅仅认为在所有的几何图形中，圆形是最美丽的。古希腊另一个哲学家亚里士多德，根据月食时出现的阴影是圆的，间接推论地球也是圆的。

但是，从实际上证明地球是圆的，应当是葡萄牙航海家费迪南德·麦哲伦。他本是葡萄牙公民，但葡萄牙国王不批准他的环球航行计划，于是他放弃葡萄牙国籍移居西班牙。在西班牙国王的支持下，他率领五艘船组成的船队于1519年从西班牙塞维利亚港出发，经过3年的艰苦航行，于1522年回到西班牙塞维尔港，首次完成了环球航行，证明了地球是圆形的。

有史学家评论说："如果没有圆的发现，人类一定还是生活在原始社会。"因此，科学研究要从大处着眼、小处入手，而不能好高骛远，这样才能够做到有所发现、有所发明和有所创造。正如法国伟大的现实主义雕塑家奥古斯特·罗丹所说："所谓的大师，就是这样的人，他们用自己的眼睛去看别人见过的东西，在别人司空见惯的东西上发现美。"这里的美是一个代名词，代表一切新的发现、发明和创造性的成果。

第一个上校车的人

□ [美] 艾米·布莉吉特　译／乔凯凯

我读小学三年级的时候，父亲找到了一份新工作，与之前的工作相比更轻松，薪水也增加了很多。这应该算是一件好事，很显然，我的父亲和母亲也是这样认为的。可是，我并不这样认为，我甚至觉得糟糕透了。因为父亲不能每天按时接送我了，我不得不搭乘校车去上学。

每天早上，校车会在同一时间停在我家门前的小路上。我不能再像以前那样，慢悠悠地起床、洗漱、吃早餐，然后在父亲的再三催促下出门——校车等待我的时间只有两分钟。如果赶不上，我就只能冒着迟到的风险，骑半个多小时的自行车去学校。

天气越来越冷，早起也变得越来越困难。更让我不舒服的是，校车到达我家的时间是早上7点，这是校车停留的第一站。每次我极不情愿地从家里出来，揉着眼睛钻进校车的时候，都会忍不住抱怨学校的安排，为什么把我家设在了第一站？要知道，我上校车的时候，其他同学可能还在被窝里没有起来呢！

这件事让我感觉很郁闷，我越来越讨厌坐校车，甚至开始讨厌上学。每次在校车即将开走的前一秒，我才拎着书包匆匆忙忙地跑出家门。

直到有一天上了校车，我忍不住大声嚷嚷："讨厌！为什么要让我做第一个上校车的人？"

"噢，我很同情你，孩子。"司机转过头，看着我说，"可是，你并不是第一个上校车的人。"

我站起身，往后面看了一下，没有其他同学，确实只有我一个人啊！

司机笑了笑，指着自己说："你把我忘记了吗？事实上，我才是第一个上校车的人。每天早上，我在5点半起床，6点开始检查校车，确保不会存在任何安全隐患，6点半出发，然后在7点准时停在你家门前。"

噢，天哪！我一直以为自己是最早起床的那个倒霉蛋，没想到司机比我早得多。更重要的是，他作为第一个上校车的人，只是为了送我们上学。

后来，我不再抱怨，也不再等校车即将开走的时候再跑出来。我在心里与司机暗暗比较，看谁更能准时7点站在门前的小路上，这成了我们两个人之间的游戏。此后，直到我长大成人，每次遇到不如意的事情想要抱怨时，我就会想起校车司机说的话。

是的，很多时候，我们以为自己是第一个上校车的人，却不知道，还有人比我们早得多。他们都没有抱怨，我们凭什么抱怨呢？

父亲的课堂

□ 明前茶

十年后，他还记得中考结束那年，父亲回家探亲时，进得家门第三天，就嫌弃他的怠懒、柔弱、优柔寡断与吃饭慢，决定带他去川藏线骑行。

身为军人，父亲说干就干，立刻买了一辆新的山地车、折叠式帐篷、迷你压力锅，还有冲锋衣什么的，马上带他进行适应性训练，每天骑行50公里。

当时，他很不乐意父亲这般不容分说地干预他的生活，中考好不容易结束了，不是应该躺在沙发上紧握游戏手柄吗？一个时常在儿子的生活中缺席的男人，凭啥对他的性情与吃饭速度指手画脚？他好几天幻想着自己在父亲面前爆发并摔门而去，然而，不知为什么，一看到父亲那张黑红的国字脸，他就像新兵见到连长，满腹的委屈与愤懑都咽了回去。

母亲看着不忍，在厨房里小声争辩，说儿子还没有完全发育好，他身体瘦高，穿着冲锋衣顶风上坡时，像一只翼装大鸟，"你就不担心他路上生病吗？"

父亲淡淡地说："我唯一的儿子，我有数。听着，我不想他长大后经不起磋磨，这会害了未来的媳妇。"

母亲没声响了，只是给父亲的行囊中硬塞了十几条巧克力和6支防晒霜。

十年以后，在那场砥砺风雨和暴晒的骑行中，父子间起过什么争执，他已经忘了。他记得的，是父亲满是老茧的大手，一手死死地摁住他的脑瓜，一手帮他涂防晒霜的场景；是父亲把方便面底下卧着的茶叶蛋，硬塞到他碗里的场景；是高原上的冰雹降临时，父亲不容分说把唯一的不锈钢脸盆顶在他头上的场景；是父亲站在高坡上，朝坡下卧倒不起的他怒目而视的场景……是的，他是怎么撑下来的，这318国道上炼狱般的25天？可能，支撑他的，是父亲不经意间流露出的些许轻蔑与失望吧，父亲跟沿途的修车铺老板、小饭馆伙计、小旅馆老板表达了同一个意思：这小子，百无一用是书生，老刘家的精气神，到他这一辈，恐怕要断。我这一趟拉他出来，就是想练一练他的精气神。

他一直不服父亲给他贴的标签：书生怎么就百无一用了？老刘家的精气神，为什么由你说了算，而不是由我说了算？等着吧，总有一天，我的筋骨会结实，我的目光会锐利，我会修山地车，会在强风中搭帐篷，会看北斗七星寻找方向，会在旷野上点燃篝火，我将会比你更耐压、更有眼光。我等着，等你老了，看你会不会像今天这样自以为是、刚愎自用。

为此，他在骑行的后半段路上目光如炬，沉默是金，连父亲给他挑破脚上的水疱，并给膝头敷上膏药时，他都咬着牙一声不吭。他看到，父亲脸上深不见底的威严裂开了口子，一丝战栗掠过他的腮帮肌肉。就在他在心里举拳怒吼"不要你心疼"时，那条口子已经合拢，父亲掉头而去，不带丝毫感情地说："熄灯睡觉，明天6点半开始骑行，要躲过下午三点以后的雷暴。"

他最终和他沧桑满面的自行车，一同见到了布达拉宫。仰望那耸立在高天薄云之下的神圣殿堂，一尘不染的白色楼宇中簇拥着肃穆的深红楼宇，只一瞬间，他的眼泪就流了一脸。他意识到，他的少年时代提前结束了，而这一切，都是拜父亲所赐，他不知道应该感激他，还是怨恨他。

十年后，他成为一名博士生，在大学的高分子实验室里，师兄弟们一边做着对比实验，一边聊起"父亲的课堂"。他发现，大部分都市男生都在成长的某一刻，受到父亲毫不留情的敲打。

有人被要求在天寒地冻的天气里观鸟，写观鸟日记，画清楚每只鸟脖颈上的毛和尾翼上的渐层变色，分辨这些鸟极为相似的叫声，直到在树梢与崖壁上发现它们不同的筑巢地；

有人被要求自己组装家具，父亲指导他看说明书，刚装好书柜的外框架，就把冲击钻、膨胀螺丝和工具箱一股脑儿交给了他，然后出门跑步去了。他打电话给叔叔、舅舅，所有人都深表为难，因为，谁也不能阻挡一个男人"不是把儿子培养成国王，就得培养成匠人"的决心。

有人被要求冬泳，哆哆嗦嗦不敢下水，就被父亲所在的"老男人冬泳队"鼓掌群嘲；而为了耐寒训练，他还被父亲强押着，用一大把雪猛搓四肢，直到皮肤下面的血火辣辣地热起来。

有人被要求一个人坐27个小时的绿皮火车去大学报到，带着两个28寸的大箱子和一捆被子，父亲在火车只停靠两分钟的车站上，把自己的遮阳帽往儿子头上一扣，就掉头而去。

还有人在假期被要求，每隔一天值一次夜班，独自陪护病重的爷爷，在深夜，每过一个小时，就要起床探看吸氧面罩后面的爷爷是否有异样，是否需要喝水或咳痰。他必须学会为吊着水的爷爷穿脱衣服、擦拭身体、按摩翻身，查看有没有褥疮等意外的发生。父亲教给他护理手法，教给他与护士和值班医生打交道的方式，教给他直面生死的勇气。

可能，相比母亲那种柔软包容的管教方式，父亲的教育都是有点硌人的，可到了男生成年后，回过头来看，这种严厉的课堂，却是为他们结结实实补了一次钙，让他们从精神上到身体上，都强健起来。

三千年历史经验

□李雪涛

在一次有关历史学意义的讨论中，我提到，一个人从自己的经验中只能了解自己经历的事情，从父母那里只能了解两三代人的事情，而历史却给予我们祖先乃至人类的经验。

这些天，我找来挪威作家乔斯坦·贾德的《苏菲的世界》阅读，德文版是我在德国留学时一位朋友送的，中文版（萧宝森译本）是我回国之后买的。德文版的一开始便引用了歌德的一首诗，钱春绮先生的译文如下：

对于三千年来的历史，
如果不知道正确解释，
就让他陷于愚昧无知，
度过一天一天的时日。

萧宝森根据英译本将这首诗译作："不能汲取三千年历史经验的人没有未来可言。"也就是说，人的根基不仅仅在于你自身和家族的历史，还根植于民族乃至人类的历史之中。因此，贾德借哲学家艾伯特之口说道："这是人之所以为人的唯一方式，也是我们避免在虚空中飘浮的唯一方式。"

之后贾德写道："不过，如果她了解自己在历史上的根，她就不至于如此平凡了。同时，她生活在地球上的时间也不会只有几十年而已。如果人类的历史就是她的历史，那么从某方面来说，她已经有好几千岁了。"

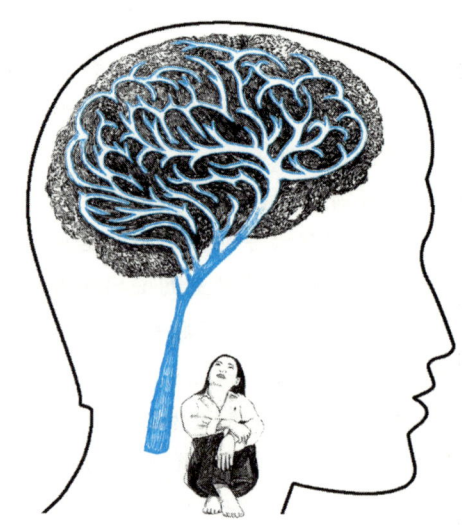

不擅长思考的大脑

□ [美]威林厄姆 译/赵 萌

人类的本质是什么？是什么让我们和其他物种不同？

许多人会说是我们的思考能力：鸟儿飞，鱼儿游，人思考（这里的思考指的是解决问题、推理、进行复杂的阅读或是所有需要付出努力的脑力劳动）。

莎士比亚在《哈姆雷特》中赞美我们的认知能力："人类是一件多么了不起的作品！他的理性是多么高尚！"不过，过了三百多年，亨利·福特却挖苦道："思考是世上最难的事情，这也许是只有少数人能够从事思考的原因。"

他们说得都对。人类的确擅长某些类型的思考，尤其是和其他动物相比，但我们很少用到它们。认知学家还会添上：人类不常思考是因为我们的大脑不是用来思考的，而是用来避免思考的。不仅如福特所说，思考很费力，而且它还是缓慢的、靠不住的。

大脑能做很多事情，思考并不是它最拿手的。比如，大脑还使你能看、能动，这些功能比思考来得有效和可靠得多。

当你走进朋友的后院时，你不会这样对自己说："啊！这里有些绿色的东西。可能是草，不过也可能是其他什么铺在地上的东西。那个粗糙的立着的棕色玩意儿又是什么？也许是篱笆？"

你在一瞬间捕捉了整个画面：草地、篱笆、花床、凉亭。你的思考系统不能像视觉系统瞬间捕捉整个画面那样立刻计算出问题的答案。

其次，思考是费力的。你不需要费力气去看，但思考需要集中精神。你可以在看的同时做其他事，但你不能在解题时思考其他的事情。

最后，思考是不可靠的。你的视觉系统很少出错，而且它犯错时你也会认为你看到了与之类似的东西——即使不是完全正确也很接近了。你的思考系统甚至无法得出一个接近正解的答案：你的答案可能完全是个错误。

如果我们都这么不擅长思考，那么我们又是怎样度过每一天的呢？我们如何找到去上班的路线，又如何在超市淘到便宜货？教师如何在日常教学中做出决定？

答案是：当我们能侥幸完成任务的时候，就不去思考，反而依赖记忆。

开车回家时在哪里转弯？如何在休会期间调解纠纷？锅里烧的水溢出来了该怎么办？在做大部分决定时，我们不会停下来考虑可能的解决方法，推论并预测各种可能的后果等。

正如有的心理学家所说的："我们大多数时候做的事情正是我们经常做的事情。"

尽管所做的事情可能相对复杂，比如从学校开车回家，你会觉得自己好像处于"自动驾驶"模式，其实这时你正在用记忆指挥你的行动。运用记忆不需要太多注意力，所以你完全可以做做白日梦,即便你是在红灯前刹车、超车、留意行人等。

你可能在旅行时已经有过类似的经历,尤其是在语言不通的国家,一切都是陌生的,哪怕是一个小动作都需要经过大量的思考,比如从小贩那里买一罐汽水,你需要从外文的包装上辨别出口味,和小贩进行沟通,翻找所需的硬币或纸币等。这正是旅行如此累人的原因之一:所有在家"自动驾驶"就足够的小动作都需要动用你的全部注意力。

这对教育学的暗示听上去可能有些残酷。如果人们都不擅长思考,甚至努力避开它,学生对上学的态度又能好到哪儿去呢?

幸运的是,故事还没结束。尽管并不擅长思考,但我们其实喜欢思考。我们生来就有好奇心,也积极寻找可以进行思考的机会。但是因为思考很难,需要条件合适,这份好奇心才能存活,否则我们很快就会放弃思考这个念头。

物性之愚

□迁夫子

《古今笑》中有一则《物性之愚》,其中有两种愚蠢的动物。

其一是白鹇。"白鹇爱其尾,栖必高枝。每天雨,恐污其尾,坚伏不动。雨久,多有饥死者。"白鹇是一种名贵的观赏鸟,翎毛华丽,叫声喑哑,有"哑瑞"之称。但是它太爱惜自己的尾巴了,下大雨时怕弄脏了尾巴,趴在树上一动不动,终致冻饿而死。漂亮的羽毛脏了,还有恢复美丽的可能,性命一旦失去,却不可复生。尾羽和生命,孰轻孰重,白鹇搞不清。

其二是鲥鱼。"鲥鱼入网辄伏者,惜其鳞也。"鲥鱼是一种名贵的鱼,肉质鲜美,号称"长江三鲜"之首。一般来说,鱼入网中,大多都会拼命挣扎,以挣脱渔网的束缚;哪怕被抓入手,也要奋力一蹦,以求逃脱。鲥鱼却不蹦,只要入网就一动不动。鲥鱼太爱惜自己的鳞甲了,所以苏东坡称它为"惜鳞鱼"。

入网挣扎蹦跳,虽然会掉落几片鳞甲,但毕竟还有逃生的可能,若为几片鳞甲丢掉性命,就太不值当了。

从人类的角度来看,白鹇爱尾、鲥鱼惜鳞,实在愚蠢可笑。然而嘲笑物性之愚的人类,似乎都能在这两种动物身上找到自己的影子。

有人如白鹇,过分爱惜自己的"羽毛",结果"羽毛"虽漂亮无比,但成了累赘;有人如鲥鱼,舍不得鳞片大的利益,却付出更惨痛的生命代价。人性的愚蠢之处在于过分地"惜"。惜,不舍也;有所惜,便有了致命的弱点。舍不得和放不下是人类的通病。有的人如蜘蛛,走一路捡拾一路,也便背负一路;明明已经不堪重负,依然聚敛不停,从而自取灭亡——被自己舍不得、放不下的东西压垮。

人常常被自己的所爱而害,爱之深,失之痛,所爱便成了一个人的死穴,白鹇爱尾、鲥鱼惜鳞,皆如是。

赵高之弑

□米 舒

弑者，以下犯上之杀也。深得秦始皇嬴政信赖之赵高，居然将嬴政的三十多个子女斩尽杀绝。何故也？

赵高生年不详，据司马迁记载，系赵国王族后裔，秦灭赵，赵高之母"被刑僇，世世卑贱"，生于隐宫的赵高成年后对秦大将白起活埋四十万赵国降卒很愤慨，对秦便怀有刻骨的国仇家恨。赵高为阉人，据《史记》与赵翼《陔余丛考》考证，赵高志在复仇，用刀自宫；另一说称赵高虽系宦官，并非阉人。

身材高大的赵高暗藏灭秦之志，以处世乖巧被嬴政看中，被委之中车府令（掌管皇帝乘舆），一是源于他办事干练，擅长大篆；二是赵高好察言观色，揣摩上意。秦始皇让赵高教其子胡亥判案断狱，赵高逢迎施教得体，深获胡亥欢心。由于巧言令色，秦始皇让赵高兼管皇帝符玺，成了嬴政贴身亲随。

嬴政一统天下后，最禁忌他人谈到死，朝夕寻求长生不老之秘方。公元前210年秋，年近半百的秦始皇在第五次出巡中突然病倒，病势渐重，嬴政只得立储，长子扶苏"刚毅而武勇，信人而奋士"，又得大将军蒙恬辅佐，由于扶苏反对"焚书坑儒"，秦始皇便将扶苏派至上郡（今榆林）当监军，一直未立他为太子。秦始皇病重之际，依嫡长子继承制，命赵高代拟诏书，急召扶苏继位。

赵高知扶苏颇得民心，暗中扣压遗诏，秦始皇驾崩，他去见胡亥，劝他取而代之。胡亥担心丞相李斯作梗。赵高知李斯私心很重，见了李斯便说："皇上驾崩一事，外人不知，谁为太子，全凭你我一句话。"李斯大惊，赵高冷笑道："依你的才能、功绩、谋略，与蒙恬能比吗？"李斯黯然道："不及。"赵高继而说："大公子一旦即位，丞相之职必归蒙恬，你日后有善终吗？"李斯终于向胡亥妥协，赵高与李斯假托秦始皇遗命，另炮制一份诏书，立胡亥为太子，以"不忠不孝"之名赐罪扶苏，令他与蒙恬自尽。扶苏本仁厚之人，拔剑自杀，蒙恬心生怀疑，被使者剥夺兵权，蒙恬、蒙毅两兄弟被囚。

胡亥登基，称秦二世，封赵高为郎中令。赵高劝胡亥趁早享尽天下之乐，又说，立嗣之事，纸终究包不住火，诸公子和大臣都在议论纷纷。胡亥忙问怎么办，赵高说："陛下唯有严刑峻法，将有罪之人连坐诛族，才可高枕无忧。"胡亥便把生杀大权交与赵高。赵高奉旨大开杀戒，逼蒙恬兄弟在狱中自尽，相继残杀胡亥的二十多个兄弟，又将胡亥的十个姐妹（公主）碾死。赵高独揽大权后，将直言进谏的大臣，或杀或贬，安排自己的亲信赵成、阎乐掌管机要部门。

丞相李斯见状,想面奏胡亥,赵高知胡亥正沉湎于酒色之中,故意选了个他玩兴正浓的时候,通知李斯去见皇帝。胡亥听说李斯求见,非常恼怒,赵高趁机进谗:"陛下当了皇帝,李斯没捞到好处,想来要让陛下封他为王。"他见胡亥更怒,又奏道,"丞相之子李由现任三川郡守,与造反陈贼是同乡好友。"胡亥一听,要法办李由通盗之罪。

李斯见各地揭竿而起,便上书胡亥,暂停建造阿房宫,并直指赵高"有邪佚之志,危反之行"。赵高佯做可怜状:"臣死不足惜,只担心陛下安危。"并诬陷李斯谋反,李斯被腰斩,诛三族。

赵高任丞相,位极人臣,指鹿为马,以显淫威,直言的大臣遭杀害。随着亡秦风暴日益高涨,胡亥对赵高产生怀疑与不满,不料赵高早已制订弑君政变计划,令亲信入宫逼胡亥自尽。至此,秦二代尽亡。

胡亥一死,赵高欲登基,但满朝文武皆不从。赵高只得将夺来的玉玺交给秦王室成员子婴。子婴早闻赵高之恶,与贴身宦官韩谈密议,假意拒绝,赵高亲自去请子婴登基,不料被埋伏的韩谈一刀砍杀。杀心很重的赵高终成刀下之鬼,秦王朝十五年而亡。

看戏与演戏

□朱光潜

莎士比亚说过,世界只是一个戏台。这话如果不错,人生就只是一部戏剧。戏要有人演,也要有人看:没有人演,就没有戏看;没有人看,也就没有人肯演。演戏人在台上走台步、做姿势、吊嗓子,嬉笑怒骂,悲欢离合,演得酣畅淋漓、尽态极妍;看戏人在台下目瞪口呆,拍案叫好。双方皆大欢喜,欢喜的是人生好不热闹,至少这片刻光阴不曾被辜负。

世间人有生来演戏的,也有生来看戏的。这演与看的分别主要体现在如何安顿自我上面。演戏要置身局中,时时把"我"指出来,使"我"成为推动机器运转的枢纽,在这世界中产生变化,并在这变化中实现自我;看戏要置身局外,时时把"我"搁在旁边,始终保持一个旁观者的地位,吸纳这世界中的一切变化,使它们在眼中成为可欣赏的图画,然后在欣赏这可变化的图画的过程中实现自我。因为有这种分别,演戏要热、要动,看戏要冷、要静。打起算盘来,双方各有盈亏:演戏的人因为饱尝生命的跳动而失去流连玩味的机会,看戏的人因为玩味生命的形象而失去"身历其境"的热闹。能入与能出,"得其环中"与"超以象外",是势难兼顾的。

这种分别看似极平凡而琐屑,其实却包含人生理想这个大问题。古今中外许多大哲学家、大宗教学家和大艺术家都对人生理想进行过探索、争辩,他们所得到的不过是三个简单的结论:一个是人生理想是看戏,一个是人生理想是演戏,一个是它同时看戏和演戏。

父亲的金铃子

□赵丽宏

父亲老了，七十有三了，年轻时那头乌黑柔软的头发变得斑白又稀疏。大概是我们天天在一起的缘故，真不知道他的头发是怎么白起来，怎么变得稀疏的。

有些人能返老还童，这话确实有道理。七十三岁的父亲，竟越来越像个孩子，对小虫小草之类的玩意儿的兴趣越来越浓。起初，是养金铃子。乡下的亲戚用塑料盒子装了一只金铃子，带给读小学的小外甥，却让父亲"扣"下来了。"小孩迷上了小虫子，就没有心思读书了。"他一边微笑着申述理由，一边凑近透明的塑料盒子，仔细看那只被关在盒子里的小虫子。"听，它叫了！"他压低了声音，惊喜地告诉我，并且要我来看。盒子里的金铃子果然在叫，声音幽幽的，但极清脆，仿佛一根银弦在很远的地方颤动。金铃子形似蟋蟀，但比蟋蟀小得多，只有米粒大小，背脊上披着一对精巧的翅膀。叫的时候那对翅膀便高高地竖起来，像两面透明的金色小旗在飘……

金铃子成了他的宝贝。他把塑料盒子带在身边，形影不离，有空的时候，就拿出盒子来看，一看就出神，旁人说什么做什么都不知道。时间长了，他仿佛和盒子里的金铃子有了一种旁人无法理解的交流。那幽幽的叫声响起来的时候，他便微笑着陷入沉思，表情完全像个孩子。一次，他把塑料盒子放在掌心里，屏息静气地谛视了好久。见我进屋来，他神秘地一笑，喜滋滋地说："你相信吗？我懂得金铃子的意思呢！"

我当然不相信，这怎么可能呢？于是他把我拉到身边，要我和他一起盯着盒子里的金铃子看。"我要它叫，它就会叫。"他很自信，也很认真。米粒大小的金铃子稳稳地站在盒子中央，两根蛛丝般的触须悠然晃动着，像在和人打招呼。看了一会儿，他突然轻轻地叫了起来："听着。它马上就要叫了！听着！"

果然，他的话音刚落，金铃子背上的两片亮晶晶的翅膀便一下子竖了起来，那幽泉般的声音便在我的耳畔回旋……"它马上要停了。你听着！"金铃子叫得正欢，父亲突然又轻轻推了我一下，在耳边急促地告诉我。他的话音未落，金铃子果真停止了鸣叫。

这件事真有些神奇。我问父亲其中究竟有什么奥秘，他笑了，并不是得意扬扬的笑，而是浅浅的淡淡的一笑。他说："其实没啥稀奇的，看得多了，摸清它的规律了。不过，这个小生命确实有灵性呢，小时候，我就喜欢听它们叫，这叫声比什么歌曲都好听。有些孩子爱看它们打斗，把它们关在小盒子里，它们也会像蟋蟀一样开牙撕咬，可这有啥意思呢？"

他沉浸在童年的回忆中，绘声绘色地讲起了童年乡下的琐事，讲他怎样在草丛里捉金铃子，怎样趁着月色和小伙伴一起去地主的瓜田里偷西瓜。在那无边无际的青纱帐中，孩子们用拳头砸开西瓜吃个饱，然后便躺在田垄上，看着天上的月牙、星星和银河，静静地听田野里无数小生命的大合唱。织布娘娘、纺纱童子、蟋蟀、油葫芦，以及许许多多无法叫出名字的小虫子，都在用不同的声音唱着自己的歌，它们的歌声和谐地交织在一起，使暗淡的夏夜充满生机，充满宁静的气息……"最好听的，还是金蛉子的声音。"说起金蛉子，父亲兴致特别高，"金蛉子里，有地金蛉和天金蛉之分。天金蛉趴在桃树上，个儿比地金蛉大得多，翅膀金赤银亮，像一面小镜子，叫起来声音也响，像是弹琴。可天金蛉少得很，难找，它们是属于天上的。地金蛉才是属于我们的。别看地金蛉个儿小，叫声幽，那声音可了不起，大地上所有好听的声音，都能在地金蛉的叫声里找到。不信，你来听听。"

盒子里的金蛉子又叫起来了。父亲侧着头，听得专注而出神，脸上又露出孩子般的微笑……秋深了，风一阵凉过一阵。橘黄色的梧桐叶在窗外飞旋，跳着寂寞的舞蹈。塑料盒子里的金蛉子开始变得沉默寡言了，越来越难听到它的声音。父亲急起来，常常凝视着塑料盒子发呆。盒子里的金蛉子也有些呆了，缩在角落里一动不动，那对小小的响翅似乎也失去了亮晶晶的光泽。

"你把它放在贴身的衣袋里试试，用体温暖着它。兴许还能过冬呢！"母亲见父亲愁眉不展，笑着提了一个建议。

父亲真把塑料盒子藏进了贴身的衬衣口袋。金蛉子活下来了，并且又像以前那样叫起来。不过金蛉子的歌声旁人是很难听见了，它只是属于父亲的，只要看到他老人家一动不动地站着或者坐着微笑沉思，我就知道是金蛉子在叫了。有时候，隐隐约约能听见金蛉子鸣唱，幽幽的声音是从父亲的身上，从他的胸口飘出来的。这声音仿佛一缕缕透明无形的烟雾，奇妙地把微笑着的父亲包裹起来。这烟雾里，有故乡的月色，有父亲儿时伙伴的笑声和脚步声……

与自己谈话的能力

□周国平

有人问犬儒学派创始人安提斯泰尼，哲学给他带来了什么好处，回答是："与自己谈话的能力。"

我们经常与别人谈话，内容大抵是事务的处理、利益的分配、是非的争执、恩怨的倾诉、公关、交际、新闻等。独处的时候，我们有时也在心中说话，细察其内容，仍不外上述这些，因此实际上也是在对别人说话，是对别人说话的预演或延续。我们真正与自己谈话的时候是十分稀少的。

要能够与自己谈话，必须让心从世俗事务和人际关系中摆脱出来，回到自己。这是发生在灵魂中的谈话，是一种内在生活。哲学教人立足于根本审视世界，反省人生，带给人的就是内在生活的能力。

与自己谈话的确是一种能力，而且是一种罕见的能力。有许多人，你不让他说凡事俗务，他就不知道说什么好了。他只关心外界的事情，结果也就只拥有仅仅适合与别人交谈的语言了。这样的人面对自己当然无话可说。可是，一个与自己无话可说的人，难道会对别人说出什么有意思的话吗？哪怕他谈论的是天下大事，你仍感到是在听市井琐闻，因为在里面找不到那个把一切联结为整体的核心，那个照亮一切的精神。

濒危食物，你吃了吗

□ [英] 达恩·萨拉蒂诺 译/佚 名

在土耳其东部一片灰色山脉掩映下的金色田野里，我伸手触碰了一个濒危物种。在这片高原上的每个村庄里，它都曾是人们生活中不可或缺的存在，但如今，它已经时日无多。"就剩下几块地了。"一位农民说。我所说的濒危物种既不是稀有的鸟类，也不是其他罕见的野生动物，而是一种小麦。对大多数人来说，每块麦田可能看起来都差不多，但Kavilca（原产于土耳其的野生二粒小麦）不同寻常。它将安纳托利亚东部染成蜂蜜般的颜色已有400代之久（大约1万年）。它是世上最早种植的粮食作物之一，如今却进入了最稀有的行列。

一种食物怎么可能既濒临灭绝又随处可见呢？答案与品种有关。包括Kavilca在内的很多品种的小麦都面临着灭绝，而其中几个品种的特性正是我们防治农作物病虫害、应对气候变化所需要的。Kavilca变得稀有，标志着我们的食物正大规模地走向灭绝。

全球饮食趋同

我们生活中的许多方面正逐渐趋于统一。无论身在何处，我们都能在同样的商店里购物，看到同样的品牌，我们的饮食也是如此。"等一下。"你或许会说，"比起我的父母或祖父母，我吃的食物种类可丰富多了。"从某种层面来说，确实如此。无论在伦敦、洛杉矶还是利马，你都能吃到寿司、咖喱和麦当劳；你都能咬一口牛油果、香蕉和芒果……提供给我们的食物乍看多种多样，但接着你就会意识到，这种"多样"在全球蔓延的方式一模一样。

我们面对的现状是：全球大部分食物的源头——种子，主要由四大公司掌控；全球一半的奶酪依靠同一家公司生产的细菌和酶发酵；全球1/4的啤酒由同一家公司酿造；还有最为人熟知的，尽管香蕉有1500多个品种，但主宰全球贸易的只有一种，那就是卡文迪什香蕉。

人类的饮食在过去150年（大约六代人）里发生的变化比之前整整100万年（大约四万代人）的还多。我们的生活方式和饮食习惯正在经历一场空前的大型实验。Kavilca是多样性日益衰减下的幸存者之一。可如今，这种完美适应了当地环境又拥有独特味道的谷物已濒临灭绝。其他成千上万种农作物和食物也是如此。

食物多样性丧失

我进入食品新闻领域时，正值危机爆发。那是2008年，世界各地的人大多都在关注那场击穿了银行系统的金融风暴。但与此同时，一场重大的食物危机也拉开了序幕。小麦、大米和玉米的价格飙升到了历史新高。这股涨势把全球数千万穷人推向了饥荒，也加剧了紧张局势。

几十年来，人们第一次就食物的未来提出了必须严肃思考的问题。全球目前有75亿人口，预计到2050年会达到100亿。作物学专家告诉人们，全球的收成必须增长70%才行。在这种情况下，提升多样性似乎是个奢侈的主张。但如今，人们渐渐意识到了多样性对人类的未来是何等重要。不少专家指出，以前人们试图把全球大部分的食物供应建立在少数几种作物上，以为依靠单种栽培就能养活自己，但如今，这种方法彻底失败了。

食物多样性丧失、许多食物濒临灭绝，这两者都不是偶然发生的，纯粹是人为的灾难。农作物多样性在二战后的几十年里遭受了最为惨重的损失。当时，为了拯救忍饥挨饿的数百万人口，作物学专家找到了超大规模种植水稻和小麦等谷物的方法。为了种植更多的粮食作物，弥补全球粮食短缺，少数几个超高产的新品种取代了成千上万个传统品种。多用农药、研究新基因……人们采取了一系列措施来确保粮食生产。这一系列措施被称作"绿色革命"。因为"绿色革命"，粮食产量增加了两倍，1970年至2020年的人口也增长了一倍多。然而，培育出更多的同质品种反而会损害农作物的抗灾能力。如果全球食物体系仅仅依赖少数几种作物，一旦遭遇病虫害和极端天气，这个体系就会面临极大的崩溃风险。

尽管"绿色革命"是以科学为基础，但它企图过度简化自然，结果适得其反。我们种下了一片又一片同品种的小麦，却抛弃了成千上万个适应性强、恢复力也强的品种。我们曾经一而再、再而三地遗忘它们的宝贵特性。现在，我们渐渐认识到了自己的错误，领悟了前人的智慧。

拯救濒危食物

即使在几千年前，人们的饮食也远比今日大多数人的丰富。1950年，在丹麦西部的日德兰半岛，一群挖炭工挖出了一具完整的尸体，死者是一名2500年前遭处决（或献祭）的男性。其胃里残留着一种用大麦、亚麻等40种植物种子熬成的粥。生活在今日非洲东部的哈扎人是世上最后几个以狩猎采集为生的族群之一。野外800多种动植物都是他们潜在的食物来源。

我并非号召人们回归过去的饮食方式，但我认为确实有必要认真思考一下，为了在现在和未来的世界里生存下去，我们能从过去学到什么。当前的食物体系正在毁灭地球。我们推平了一片又一片森林，种下大量的单一品种作物，接着每天烧掉数百万桶石油来制造肥料，施用于作物之上。这种耕种方式就是在透支未来。

我不能妄下断言，声称拯救濒危的食物就能解决所有问题，但我相信这是其中一个办法。举例来说，在十分寒冷潮湿的环境下，Kavilca能茁壮成长，但现代作物注定歉收。鲜嫩多汁又富含营养的块茎植物Murnong（一种山药）曾盛产于澳大利亚南部，它的存在证明了我们可以向原住民学习如何在饮食方面与大自然和谐相处。

"濒危"和"面临灭绝风险"通常用于形容野生动植物。自20世纪60年代起，世界自然保护联盟开始编制濒危物种红色名录，按严重程度对其中的动植物物种进行分级，并突出强调了面临灭绝威胁的物种。20世纪90年代中期，国际慢食协会编制了专门针对食物的红色名录，并将其命名为"美味方舟"。慢食协会发现，一旦某种食物、某种地方产物或作物濒临灭绝，那么对应的生活方式、知识技能、地方经济和生态系统也会面临风险。慢食协会呼吁尊重多样性，这引得世界各地的农民、厨师和"慢食运动"参与者展开了想象。他们开始把自己知道的濒危食物加入"美味方舟"名单。

如今，"美味方舟"已收录130多个国家的5000多种食物。我遇见过很多致力于保护濒危食物的人，其中就包括开篇那位向我展示Kavilca麦田的农民。食用濒危食物便有助于保护它们。它们不仅仅是食物，还代表着历史、身份、文化、地理、基因、科学、工艺和创造力。当然，还有我们的未来。

金黄的稻束

□ 郑　敏

金黄的稻束站在
割过的秋天的田里，
我想起无数个疲倦的母亲，
黄昏路上我看见那皱了的美丽的脸，
收获日的满月在
高耸的树巅上，
暮色里，远山
围着我们的心边
没有一座雕像能比这更静默。
肩荷着那伟大的疲倦，你们
在这伸向远远的一片
秋天的田里低首沉思。
静默。静默。历史也不过是
脚下一条流去的小河，
而你们，站在那儿，
将成为人类的一个思想。

与其迷茫，不如勇敢去闯

谎言之境

□ ［以色列］埃特加·凯雷特　译／楼武挺

罗比第一次撒谎是在7岁那年。

当时，妈妈让他去买东西。罗比却给自己买了一个冰激凌，并把找回的零钱藏到了楼下花园里一块白色的大石头下。他告诉妈妈，有一个红头发、缺了一颗门牙的男孩在街上打了他，抢走了钱。

妈妈相信了他的话。从此，罗比撒谎上了瘾。所有的谎言都是他随口编出来的，他从未想过自己有朝一日会遇到它们。

事情是从一个梦开始的。梦里，他和妈妈坐在一块草席上，四周是一片白色的世界，只有一台泡泡糖自助售货机立在旁边。那是一台老式机器，往投币口投入硬币，转动把手，就会出来一块泡泡糖。妈妈说，她在"阴间"实在待不下去了，那里什么也没有。

"你得帮帮我，罗比。"妈妈说，"你得给我买一块泡泡糖。"

罗比手忙脚乱地在衣服口袋里翻找一通，但一无所获。"我一点儿钱也没有，妈妈。"说着，泪水涌出了他的眼眶。

"那块石头底下，你找了吗？"妈妈紧紧抓着他的手说。

然后，罗比就醒了。那天是周六，他醒来时才凌晨5点，外面仍然是一片漆黑，但他还是驾车去了儿时居住的地方。

20年了，公寓楼和楼下的小花园还是原来的样子。那块石头还在。罗比小心地搬开石头，只见一个西柚大小的地洞，往外透着亮光。

亮光刺得罗比睁不开眼。

罗比趴在地上，把整条胳膊都伸进洞里，企图够到洞底，但他只摸到冷冰冰的金属，感觉像一个把手。他使劲转了一下，周围就发生了变化。

这里跟他的梦境几乎一模一样，无边无际的白色、一台泡泡糖自助售货机，唯一不同的是还有一个相貌丑陋的红头发小鬼。

这个小鬼可能是罗比在梦里没有注意到的。

罗比正准备掏钱时，小鬼狠狠地踢了他的小腿一脚。罗比跪倒在地，痛得浑身乱扭："你是谁？"

"我？"那个小鬼坏笑着回答，"我是你撒的第一个谎啊。"

小鬼这一笑，让罗比发现他缺了一颗门牙。

罗比挣扎着站了起来，红头发小鬼早已不见。罗比继续翻找零钱。找了多时，他才记起，那个小鬼抢走了他的钱包。

罗比翻不出钱，就一瘸一拐地往前走去。走了一会儿，他看到一条德国牧羊犬站在一个瘦骨嶙峋的老头儿身边。老头儿装了一只玻璃义眼，没有双臂。那条狗吃力地用两条前腿拖着瘫痪的后半身，向他挪过来。

罗比认出这正是自己的谎话中被车撞了的那条狗。但那个老头儿，罗比不知道是谁。

"我叫伊戈尔。"老头儿说道。

"我们认识吗？"罗比问。

"我和你？不，我们一点儿关系也没有。我是别人的谎话。"

罗比没问对方是谁的谎话。罗比真希望当初撒谎时，自己没有说得那么残忍。那样的话，这条狗就能少受一点儿苦了。

那个人给了罗比一枚硬币。罗比道了谢，赶去泡泡糖自助售货机那里，投入硬币，转动把手。

睁开眼睛时，罗比发现自己摊开四肢倒在地上，手里攥着一块泡泡糖。

回到家后，罗比把泡泡糖放在枕头底下。

那次之后，罗比再也没回过那个地洞，但那个地洞常常萦绕在他的脑海里。刚开始，他仍然继续撒谎，但那些谎话里不再有谁伤害谁的情节，也没人残废或死于癌症。可是，正面的谎话太难编了。慢慢地，罗比发现自己不怎么撒谎了。

随着时间的推移，他逐渐淡忘了那个地洞。

直到有一天上午，罗比无意间听到会计部的娜塔莎对领导说，她叔叔伊戈尔心脏病发作了，她要请假去看他。罗比跟随她下了楼。

"你的谎话……你刚才……说的那个人，"罗比结结巴巴地说，"我认识他。"

"你跟了我一路，就是为了指责我？"

"不，"罗比回答，"不过，你说的那个伊戈尔，我见过。我想——"

"你能让开吗？"娜塔莎冷冷地打断他。

"我知道我的话荒唐，但我能证明给你看。"罗比继续说，"伊戈尔少了一只眼睛。你以前肯定编了一个什么故事，说他失去了一只眼睛，对吧？"

娜塔莎怔住了。

罗比领着娜塔莎到了花园里，进入那个地洞。

他们花了很长时间才找到伊戈尔。

伊戈尔面色蜡黄，冷汗淋漓。见到娜塔莎，他挣扎着站起来，尽管他连站也站不稳。娜塔莎哭了起来，请求他原谅。因为，这个伊戈尔不仅是她编的谎话之中的人物，还真的是她的叔叔。

从地洞回到花园，娜塔莎说："你知道吗？我本来要跟朋友去西奈玩几天的，但我不打算去了。我想明天回来照顾伊戈尔，你愿意跟我一起吗？"

罗比点了点头，但知道自己要想跟娜塔莎一起来的话，又得向公司撒谎了。

他不确定自己这次该编一个什么谎言，只知道应该编一个充满鲜花和阳光的快乐谎言。

流水坐过的台阶

□陈年喜

对这个世界来说，对生活与命运来说，霜，实在称得上永恒之物。

对读者来说，一篇文章或许只是一些文字，而在我，却是时间风尘的证词。岁月流转，韶华如驶，我们唯有默念，唯有相望相惜。

我常常从一页白纸出发，又在一页空空的纸上回归。如果有人问我为什么写作，我没有答案——就像一个人走在路上，会突然失声笑起来；或者夜深人静时，会突然用被子蒙住头，泪流满面。

记得有一年，我与一群人辗转来到黄河三门峡一个叫"槐扒"的水库。彼时，初春无雨，源头雪山也未消融，黄河裸露出一段段嶙峋的河床。

这些流水和时间坐过的台阶，向远方铺展开来。它们似乎经历了什么、见证了什么，又似乎毫无经历和见证。

我们坐过流水，又被流水坐过。彼此留痕，又彼此忘却。

逝水流长，追赶春天的人一身霜白。和风与朔风互为永恒，欢欣与悲伤互为永恒，生与死互为永恒。人在无数永恒之物间穿行，倏忽而过。

一地霜白，愿白霜超越本身，愿霜色如华，照临行色匆匆的人。

谁多看了你一眼

□ 南在南方

想起一个故事,说的是思想家王夫之年老多病时,有朋友来看他,朋友走时,他站在门口说:"恕不远送,我心送你三十里。"

朋友觉得王夫之就是客气一下罢了,走了十来里地,忽然想起有东西忘记拿了,于是返回,只见他还站在门口。

远去的,只要愿意,都可以目送。落日可以目送,小船可以目送,流云也可以目送,当然,还有背影。每一个背影的前面,都有一个亲爱的、清晰的面容。面容用来盛欢笑,而背影用来粘连目光。

记得很久以前,我读到这样一句话:"你走,我不送你;你来,无论多大的风多大的雨,我都要去接你。"那时,我刚刚知道有一种情感叫不舍,也明白有一种情感叫相聚;那时,我喜欢重逢的盛大。

再到后来我觉得,送别才是盛大的事情。送别的地点不一定非是车站、码头、机场,而是你离开的地方,我目送的地方。

目送聚焦的大多是背影,但也有静默相对的时候,就像我和祖父。

祖父去世前一天,他坐在矮圈椅上,面前有铁质的暖炉,我给他喂婴儿米粉,他吃了几匙,便不肯吃了,抿着嘴摇头,那时他已经不能言语。放下米粉,我给他泡茶,喂他喝了几口,他不肯再喝。我便把茶杯放在暖炉上,他欠着身子将杯子朝里推了推,这是他的习惯,怕杯子摔着了。他坐在那里,一言不发。我坐在那里,也一言不发。间或一只鸡从门口张望,吸引了他,他朝门口瞅一下。某个时候,我看见他忽然有两行眼泪流下来,就用手帕给他擦,好像总也擦不干……那小半天,我坐在他斜对面看着他,像默诵一篇文章。第二天早晨,他就走了。当时,我去医院给他买药,因为前一天晚上他的呼吸有点儿深重,我想也许是有痰。等我回来,他已经走了。

这是一个已知的结果,可是我的悲伤难以自抑,唯想到相对而坐的小半天,方得到有限的安慰。我想,我们算是彼此目送了。

记得小时候去二姑家,祖父要送上二十多里,坐在一个叫楸树垭的山口看着我下一个叫二台子的坡。他坐在那棵有着高大树冠的楸树下,只有我下到坡底,走到另一个山口才能看见。我回望,他在那里;再回望,他还在那里,身上是一件对襟的白汗衫。我转过那个山口时,突然就有强烈的依恋,我转身躲在石头背后,看他慢慢起身,然后消失。

很多时候,因为短时间的相聚,长时间的分离,我们互相感念牵挂,好像没过多久,就阴阳两隔,他在里面,我在外面。再也看不见的背影,像一块黑色的幕布挂在黑夜中。有句话说"情深不寿",想想已经很好了,至少我们在珍惜。

我就想,无论风和日丽,还是风雨交加,如果分别是难免的,那就送别;不能亲往,那就目送。如果他回头,你在原地,他心口便会涌上来些许温热,虽然接下来的路还是要自己走。

2 订立目标：
每个人难免要走很远的路

人生的契机和姿态

□ 卞毓方

1

命运的转折,常常决定于外界的一个微小的引诱或刺激。

譬如说数学家陈省身。小时候,父亲在杭州工作,他跟着祖母待在老家嘉兴。有一年,父亲返家过春节,给他带了一套礼物——当时流行于新式学堂的《笔算数学》,分上、中、下三册,是美国传教士狄考文和中国学者邹立文合编的。还家当日,父亲觉得儿子还小,仅仅给他粗略地讲了讲阿拉伯数字和数学算法。谁知陈省身一听就爱上了,他私下里慢慢啃,越啃越有兴趣,没过多少日子,居然把三册书啃完,并且做出了其中大部分习题。这简直是个奇迹,陈省身无意中闯进了数学的门槛——那里正通向他生命的殿堂。

譬如说钱学森。初中阶段,一次课余聊天,有位同学说:"你们知不知道20世纪有两位伟人,一个是爱因斯坦,一个是列宁?"众人闻所未闻,面面相觑。那时候,信息滞后,爱因斯坦的相对论虽然问世十多年,列宁领导的十月革命也已过去了五六年,但他俩的大名和事迹还没有广泛进入中学校园。见状,那个同学禁不住神采飞扬,侃侃而谈。钱学森听得心痒,就从图书馆借了一本爱因斯坦的《狭义与广义相对论浅说》,内容似懂非懂,心扉却轰然洞开,他看到了身外有宇宙,宇宙有无穷奥秘。正是从那时起,他思想的触角,开始试探太空的广阔与自由。

2

由陈省身、钱学森又想到侯仁之。侯仁之是我国著名历史地理学家,还是中国"申遗"第一人。他们仨同龄,但是侯仁之的起步阶段,远没有前两人幸运。侯仁之幼时身体羸弱,难以坚持正常上学,总是读一阵,休学一阵,这对他是很大的打击。恰巧他有个堂兄,在山东德州博文中学教体育,于是他便离开老家河北省枣强县,转去德州读书。

博文中学是一所教会学校,体育风气浓厚,各种项目之中,篮球尤为大家喜爱。班班有篮球队,经常举行班际比赛。侯仁之受堂兄的鼓舞,也想上场一试身手。一天,他壮着胆子找到本班的篮球队长,说出了自己的心愿。队长看看他,矮、瘦,而且黄,一副病怏怏的神态,岂能硬碰硬地打篮球?队长摇头,断然拒绝。他感到绝望,由绝望中又生发出豪气:既然玩不了球,我就练跑步——跑步,是不要别人恩准的。

从此,每天下了晚自习,他就围着操场,一圈又一圈地跑。坚持了整整一个冬天,风雪无阻。转过年来,学校举行春季运动会,体育委员找到他,说:"侯仁之,你参加1500米吧,怎么样?"侯仁之感到突然,他说:"我可是从来没有参加过比赛呀。"体育委员说:"你行,你肯定行,我看见你天天晚上练来着。"侯仁之于是硬着头皮报了1500米。比赛开始,发令枪一响,侯仁之就拼命往前冲，跑过一圈，又一圈，转弯的时候挺纳闷：怎么旁边一个人都没有？回头一看，所有的人都被他甩得老远！侯仁之轻而易举获得了冠军。

3

人生是一场马拉松，各有各的跑法。仍拿陈省身作例，他的"跑"，就是玩。陈省身不爱体育，中学时，百米居然在20秒开外，比女生还慢。但是，他懂得玩。他的玩，不是外在的，而是内向的，他是同知识玩，同自己的心智玩。钱学森读的是北京师范大学附中，受到的是全面发展的教育，他喜欢体育运动，更喜欢数学、音乐和美术。若干年后，他曾向加州理工学院的一位同事表示：根据定义，一则数学难题的解答，具体呈现就是美。因此也可以说，钱学森的"跑法"，就是追求美。

说到侯仁之，他的人生姿态，绝对是长跑。体弱多病和长跑健将，这两者很难令人产生联想，但是，侯仁之把它们串联在一起了。起初是出于无奈，跑着跑着，事情就起了质的变化。跑步不仅使侯仁之告别羸弱，赢得健康，而且成了他生活的动力，奋发的标志，人格的象征。

侯仁之从博文中学一路跑进燕京大学，从本科生一路跑到研究生，跑到北大教授。他名下的5000米校纪录，一直保持了十多年。

顺便说一说，陈省身以"玩"的姿态，一路跑到94岁；钱学森在追求美的路上，跑进了98岁；侯仁之呢，2013年逝世，享年102岁。

三分生

□ 郭华悦

戏要常带三分生，这"三分生"指心理层面的"生"。就技巧而言，唱戏自然得学到十分熟。熟能生巧，巧而生悟。但若一个人总是认为自己已经学到十分，闭着眼也能完美无瑕地走完整个表演流程，那就容易因自满而缺乏上进心。久而久之，惰性渐深，便麻木而无所悟，技艺难有寸进。好的文章，也得带着三分生。

要写出好的文章，需要长年不辍地练好驾驭文字的基本功。有十分熟的技巧，才能下笔如有神。除此之外，还得留出三分生的余地。有这三分生，作者才不至于流于虚骄自满而难以再续；也因为有这三分生，在文章中留出了空间，不至于因自大封闭而无法引起读者的共鸣。技巧十分熟，下笔留三分。这三分留在心间，也就有了日后的更进一步。

为人处世，亦得留三分。一个人，不管在哪个方向走得再远，心间也得留着三分生。十分熟的专业，是努力的结果；三分生的警醒，是为日后有更进一步的空间。缺了这三分，人便容易因惰性和麻木而落后。

与人相处，三分的空间至关重要。人太熟了，容易因知根知底而忽略对方的感受，失了分寸，视一切不宜为理所当然。哪怕熟人，心间长存三分生，才不会熟视无睹，才能时时刻刻关注对方的感受，倾听对方的心声，这样的关系才能长久。

三分生，讲的是戏，亦是人生。

未被摧毁的生活

□ 李伟长

我给小朋友告告读《柳林风声》，读到鼹鼠和水鼠哥儿俩，出门遭遇暴风雪，在冰天雪地里迷了路，眼前一片白茫茫，不知道该往何处去，顿时心生戚戚。那么小的家伙，一阵风就可以将他们吹走，陷在漫天风雪中进退两难。幸好，他们遇到了獾先生。正是这位獾先生，打开了门，让我看到了一处迷人的地方。

那是一个幽深安静的洞穴。进门后，獾先生举着灯，领着他们俩，不紧不慢地穿过又长又暗的走廊地道，推开一扇厚重舒适的橡木门，进了一间温暖如春的大厨房。宽大的壁炉里炉火烧得正旺，炉前放着两把高背椅，用来招待到来的朋友。红色地砖因年久泛着光泽。一张长条大餐桌摆在中间，桌旁摆着两条长凳。美味的火腿、几捆干草、几网兜洋葱和几篮子鸡蛋，挂在厨房的上方。想想洞外风雪交加，路人饥寒交迫，而此时此刻，在獾先生的家里，热气腾腾，有炉火，有食物，还有远道而来的朋友。

就会享受生活而言，獾先生真是一个榜样，不仅找到了这么好的地方，还把它打理得如此舒适，粮食储备够了，炉火时刻不熄，真适合闭起门来安心过冬。冬天里的动物们都昏昏欲睡，有的已经冬眠了。冬天里休息是约定俗成的规矩。似乎过去半年多的辛劳和积蓄，为的就是过好这一个冬天。大雪天，烤着火炉，饿了就吃点火腿和洋葱，不必受冻，不至于挨饿，而后呼呼大睡，等待春天的到来，等待冰雪消融，等待水流再次潺潺。不用焦急，甚至连耐心都用不上，春天自然会像往年一样准时抵达。

听到朋友可能惹上麻烦，獾先生直言不讳，告诉鼹鼠他们，冬天里他什么也做不了，他得休息，也就是冬眠。忙活了半年，到了冬天动物们就会犯困，獾和别的冬眠动物没有区别，甚至獾冬眠的时间更长。让獾先生放弃冬眠，强打精神，或者打着瞌睡，离开温暖的洞穴，是很危险的行为，他可能会冻死在冬天的路上。这是獾作为动物的弱点，换言之，就是他的有限性。獾很清楚这一点，做不到就是做不到，逞强没有意义，接受自己的局限并遵守它才是对自己负责。

我想说，和动物一样，人也有某些特殊的习性，有些习性就是弱点，同样可能致命。一个人能意识到自己的弱点，要是还能接纳它，不想着强行纠正它，就已经很让人钦佩。事实上，总有很多人不甘心，以为凭着毅力和决心可以击败乃至克服自己身上的有限性，故而勉强行事，结局不顺遂也就再自然不过了。

我喜欢獾先生的"冷酷"，不冲动，不莽撞，没有急不可待，而是等着冬天过去。这样也许会错过帮助朋友的最佳时机，但只要生活还没有完全被摧毁，演出还没谢幕，就还来得及。事实上，生活也不可能被摧毁。何况，坏事还未发生，蛤蟆还没有锒铛入狱，为尚未发生的事情犯愁，不是獾先生的行事风格。几个月后，冬天过去了，冬眠结束，獾先生如约走出洞穴，和一帮老友拯救了浮夸的蛤蟆老弟。

冬天不出门，是獾先生的生存规律，也是一种生活哲学，像曾国藩说过的"未来不迎，当时不杂"，还没来的事情不必忧虑，专注当下更为重要。当你知道獾先生清理出这么一间温暖的大厨房时，就知道他的生活是怎样怡然自得，又顺守自然秩序。

我从乡下来到城市，有时感觉迷了路，慌了神，硬着头皮往前走，幸有师长指路，走着走着，就走到了现在，回头看看走过的路，似乎又是对的。原来迷路也不容易，失掉生活方向的人才会迷路。莫泊桑在短篇小说《一生》中讲，"生活不可能像你想象的那么好，但也不会像你想象的那么糟。我觉得人的脆弱和坚强都超乎自己的想象。有时，我可能脆弱得一句话就泪流满面，有时，也发现自己咬着牙走了很长的路"。

这种感觉常在心头泛起又沉下，似乎说中了一些什么，又近乎矫情得不值一提。

不可否认，我很想走进獾先生的大厨房，在壁炉旁烤火，看柴火烧得旺旺的，在餐桌上吃火腿，听鼹鼠说蛤蟆让人啼笑皆非的遭遇，听小刺猬讲下雪天被妈妈赶去上学结果迷路的故事，等待温厚的獾先生睡醒，和他一道抽抽烟，喝喝茶，谈谈洞外的夜晚和纷飞的大雪。

共识的说服力

□王安忆

我们常提到鲁迅的一句话："在我的后园，可以看见墙外有两株树，一株是枣树，还有一株也是枣树。"

为什么大家都记得这句话呢？如果换成"在我的后园，可以看见两株枣树"，意思也是一样的。可是前者的表达中有一股寂寥——北京空旷的寂寥。北京太大了，寂寥也因此大一点儿；空间小一点儿的话，寂寥也会小一点儿。天地广大的北京，给鲁迅的感受是寂寞。倘若是君王，也许就有立于皇天后土之间的得意了。所以，在这个句子里，我们不仅能看见北京，也能看见鲁迅。为何我们都懂这一句话，并且能够领会它营造的气氛呢？因为句中启用的是共识——一株枣树，又一株枣树，它们是我们都知道的东西，有共同的认识点，所以就可直接想象场景。如果添加一些词语进入句子，"这是两株美丽的树"，或者"孤独的树"，领会这样的形容词就需要我们有更多的共识，理解句子所传达的语境就需要更多的条件。如再添加对后园的描写，就又需要有对后园这一空间的共识，继而想象枣树所处的环境和作者的情绪。每有新的成分添加进来，共识的背景就扩大了，理解的任务也加重了。

事实上，共识越复杂，传达的内容越受限制；反过来说，共识越简单，传达越有效。在此，鲁迅启用了最简单，也是最广泛的共识。"五四"时期，最先从文言文转向白话文写作的作家，鲜有使用新近、复杂的辞藻的，往往使用文字的本意。就像《孩子王》里，王福所抄写的字典，最原初的字意，是人们基本的共识。好文章用的是简单的语言，我记得作家阿城说过，他写文章尽量不超过两千个常用字。常用字里的共识是最具普遍性的，用最具普遍性的共识创造特殊性，是写作者努力追求的目标。

食堂里的画家

□ 林 雅

几年前，一幅用油性笔画的30米长卷，既没有主题，也不是名家之作，却有人要花20万元买下它，竟还被拒绝。拒绝的人，是中央美术学院食堂的一个服务员，也是这幅画的作者。

1

她叫汪化（本名季红燕），是一名画家。1981年，她出生在福建省浦城县一个山清水秀的小山村，父母都是地道的农民。因为贫穷，家里连她每年的学费都很难凑齐，而她也自认为不是读书的料，15岁时就辍学了。为了多赚点钱改善家里的条件，她决定外出打工。

她起先在福州落脚，第一份工作是做保姆，但因为完全不知道怎么带小孩儿，很快被雇主解聘。于是她又找了一份售货员的工作，因为算不清楚账，老板将她辞退。后来，她又去餐馆当服务员，这份工作只要会点菜、迎宾就可以了，但她做事不麻利，还会打碎盘子，所以干了不久又被开除了。

就这样，汪化先后辗转于福州、广州、深圳等地，浑浑噩噩到了28岁，还一事无成。十多年来，她像一个漂泊者，边打工边流浪，一直在寻找自己可以做的事，但没有找到。她本想随随便便找个人嫁了，但没嫁出去，于是又漂到了上海。

有一天，她在街头的一个地摊上，看到一本名为《美国纽约摄影学院摄影教材》的书。书中细腻生动的照片吸引着她，她把这本书买了回去。

有一天，她心血来潮，对着书中一个漂亮的女孩画了起来，结果她发现，自己画得比照片还要美。可是她从未学过画画啊。更重要的是，那种自由落笔的酣畅感是她从未体验过的，原来画画可以让人这么直接地表达自己的感受。于是，她一边晃荡，一边在小本子上画画，从此一发不可收。

2

画画像汪化找到的一根救命稻草，一旦抓住，运气就来了。她内心积累多年的巨大能量，似乎被一下子唤醒，反映在那朴实的线条上。她可以把世间万物都看成一条线。她握着笔随意地游走，脑子里却思考着自己。

不过，虽然汪化在绘画里找到了自己，但她还不确定是不是真能走这条路。她什么都不懂，只是埋着头将所有的理想都画在纸上。于是，2012年，汪化借了3000元，来到北京。

到北京没几天，她就去参观中央美术学院。从图书馆旁边的书店出来，她就下定决心，就算打扫卫生也要留在这里。她打听到食堂或许有事情可做，就去跟食堂的经理说："我不要工资，只要有饭吃，有地方住就可以了，因为我想有自己画画的时间。"

许是她有当服务员的经历，经理答应让她留下来。她在学校附近租下一间简陋的地下室。虽然环境差，但一个月房租只要200元。她"躲"在这个别人发现不了的地方，倾听着上面嘈杂的声音，感觉也很美好。

每天晚上是她最快乐的时光，因为可以尽情地作画。她喜欢画长卷，"小的画还没进入状态就完成了"。画画时，她和她的画似乎融为一体。她从不构思，想怎么画就怎么画，画到哪儿是哪儿，"就好像生命的活力在那儿一样"。那种感觉，就像夜晚不再只有黑暗，还有星河静静围绕在身边。

而当黎明来临，她又穿上食堂的制服，开始一天的工作。忙完手头的工作，她有时会到下了课的空教室画画，身旁常有学生驻足，他们惊叹她画得真好。这让她很满足。

3

在食堂工作了两个月之后，汪化的画被中央美术学院的一个学生发在微博上。很多人都被汪化独特的线描画法震撼，于是，越来越多的人知道，中央美术学院的食堂有个服务员，画得一手好画。

2012年10月，汪化被学生引荐给教油画的袁运生教授。袁教授看了她的画很激动，从下午4点一直欣赏到晚上8点。他说自己教了这么多年书，从来没有遇见过这样独特的学生。汪化感动得哭了，用手胡乱地在脸上擦着，嘴里一直说着："谢谢，谢谢。"

她怎么也没想到，自己热爱的画作，在一般人眼里是涂鸦，但竟得到了著名画家的肯定。更让她受宠若惊的是，在场的一位策展人提议，给她办一场画展，但她连忙拒绝了。她觉得自己画得不够好，还没画出她心中理想的画。朋友很不理解她，觉得她是一根筋。争论了一番，朋友问她："你快乐吗？"她回答："我痛苦并快乐着，痛苦是因为现实问题，快乐是因为我的内心能感受到真正的乐趣。我觉得我过得很好，真的找到了幸福，但是周围的人都觉得我过得惨不忍睹，怎么可能呢？"

比起经济条件的改善，汪化觉得自己此时更需要画画技法上的突破。画画似乎一直指引着汪化一步步向前。在谋得更好发展的同时，汪化对自己仍有清楚的认知。她画画的目的是丰富自己的精神世界，然后把自己的生命转化成一朵小小的花。"能被别人看到已经特别幸运了，如果没有人看到也无关紧要，因为我已经在心里希望这世界更美。"汪化说。

4

汪化只有一个梦想——有一天，她能将自己想象中的那个"天堂"完美地呈现出来。这也是她生命最大的意义。但袁运生教授用自己的人生经历劝导她，艺术家不应该放弃世俗生活。

2015年年初，汪化登上了《中国梦想秀》的舞台。起初，她在舞台上的梦想是找一个男朋友，但当评委反复跟她确认"是否愿意将所有的时间让给家庭"时，她纠结地落了泪，最后还是选择了画画。她坚定地说，自己的梦想是画好每一幅画。

她没办法说服自己去过完全没有绘画的生活。不过她已经同意在艺术展上展出几幅画，并将其作品收录到画册中。一家艺术馆更是以15万元的高价，收藏了其中一幅。

她开始认识新的朋友，参加深夜读书会。她对自己的画也更加有信心，"只要真情流露，哪怕不是很绚丽，也会让人有所触动"。

后来她办了很多展览，她的作品相继被中国、荷兰、美国、西班牙的艺术机构及个人收藏。她出名了，周围的人也想当然地认为她有钱了，但事实并不是这样。她将因画画而获得的大部分收入捐了出去，自己依然清贫。

汪化知道没有钱就没办法生存，但比起物欲上的满足，她更珍惜自己的精神世界。她说："如果物质会影响到我的精神世界的话，我会拒绝，我不想承担这样的风险。"因为画画，是她的全部生命。

天气预报

□陈劲松

手机屏幕上
我特意订制了故乡的天气预报
每一天，只要打开手机
就能看到故乡的天气情况

是否有阳光照进亲人的生活
是否有一场适当的雨
落在故乡干旱的大地上

是否有一场风
吹白了一滴露珠
收纳了白霜的凉

每打开一次手机
我就猜测了一次年迈的父母
是否温暖，是否裹紧了衣裳
以抵住岁月逐渐加深的寒凉

长腿的风
什么都知道

□田 鑫

　　如果仔细听，就能听到一株草破土的声音。它弹开一块土的瞬间，是那么努力，使出了这辈子最大的劲似的。而更多的时候，我们是听不到这一切的。我们都走得太匆忙，完全忽略了一株草所具有的力量。

　　想听见破土的声音，还需要一场风。入冬后，人也需要一场风才能渐渐苏醒。立春一过，风开始透过渐次变薄的衣物，慢慢渗进身体，把春天、绿色、舒展、芬芳一股脑地灌进人的身体。

　　风让一切苏醒，当然也就掌握了一切事物的秘密。

　　你别不信，长腿的风什么都知道。疾风知劲草，其实，除了草，它还知道河流的一切、树的一切、村庄的一切、路的一切……甚至连城市的一切，只要它愿意，也能轻而易举地得到。

　　芒种前后的一天早上，我赖在床上翻手机，冷不丁听到一声"布谷"。毫无疑问，这声音来自一只布谷鸟。

　　别看布谷鸟叫声洪亮，其实它天生就是一个胆小鬼。我在村庄里住的时候，从来没有见过布谷鸟接近人和村庄，它们躲在成群的树中间，冷不丁一声"布谷"，你想找到它又何其难。它怎么会突然出现在城市里，并且叫这一嗓子呢？

　　可惜的是，在随后的很长时间里，这叫声再也没有出现。

　　我一直想弄明白它的来历，于是想到了风，肯定是它路过带着湿气的树林时，见到了这只正在啼鸣的布谷鸟。风被它吸引，但鸟是带不走的，风就把它的叫声带走了。于是，这叫声穿过草地、溪水，绕过几条土路，就到了城里。风跑累了，就把布谷鸟的叫声卸下来，留在了我的住处。

　　风能带来布谷鸟的叫声，就能带来它的秘密。这么想来，还有谁可以在风面前守口如瓶呢？风每到一个地方，就带走这个地方所有的秘密。秘密越来越多，风背不动了，就停下来，随意地卸下来一些。于是，我就在一个清晨，听到了一只布谷鸟的叫声。

　　这件事已经过去半个多月了，我还时不时想起那一声"布谷"。想它的来历，想它抵达城市的路径，想它让我听见的意图。我一度怀疑，这一声被风带来的叫声，是要启示我的，可是到底要启示我什么呢？

　　有一天，读陆游的《嘲布谷》，我有了找到答案的舒畅。他说："时令过清明，朝朝布谷鸣。但令春促驾，那为国催耕。红紫花枝尽，青黄麦穗成。从今可无语，倾耳舜弦声。"布谷鸟让风带来的这一声啼鸣，原来是要提醒我。

　　可是，它究竟在提醒我什么呢？要是在我所在的村庄，听到布谷鸟催耕的啼鸣，再懒的农户，也会开始拾掇闲了一冬的农具，但是，这一声对一个已经告别村庄、在城市生活了很多年的人来说,意义何在?

后来,我想明白了,这一声无意间被风带进城市的啼鸣,是让我记住时令,记住村庄,记住来时的路。风也是煞费苦心啊,原本以为随意卸下的一声啼鸣,却带给我如此多的思考。在我看来,不是所有的风都会为一声啼鸣或者一个人带路。相反,它们只会使劲地吹你走过的路,要么把一切吹得一干二净,要么把一切吹得乱七八糟。

我开始相信,有些记忆是风吹来的,有些记忆是被风吹走再也没有回来的。

我在万千人中走着,风吹过来的时候,还在低头赶路,想着接下来要发生的事情,丝毫没有注意风正在向我靠近。就这样,它击中了我,我再也走不动了,站在原地。

风从来都是你第一次见到时的样子,它一直没有改变过,它就这样一直吹,把野草从嫩绿吹到枯萎,把麦芽从破土吹到抽穗……吹啊吹,吹瘦了河流,吹老了村庄,那里住的每一个人,都不是活着活着变老的,而是被风吹老的。

一场风,把被我遗忘在过去的东西一一吹回来。风像一个庞大的黑洞,装着我们所有人的过去,每一个细节它都一一替我们保管,就等着我们来找的那一天。我抿着嘴,不断收缩着鼻孔,面朝天空使劲地吸气,可是,风中没有任何痕迹。

同样是一阵风吹拂而过,粗心的人却不曾感觉到风的提醒,不曾读懂风中传递的故事。一年四季,都有风从身边刮过,从脸颊上拂过,它们记得四季的模样,它们记得节气的秘密,它们更记得所有事物的故事……

你可曾试着读懂一阵风?可曾试着抓住一缕风?长腿的风送来成长的记忆,那些依然生动美妙的日子,并非一去不复返了,只要还有风徐徐吹来,就会吹醒一季又一季的回忆,吹醒一颗又一颗沉睡的心,轻拭岁月的浮尘,让我们看清人生的过去与未来。

君子走眼

□茅家梁

《孟子·万章上》里说:以前,有人送了条活蹦乱跳的鲜鱼给郑国的子产,子产让主管池沼的小吏(当时叫"校人")将此鱼放入池塘。结果,"校人烹之",大快朵颐,摸摸肚皮,剔剔牙缝,却向子产汇报:"那鱼一进入水中,开始是拘束、困倦的样子,一会儿便游得泼剌剌的,十分舒畅得意,最后竟'攸然而逝'。"一套谎话编得绘声绘色,子产信以为真,连声道:"得其所哉!得其所哉!"那小吏后来总结经验:对君子可以用合乎情理的方法来欺骗他。

子产被蒙骗,仅仅是对鱼儿命运的误判,自我陶醉于"放生"的菩萨心肠,影响还不大。然而一旦由此欣赏起"校人"来,把一个骗子当杰出人物,继续走眼,那问题就严重了。贤者看中的"人才",因为有光环,所以更具有欺骗性、迷惑力。

有则寓言故事叫"黠猱媚虎":老虎头痒,便让一种叫猱的猴子爬到头上不停地挠,当然挠得十分舒服。在完全取得老虎的信任之后,猱用锐利的爪子一点一点地掏老虎的脑汁吃,老虎竟然浑然不觉。老虎"走眼",黠猱便大显身手,这般"积羽"势必"沉舟",不高度警惕,一定会酿成大祸。

痛苦的时候，请把自己当外人

□陈禹安

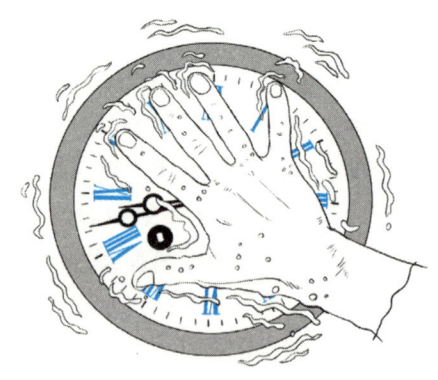

当遭遇重大的人生困境，你将如何化解内心巨大的痛苦？

中国人特别推崇的一种方式是内省。曾子说："吾日三省吾身。"孟子说："行有不得，反求诸己。"

美国心理学家伊桑·克罗斯提出了一个颠覆性的观点：过度内省非但无助于缓解痛苦，反而会加剧痛苦！

从心理学的角度来看，内省式的自我对话，是大脑中情绪平复及创伤整合的过程。一般程度的痛苦，经过几轮自我对话也就烟消云散了；而巨大的痛苦，会引发一轮又一轮的喋喋不休，这相当于持续不断地打击自我，削弱自我，让自我丧失应对困境的勇气与能量。

克罗斯在一次与痛苦做斗争的经历中偶然发现，直呼自己的名字，把自己当作别人去展开对话，有助于缓解痛苦。例如，"伊桑，你在做什么？这简直是疯了！"在脑海中说出自己的名字，像和别人说话一样称呼自己，让克洛斯在心理上立刻退了一步。突然间他觉得自己能更客观地关注自身面临的困境了。

在这句发挥神奇作用的话中，"伊桑"是第三人称，"你"是第二人称，当他使用这两个人称取代"我"这个第一人称和自己沟通时，自己和自我之间的情感距离扩大了。这等于将自我抽离，从而更冷静、理性地面对问题。

在一项实验中，心理学家让一群孩子假装自己是在执行一项无聊任务的超级英雄，有一部分孩子在实验中会被要求从自己所扮演角色（如蝙蝠侠）的角度来谈感受，另一部分孩子则需要从"我"的角度来表达感受。结果，"蝙蝠侠们"比"我"能让孩子在实验中坚持更长时间（承受更长时间的压力和痛苦）。

扮演超级英雄，就是把"我"变成了"蝙蝠侠"，那么，压力和痛苦就是"蝙蝠侠"而非"我"能承受的，"我"自然会好受得多，更能忍受乏味的任务。

我们所提倡的内省聚焦于自我动机、行为和责任。越是内省，越会突出自我作为承担一切的主体。但如果你的"自我"尚没有那么强大，心理能量不足以应对巨大痛苦，却要硬撑，往往会心理崩溃。这时，请不要急于内省，你可以试着放下"我执"，把自己当作别人来看待。等痛苦缓解、自我变得强大后，再来做一番内省，更好地提升自己。所以，痛苦的时候，请把自己当外人。

语言的镜头

□黄集伟

《如何阅读一本小说》的第八节，讲"时间的波纹"，作者托马斯·福斯特盛赞狄更斯《荒凉山庄》的开篇。那个开篇长达5页，无角色出场，无夸张的楔子，只有以雾为主题的景物描写。要是拍电影，这就是个凄苦、荒凉的航拍长镜头。

语言也是镜头，语言的转接也用蒙太奇，伟大作家跟伟大导演做的是同一件事：无中生有，有中生奇。

创新
有时取决于协同

□[美]史蒂芬·柯维 译/石继志

真正的创新有时取决于协同,而协同需要多样性。看待事物完全一致的两个人不能协同。对他们来说,1加1等于2。但是看待问题不一样的两个人能够协同,而且对他们来说,1加1能够等于3或者10甚至1000。因此,创新型的公司故意把员工分成有多样化优势的团队。互补型团队能够扬长避短,团队成员相互完善。

微软前首席技术官内森·梅尔沃德创建的高智公司团队是一个了不起的互补型团队。他把背景迥异的人聚集在一起,让他们"为了乐趣和利益"共同努力来解决重要问题。

如何让一些发展中国家的人接种疫苗以挽救千百万人的生命就是其中之一。

疫苗必须一直冷藏,否则就会变质失效。即使只是在温热的条件下暴露几分钟,一批疫苗也会毁掉,导致无法挽救民众的生命,数百万美元将因此而浪费。在发达国家,因为有冰箱和稳定的电源供给,这种情况很容易避免;但在一些发展中国家,这是一个大问题。为了解决这个问题,梅尔沃德在华盛顿成立了一个特别小组,召集了自动售货机、咖啡售卖机以及自动武器方面的专家。他们的发明看起来像一个巨型热水瓶,里面是一个保管疫苗的瓶子,在两个瓶子之间装有液氮。为了冷藏疫苗,不能打开瓶子,因此要用一个闸柄来弹出一小瓶疫苗,就像自动售货机弹出一罐苏打水那样。为了保持密闭性,不让温热空气进来,这个装置采用了AK-47冲锋枪的弹药盒的工作原理。这个成本低廉的精妙装置可以在没有电源的情况下冷藏疫苗6个月。

乐高积木是另一个很好的例子。这家丹麦玩具制造商被誉为世界上非常值得信任的公司。乐高重视它的数百万客户,将其视为互助型团队的积极组成部分。

如果客户秘密侵入你们公司的电脑,你会有什么样的反应?报警?当乐高遇到这种情况,会在惊愕之后自问"客户为什么要这样做"。公司尝试与侵入者进行沟通,结果是,这些"黑客"其实是乐高的粉丝,他们侵入公司的库存系统,为的是订购一些通常打包出售的散件。乐高社区开发部总监托玛·阿斯卡尔德森回忆说:"我们意识到,在社区之外有很多人才和高端技能。是的,他们在摆弄我们的产品,但他们也在改善它们。所以我们基本上默许了用户来黑。"于是,乐高开发出软件,允许粉丝参与乐高的新设计,并且鼓励他们将设计与其他用户分享。

二维的循规蹈矩的思维将会在一念之间扼杀这个巨大的商业机遇。但是第3选择思维模式取得了成功,全新的商业模式由此诞生。

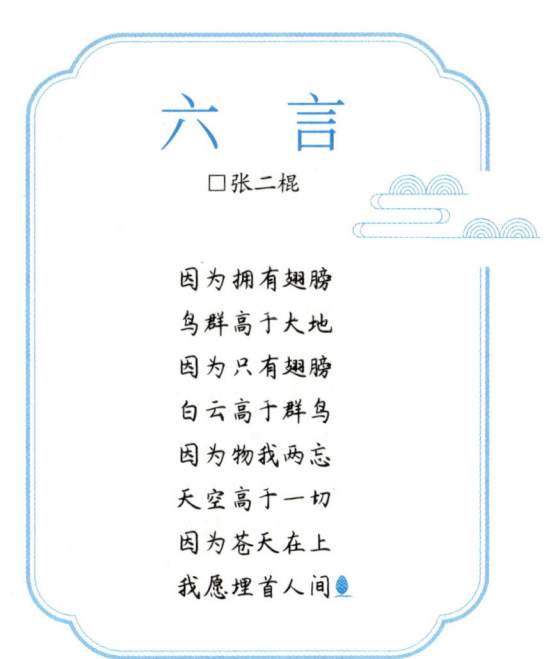

六 言

□张二棍

因为拥有翅膀
鸟群高于大地
因为只有翅膀
白云高于群鸟
因为物我两忘
天空高于一切
因为苍天在上
我愿埋首人间

有什么办法能让大脑"转"起来

□ Lachel

经常有人问我，总觉得自己的脑子像生锈了一样，转不动，有什么办法能让大脑转起来，提高自己的思考能力呢？

一般情况下，我会给他一个最简单的建议：试着去读一些稍微复杂、需要费脑子的文章或书籍。不用强求读懂多少，也不用追求从中得到多少收获，只要努力读下去。

这种方法的目的不在于在阅读过程中获得启发，而在于通过这种方法锻炼我们的大脑，让它逐渐习惯这种"需要动脑"的模式。由此，当我们之后遇到一些麻烦问题时，大脑就能够快速运转起来。

一旦形成动脑习惯，思考对你而言就不再是一件需要刻意去做的事情了，而会变成一种非常自然、无须费力的习惯，你也就能省下更多的精力，专注于要思考的问题本身，不用再强迫自己跟惰性做斗争。当这个过程变得熟练、简单，成为默认模式，你便能掌握它、消化它，甚至进化它。

大脑靠什么来理解外部世界呢？靠输入。

我们每天生活里的一切行为，都是在训练它。你喂给它什么，它就会成为什么。

你喂给它粗制滥造、无须动脑的信息，大脑就会变得日渐懒惰、懈怠，因为它发现这样就足以应对每一天的生活；你喂给它高度复杂、需要反复咀嚼的信息，大脑就会努力改变自己、调整自己，来适应信息的难度，直到得心应手。

当你的大脑习惯并适应这些高强度的信息之后，再回过头来看那些无须动脑的信息，就会下意识地排斥它们，就像曾经排斥那些困难复杂的信息一样。

终其一生，大脑一直在做一件事情：把需要费力去做的事情变成不需要费力去做的自动化模式。而这种特性几乎是没有上限的。你给予它足够强、足够持久的挑战和刺激，大脑就会自己消化这些挑战和刺激，通过自我完善和构筑，改变自己的内在结构和适应性。相信大脑，它永远在努力适应它遇到的"新情境"。让我们从生理学的角度一窥这个过程背后的机制。

大脑有860亿个神经元，其中绝大部分在我们3岁左右就已发育完毕。终我们一生，大脑都不会再长出新的神经元。那么，为什么我们能够持续不断地学习新知识、记住新事物呢？

原因在于大脑会不断吸收外界输入的信息，利用这些信息来优化神经网络内部的结构和效率：那些重要且频繁使用的信息，大脑就会给它们单独建一条"路径"，让它们更容易被激活和提取；那些不重要且较少用到的信息，大脑就会把它们安排到较偏僻的位置。

这一机制在25岁至30岁的时候趋于完善。在这个阶段之前，大脑主要的工作是为外部世界"建模"。所以，我们在年轻的时候，会感到自己充满激情，脑子转得非常快，对一切事物都有旺盛的求知欲和好奇心，就是因为大脑亟须获取更多的信息，来搭建起这个基本的模型。

而在这个阶段之后，大脑中外部世界的模型基本已经建立起来了，那么，它的主要工作就变成了"修补"。所以，为什么我们时常觉得，一个人到了三四十岁之后，在变得更加成熟的同时，也会变得更加固执，不再那么容易听进去别人的话，也不再容易去理解别人、考虑别人的立场。很大程度就在于，他内心的世界模型或多或少已经固化了。

但这是否意味着，我们在30多岁之后就无法再通过学习提高自己了？当然不是。

大脑的可塑性是非常强的。只要你持之以恒地去锻炼它、刺激它，它就会一步步地完善已有的心智世界，朝着你想达到的训练目标再接近一点儿。

只不过，你越早训练它，它成型的时间就越早；你越晚行动，它的速度就会稍微慢一些，成型的时间晚一点儿而已。

所以，如果让我分享一个简单又有效的行为习惯的话，我想，会是这一个：每天都做一点儿困难的事情，别让自己总沉浸于舒服之中。

这就是"终生学习"的本质和含义：我永远假设这个世界是复杂多变的，我所经历的每一次困难和挑战，都会增加我的经验值，成为完善自己的养分，让我变得更强韧，让我的心智世界跟现实世界之间的差距变得更小。

当然，做难一点儿的事，并不意味着你要给自己施加太大的压力，适度是非常重要的。如何把握好这个度呢？我的经验法则是：1.从完成一个"最小成果"开始；2.在自己感到疲惫时停下来。

举个例子：你想学习某个领域的知识，但毫无经验，很多基础内容都看不懂，怎么办呢？你可以先给自己找一个"最小成果"，也就是找到让自己明确感受到离这个领域又近了一小步的事情，它可以是掌握一个术语，可以是弄懂一个入门级概念，也可以是试着解答一个最简单的学术问题……

围绕着这个最小成果，集中精力去攻克它，通过查阅资料、请教他人、进行主题学习，直到能够用自己的话把它讲清楚为止。不要带着还没弄懂的信息贸然进行下一步学习，这样，你只会背上越来越多的问题，越发迷茫疲劳，直至彻底失去兴趣。

在这个过程中，你应该保持一个让自己感到较为舒适、不需要刻意维持的强度。你要做的是让自己每天都保持行动，保持"手感"，不必追求短时间内一定完成，但一定不要半途而废。

而能坚持下去的关键是什么呢？通过每天都做些难一点儿的事，让自己逐渐适应、习惯这样的思维方式和生活方式，说不定仅仅在一段时间之后，你会突然发现，很多原本看似很难想清楚的问题，如今也没那么难思考、理解了；原本以为一辈子都无法解决的事情，我竟然也做到了。此刻，你已经把那个曾经生锈的自己打磨得锃光发亮了。

认知也有保鲜期

□ [德]尼 采 译/庄 立

曾经的坚持被发现是个笑话，曾经自以为的真相竟然是个谬误。

这并非说明曾经的你是多么肤浅、无知，而是因为这样的想法对当时的你来说是条必经之路，它们就是真相，它们理应被坚持。

因为人总是在不断地学习进步，然后朝一个个新的人生阶段迈进。

你阶段性的个人理解并没有错，但是认知也有保鲜期，一旦过期就不再被需要。所以，生命不息，学习的过程也不能停步。只有不断审视自我，听取他人的建议，才能让自己保持新鲜的认知。

一街香羊肉馆

□ 聂鑫森

夕阳西下，风清气凉。

五十岁出头的阳欣，走出了他下榻的宾馆。他的鼻翼有力地翕动了几下，分明嗅到有饭菜的芬香自西边的一条小街飘来，心中一喜：那儿该有个好吃处！

阳欣是个著名的文物鉴定家。他的强项是古瓷鉴定，什么东西拿到他手里，扫几眼、抚一抚、掂一掂，就能断定出自哪个年代哪个窑口，是官窑还是民窑。他博览群书，不但能识出真假，还能引经据典细辩源流。

他之所以来到这西北的小县，是该县博物馆当年的老同学，邀请他来看一看该馆历年库存的一批古瓷器，以便向公众开放展览。按照东道主的安排，上午工作，下午休息。阳欣提了一个要求：中午和主人一起在食堂共进午餐，然后把他送回宾馆，就不要管他了，主人自然是悉听尊便。

阳欣还是个美食家，不但会吃，而且会做，在家没事时喜欢琢磨各种菜品的制作。家中小院种着许多花草，芙蓉花、晚香玉、马齿苋、荠菜、小青竹……他随手采来便可成为菜肴的原料。朋友称他是"儒厨"，因为他做的菜既有书卷气，也有诗的想象，调和五味，管领水火，一般的烹饪师难以比肩。

他七弯八拐走进了这条小街，从油烟味中知道这些小饭馆，多以牛羊肉为主要菜料。北地多牛羊，取之方便，但不知烹饪得怎样。他喜欢清静，便走进了街尾的一家门脸很小厅堂很小且没有一个客人的"习均羊肉馆"。刚到门前，一个二十多岁的小伙子迎了上来，殷勤地说："先生，里面请。"

阳欣看了看小伙子，跟着走进厅堂，拣一张桌子，坐下来。小伙子手脚麻利地泡上茶，然后递上单薄的菜单。阳欣猜测，这小饭馆的名字应该是小伙子的名字，这冷清劲儿说明生意不好，只好老板、厨师、跑堂一肩担。

阳欣扫了一眼菜单，说："我先点个焦酥羊肉，好吗？"习均喊声"好咧"，进厨房去了。随即，厨房里的刀、砧、锅、勺也响了起来。过了一阵，一大盘焦酥羊肉端了上来。

阳欣举筷夹了一块焦酥羊肉放进口里，细细品嚼。嚼着嚼着，眉头皱起来了，然后把筷子重重一搁，叫道："小习，你来！"小习慌忙跑过来，毕恭毕敬地站着。

"这不行。焦过头了，有煳味；却又不酥，咬着粘牙。你得重炒！"

小习和气地说："先生，对不起，我重炒，您稍候。"

焦酥羊肉再次端上来时，阳欣又尝了尝，依旧说："难以下咽！谁教你的活？"

"一个乡下厨师，还花了两千元的拜师钱哩。先生，我再炒一次试试。"

阳欣叹了口气，说："你是个老实厚道人，就别浪费材料了。你到街上去买几个小秋梨来。今儿我反正没事，教你几招。"

习均飞快地去买了梨来。阳欣系上围腰，走进了厨房。厨房很洁净，各种菜料、配料、调料摆放得井井有条，这让他有了一种"技痒"的感觉。

先炒焦酥羊肉。阳欣取一块肋条羊肉，去骨，烙去残存的毛后用温水浸泡一阵，再刮洗一净，升起猛火,放入冷水锅烹煮。煮熟后捞出来又清洗一遍,皮朝下装入盆内,放入盐、糖、拍破的葱和姜,还有桂皮、料酒;上笼蒸烂后取出晾冷,扯下羊肉皮切成长条,将肉切成丝,拌上味精、盐和胡椒粉。接着,用鸡蛋、面粉、淀粉和适量的水调制成糊,放入羊肉丝,拌匀成馅。然后,再摘洗了一把香菜。

"习均,你看着!我取平底盘,抹上油,放入鸡蛋糊,把切成条的羊肉皮,要皮朝下均匀摊上,将羊肉馅放在羊皮上按平。然后在铁锅中烧沸花生油,用铁铲把羊肉推下去,边炸边按薄,炸到表面凝结了,再翻过去炸,现出浅黄色就可以了。上桌前,切成条摆放入盘,淋花椒香油,也就酥香松脆,是一道下酒的好菜。你记住了吗?"

"记住了。"

阳欣接着做梨丝爆羊肉。习均记住了,切条的羊肉爆炒到快出锅时,才将洗净切好的粗梨丝放入,铁铲搅拌几番,赶快入盘,又香又脆,这条街上没有这道菜。

习均特意寻出一瓶好酒,一老一少,坐在小厅堂里边吃边聊。临走时,阳欣搁下五百元钱,说:"你不要推辞,先收下。庖厨虽小艺,却不可不读书明理。你先把这两道菜推出去,准火!明天傍晚我再来,再教你做两道菜。"

四天过去了。第五天的傍晚,阳欣没有来!习均想:只知道这个人叫阳欣,住在北城宾馆,是那里的大厨师吧,明天上午一定去找找他。结果,那家宾馆没有叫阳欣的厨师!习均从住房登记册上看到订房间的单位是县博物馆,便又赶快去了那里。

馆长听了原委,哈哈大笑。"习均,你遇到高人了。他是我的老同学,文物鉴定专家,不到一个星期,把馆里的古瓷都鉴定了一遍。还会鉴人,说你是个可以造就的厨师,为人忠厚、谦和,脑瓜子也灵,所以要帮帮你。"习均愣了,然后问:"阳先生呢?"

"他家里有事,匆匆回南方去了。他给你用宣纸写了个匾额,又用小楷字写了一叠菜谱,托我交给你,还嘱咐我们,如上馆子就到你那里去。制匾的钱,他也留下了。"

习均展开一张四尺宣纸,上写六个隶字:一街香羊肉馆;落款是:湘人阳欣。

从深渊到深山

□石子砺

一个人大起大落,便是从深渊到深山,或者反之。

古往今来,从深渊到深山的人都成了大人物,由深山堕深渊的人皆做了落水狗。

深渊不见底,一如人生看不到任何希望,也如人生只余难填的欲壑,只有堕落深渊之人,才知晓拥有向上的力量多么可贵与难得;深山不见人,却能看到无比真实的自己,四周青翠环绕,耳畔泉响鸟鸣,只有身处深山之人,才能明白拥有静谧的心灵多么幸运和幸福。

深渊之深,是错误的累积,是方向的迷失,是一个人认不清自己时的茫然,是一个人误读世界时的执拗;深山之深,是灵魂的深刻,是心灵的恬淡,是一个人阅尽美景历尽沧桑后的会心一笑,是一个人辨识是非包容对错后的得失淡然。

世上之人,总有一处深渊需要凝望,总有一座深山需要交谈。高山坠落之后,便会落入深渊,走出深渊之后,才能走入深山。

现实中,常有人误将深渊当作深山,或是误将深山判为深渊。于是,有人在深渊爬不出来,一生困于其中,愈活愈逼仄。但幸好,也有人在深山幽居,一生安于其中,愈活愈辽阔。

同"柳"何以不同局

□ 赵 畅

1048年春,欧阳修任扬州知州期间,在大明寺西侧辟地建了一个供人游憩、雅集的场所,称为"平山堂"。他亲手在堂前种下一株垂柳。一年后,欧阳修移知颍州(今安徽省阜阳市),百姓感念他在扬州的德政,将这棵柳树亲切地称为"欧公柳"。北宋徽宗年间,另有一位叫薛嗣昌的官员出任扬州知州,他在"欧公柳"的正对面也种下一株垂柳,自称"薛公柳"。此举不仅被百姓嗤之以鼻,而且薛嗣昌刚离任,"薛公柳"即被人砍掉,当柴烧了。

若论欧阳修在扬州的政绩,虽只有一年,但其手笔不可谓不大。比如他得悉"今年蝗蝻稍稍生长,二麦虽丰,雨损其半,民间极不易",于是上任伊始,既着力抓减灾又重视"与民休息"。再比如,他严格要求州府僚吏廉洁治政,提高办事效率。对办理案件,"除盗贼大狱,不过终日,吏人不得留滞为奸"。一般案件要当日办完,办案人不得故意拖拉,从中捞取好处……因了在为政、饬吏、造景、重文等方面,欧阳修频频做出了流芳后世的业绩,因此被广为称颂而赢得民心。

欧阳修赢得民心,当然不是他自己包装出来的,而是当地百姓发自内心的认可。"欧公柳"之称,既是当地百姓对欧阳修留下德政的最高奖赏,也是选择对其显赫政绩的一种特别的礼敬方式。正可谓"政声人去后,民意闲谈中"。

其实,不论你是谁,也不论你在一个地方执政多长时间,只要你心中装着百姓,急百姓之急、想百姓所想,千方百计为老百姓解难事、办实事、做好事,让老百姓有满满的获得感、幸福感、安全感,老百姓就会拥护你、支持你乃至深深爱戴你,这就是"政绩定理",这就是"民心法则"。

按理,有了欧阳修这样的为官好榜样,日后有谁在扬州为官做事,只要向其学习就行了。若后来的继任者才气冲天,又立志为老百姓谋利益,抱守求真务实的作风、开拓创新的精神,或许会比欧阳修做得更好、干得更出色。后来还真有人欲"见贤思齐"而尝试着做了,但终究因为"东施效颦"而沦为历史笑料。

这位"仁兄"不是别人,就是薛嗣昌。他在出任扬州知州以后,对平山堂、"欧公柳"的巨大声誉艳羡不已,于是也颇想"仿学",并很快在"欧公柳"的正对面也种下了一株垂柳,自称为"薛公柳"。在他看来,只要种下"薛公柳",他照样能够收获像前任欧阳修那样的好口碑。或许,因为碍于他炙手可热的权位,其周围的官僚们会极尽点头哈腰、阿谀奉承之能事,然而,老百姓并不买账,更不予认可。更让薛嗣昌始料未及、难堪不已的是,他刚离任,"薛公柳"即被人砍掉,当柴烧了。

薛嗣昌种"薛公柳"遭如此唾弃,错不在别

人，其责任完全在他自己。因为他投机钻营、虚妄伪饰，一心只想追求欧阳修的声誉，却不曾关注欧阳修的德政与为民之心，且不说其才华与欧阳修不可相提并论，即便是为人处世的作风和精神也与欧阳修相去甚远。如此舍本逐末、本末倒置之举，他怎么可能靠种了一株"薛公柳"，就能掩饰自己的才疏学浅？又怎么可能"无限放大"本来就虚弱的所谓政绩呢？事实上，其这般幼稚、笨拙、虚伪的做法，充其量不过是掩耳盗铃、欲盖弥彰之举罢了。

时至今日，像薛嗣昌这般生搬硬套"依葫芦画瓢"的人与事，似乎很少再有，但"貌"离"神"合者依然存在。不是吗？有的人虽不想干事、不会干事也干不成事，但"诗外功夫"不免一流——比如有的人运用"酒不够，水来凑"的手段，不惜把小的"吹"成大的，把低的"拔"成高的；再比如有的人惯用造假、欺骗抑或"张冠李戴、移花接木"之术，大搞"政绩工程""形象工程"，等等。其热衷于此，最终目的只有一个，那就是替自己种上"薛公柳"，以期收获"欧公柳"般的美誉，可笑的是，到头来免不了落入"被人砍掉，当柴烧了"的下场。何必呢？

金雕失手的启示

□ 睿 雪

在北半球广阔的大草原上，长腿大野兔是金雕最喜欢的食物之一。

金雕是一种广为人知的猛禽，有一对约两米长的翅膀，是最大、最为残忍的肉食鸟之一。这种空中捕猎者经常在方圆20多公里内来回飞翔，伺机而动。一旦有机可乘，它们便以每小时约320千米的速度直冲到野兔面前。

金雕张开的爪子就像子弹一样飞速地从天而降，被困住的长腿野兔几乎逃不过它的攻击。

不过，聪明的长腿野兔有时会出其不意地使出绝妙的一招——突然急转弯。这样的突发情况往往让金雕始料未及。别看金雕在空中盘旋，用那对宽大的翅膀扑打着气流，但实际上它的翼部是中空的，因为这样可以减轻身体重量。所以，与同样可以高速飞翔的猎鹰相比，金雕宽大的翅膀在急转弯的时候就不大灵敏了。另外，金雕在锁定目标之后一般都显得十分专注和自信，大有志在必得的架势。

客观和主观的因素很快就导致金雕捕猎失手。尽管它在很远的地方就看到了长腿野兔，但遭遇急转弯之后完全"刹"不住扇动的翅膀，所以只能眼睁睁地看着猎物从另一个方向逃走。

金雕失手的事例启示我们，一个人的天赋再高，技巧再好，在遭遇突发状况时，如果不懂得停驻和审视，就很容易丢失之前付出的所有努力。

有特长却又不够高水平，未来的路怎么走

□ 高 艳

不少家长和学生在考虑未来专业与发展前景时，不知道该怎么选。有个家长问我："我家孩子喜欢音乐，也有一些天赋，但是又达不到专业演奏并以此为生的水平，将来能做什么呢？"于是，我发了个"音乐专业"朋友圈，想看看大家怎么看待这个问题，结果引发了众多热烈的回应。"可以当学校的音乐老师，专做儿童音乐启蒙""做音乐演出的主办人员，或者搞个音乐公众号""做音乐产品测评""去唱片公司任职"……

著名的霍兰德职业六角形理论把世界上的工作和活动大概分为六类，人也分为六类，如果人的类型和活动的类型能够很好地匹配，人的工作满意度就比较高。这六类事情和人分别是：

S型（Socialtype）：与人打交道，服务他人的活动。这类人喜欢与人交往、不断结交新的朋友、善言谈、愿意教导别人。关心社会问题、渴望发挥自己的社会作用。寻求广泛的人际关系，比较看重社会义务和社会道德。

A型（Artistictype）：艺术类的活动。虽然各种艺术类活动，比如绘画、雕塑、音乐、舞蹈在具体形式上有很大的不同，但是从事艺术活动的人都在追求创造，喜欢审美和变化。

E型（Enterprisetype）：跟权力和影响力打交道的活动。这类人追求权力、权威和物质财富，往往喜欢竞争、敢冒风险、有野心和抱负。习惯以利益得失、权力、地位、金钱等来衡量做事的价值，有较强的目的性。

C型（Conventionaltype）：事务型的活动。这类人喜欢跟事务打交道，按计划办事，细心、有条理，通常较为谨慎和保守，不喜欢冒险和竞争，富有自我牺牲精神。

R型（Realistictype）：跟物打交道的活动。愿意使用工具从事具有操作性的工作，动手能力强，手脚灵活，动作协调。偏好于具体任务，通常喜欢独立做事。

I型（Investigationtype）：跟抽象的思想、数据打交道的活动。这类人是思想家而非实干家，抽象思维能力强，求知欲强，肯动脑，善思考。往往知识渊博，有学识才能。考虑问题理性，做事喜欢精确，喜欢逻辑分析和推理，不断探讨未知的领域。

不只是职业，人们也可以根据这个六角形理论把大学的专业进行大致的归类。比如，R型往往对应着工科、医学技术等需要动手的专业，I型往往对应着理科专业或者哲学历史等研究类的领域，A型对应着艺术类、语言类专业，S型往往对应着教育学、社会学、传播学等文科专业，E型往往对应着商科、工商管理等，C型往往对应着行政管理、法律事务、会计等跟事务处理有关的专业。

同一个系的同学，大家未来的职业发展可能五花八门。学生们虽然都是从医学院毕业，但往往去了跟医学相关又迥然不同的领域，比如有人做了家庭医生，这是典型的S型，也有人做了外科医生（R），有人做了医疗器械的销售（E），有人做了疾控中心的公务员（C），还有人去了研究所从事医学实验研

究（I）……

大家熟悉的教师行业，人们的选择也各有不同。按照霍兰德的理论，教师是典型的S型工作，主要是以教学、与学生打交道为主。但是教师这支队伍中，细分起来差别很大。很多老师除了教学，更多的时间是在做科研、搞调研、发论文，他们是SI型的老师；而有一些老师是不教书的，每天跟烦琐的手续、审批程序打交道，比如教务系列的老师，属于SC型；艺术类科目的老师是SA型；工科、理科实验室的老师，都需要动手操作某个仪器设备，可以说是SR型；此外，学校的行政领导每天的主要工作不是教学，而是管理，讲究的是影响力、输出观点，这类人可能是SE型。

在很多领域，我们都可以采用这种思路解决问题。比如，有的孩子有绘画特长，但是又不够高水平，怎么办呢？如果想做跟人打交道的工作（S），就去当美术老师；如果想做跟商业有关的工作（E），就去做艺术品经销；如果要做跟事务有关的工作（C），那就做艺术展览的组织和策划……

沿着这样的思路，我们可以得到五花八门的答案。如今很多学科领域、技能都变得不再那么单纯，需要交叉起来共同解决某个实际问题。比如体育赛事的策划，既要懂体育，又要懂经营。而这个新的交叉领域往往对任何一个单独的方面，要求都没有那么高，并不需要是顶尖的专门人员才能做。当然，我们可以考虑继续提高在某个领域的水平，也可以考虑当前的领域如何与其他领域结合在一起，就能"设计"出一条适合自己的路径。

我认识一个女孩，做事认真努力，但从小文化课成绩平平，相对擅长的就是绘画，她的美术老师也说她有天分，可她的妈妈说："画画好有什么用？又成不了著名画家！"我对这位妈妈说："为什么一定要成为著名画家呢？如果孩子愿意，未来做个美术老师不也挺好吗？还有，绘画是基础，未来可以从事设计类的很多工作。"她妈妈应该是听进去了我的意见，中考后，这个女孩考上了一所艺术类高中，打算继续提高绘画水平，未来学艺术类专业。

如果你真想在一个领域好好发展，不浪费天分，就要多思考，多讨论，多请教，相信每个年轻人都可以找到最适合自己的出路。

天才的恐惧

□徐九宁

帕布罗·德·萨拉萨蒂是西班牙著名小提琴家、作曲家，他演奏技艺精湛，被称为"再世的帕格尼尼"。

萨拉萨蒂一生创作了大量的小提琴独奏曲和协奏曲，极大地丰富了小提琴的表现力，代表作有《流浪者之歌》《卡门主题幻想曲》等。

42岁时的一天，萨拉萨蒂看到一家报纸对他的报道，标题醒目：天才小提琴家。"我5岁开始练琴，每天练习14个小时，练了37年，现在他们居然叫我天才，真是太可笑，太荒谬了！"萨拉萨蒂说道。

他还说："每次登台表演时，内心都充满恐惧，害怕警察突然闯进来，把我带走，去审查我有没有艺术天分，那时我一定会露馅的。"

我们总是习惯性地认为，那些了不起的人物之所以成功，只是因为拥有与生俱来的天赋，并且他们内心强大，从来不会感到害怕和恐惧。其实不然，他们不仅仅有天赋，更重要的是比常人更勤奋努力，并且在遇到困难时，没有被恐惧完全控制。

丰子恺的"快乐教育"

口 宋菲君　许晓迪

我上小学四五年级时，外公开始教我古文诗词。每周教诗词20首左右，古文一篇，从《古诗十九首》的"行行重行行"学到王勃《滕王阁序》的"落霞与孤鹜齐飞，秋水共长天一色"。

教的时候，外公总是一面讲解，一面画示意图。他讲白居易的《长恨歌》，"六军不发无奈何，宛转蛾眉马前死"，就画一名女子跪地，周围是拿枪的士兵；讲杜甫的《咏怀古迹》，"画图省识春风面，环佩空归夜月魂"，就画一名女子飘飘然而来，身上缀满配饰。外公问我："念到这句的时候，是不是能听到环佩叮当碰击的声音？"

有一次，外公讲到苏曼殊的"春雨楼头尺八箫，何时归看浙江潮"，忽然问："钱塘江大潮是什么时候？"家人回答："下个礼拜，阴历八月十八。"外公对我说："你去学校请个假，全家去海宁看潮。"那时我在读高一，不允许请假。我把外公写的假条拿给班主任，班主任又去找校长。听说是丰子恺先生的意思，校长破例准了假。

我们包了一辆车去海宁。大潮还没来时，江水很浅，有几个人在打鱼。外公随口念起李益的《江南曲》："嫁得瞿塘贾，朝朝误妾期。早知潮有信，嫁与弄潮儿。"我一下就记住了这首诗，一直记到今天。

初二时，我写信给外公，希望跟他学美术。外公立刻回信："你要学画，我当然教你。"从此，我每周去外公家，学完诗词，还要学画画。高二时，我以外公为模特，画了一张素描。外公说画得不错，我很高兴。

这是一种"快乐教育"。外公为我们搭建起平台，从古文诗词到京剧绘画，让我们找到自己的兴趣所在。

回忆起来，外公几乎从来不批评孩子。唯有一次，那时我上初一，书念得好，但人淘气，品德得了4分（一般都得5分，较差的孩子才是4分）。外公写了一封严厉的信，他说："一个人，行为第一，学问第二。倘使行为不好，学问好也没用。反之，行为好，即使学问差些，也仍是个好人。"之后一段时间，我都不敢去外公家。后来到底忍不住，和我妈去了，低着头叫了声"外公"。外公答应了，说"改了，还是好孩子"，接着就带我和小舅舅去逛城隍庙。

高三时文理分班，我又喜欢中文，又喜欢美术，数理化成绩也不错，拿不定主意，就去问外公。当时，外公在日月楼的阳台上，端着一杯茶来回走，嘴里念着温庭筠的诗："谁解乘舟寻范蠡，五湖烟水独忘机。"

我和外公讲了自己的苦恼。外公听了，没有片刻犹豫就对我说："我们这个大家庭，学文科、艺术、外语的人太多了。数理化学得这么好的，只有你一个。"还念了一句英语："Only one！（唯一一个！）"他建议我，不如去学物理，考北大。

听了外公的话，我心里的天平立刻向理工科倾斜，后来如愿以偿，第一志愿考上了北大物理系。我学习很刻苦，寒暑假也不回家，毕业后从事物理学的研究和光学工程、光学仪器的开发，一直到今天，79岁还在科学院当客座研究员。

有一次，学生问我："如果再选择一次，您会选择哪条路？"我想了想，说："还是学物理。学了物理，诗词、艺术可以作为业余爱好，而一个画家以物理作为业余爱好，impossible（不可能）。"大家都笑了。

现在想想，很多事情都有因缘。我学术生涯的起点，其实来自外公的一幅画。

高一那年，物理书上讲到望远镜的原理，我和同学在旧货摊上买了一块平凸透镜当物镜，用几块放大镜当目镜，用纸糊了一个镜筒，自制了一台开普勒天文望远镜，用它看到了木星的4颗卫星、土星的光环、金星的盈亏，还有月球表面的环形山。

那个周末，我兴奋地告诉了外公。他听了很高兴，还问我，能看到火星的卫星吗？我说火星的卫星有两颗，火卫一和火卫二，太小了，看不见。第二天，外公送我一幅画，并题诗一首："自制望远镜，天空望火星。仔细看清楚，他年去旅行。"

还有一次，外公带我去旅游，半夜我偷偷起来，看南极老人星。那几天，南极老人星的纬度较高，我在地平线附近看到了明亮的老人星，很兴奋。这时，外公也起来了，把一件衣服披在我身上，问我："看到老人星了吗？""那就是！"我赶紧指给外公看。

很多年后我才发现，外公曾在文章中讲过中国和西方的种种天文传说。只是那时我太粗心，没有联想到，原来外公也是一位天文爱好者。

2020年6月3日，国际小行星命名协会批准了"丰子恺星"。那是一颗在木星和火星之间的小行星，被发现的日期，正是外公诞辰100周年（1998年11月9日）。网友说，天上从此多了一颗艺术的小行星。

一个多月后，中国第一个火星探测器"天问一号"发射升空。作为嘉宾，我坐在国家天文台的运控大厅里，心里想起外公60多年前的预言："自制望远镜，天空望火星。仔细看清楚，他年去旅行。"

人生

□ [日] 芥川龙之介　译 / 吕元明

如果命令没有学过游泳的人去游泳，不论谁都会认为是没有道理的吧。但是，我们从生下来，就不啻是接受了这种愚蠢的命令。

我们在娘胎里时，大概就在学处世之道吧？也许是过早离开了娘胎，踏进了大竞技场般的人生。当然，没有学过游泳的人，要自由自在地游泳是完全不可能的。同样，没有学过赛跑的人，大抵比赛时会落在别人后边。因此，我们是不可能不负伤地走出人生竞技场的。

诚然，世人也许会说："以前人之足迹，为君之鉴。"然而，一个人哪怕看过成百名游泳选手或上千名赛跑运动员，他既不会很快地学会游泳，也不会很快地学会赛跑。不仅如此，所有的游泳者都喝过水，所有赛跑的人也无一例外都曾在竞技场把自己弄得浑身是泥。你看，就连许多世界知名选手不是也在得意微笑的背后隐藏着愁眉苦脸吗？

人生和奥林匹克运动会相似。我们必须一边和人生搏斗，一边学习怎样搏斗。对这种无聊的比赛控制不住愤怒情绪的人，那就赶快到栏杆外边去好了。想要在人生竞技场留下的人，只有不怕受伤地去搏斗。

人生好像一盒火柴，严禁使用是愚蠢的，乱用是危险的。

人生好像缺页很多的书。很难把它说成一部书，然而它又确实是一部书。

演讲的开场白到底怎么说

□李南南

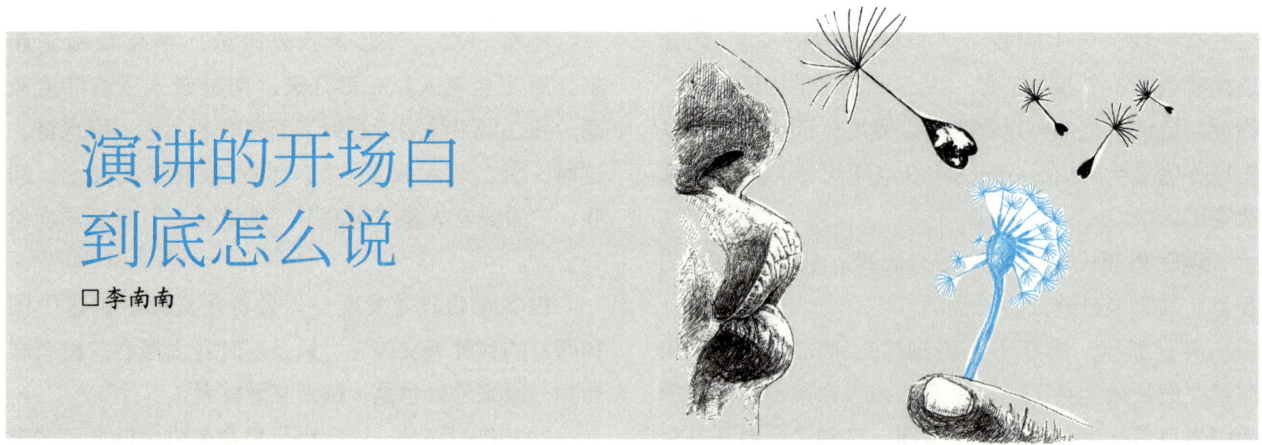

俗话说,好的开始,是成功的一半。演讲也一样,开场最重要。那么,开场第一句到底应该说什么?

根据美国著名演讲家詹姆斯·休姆斯的观点,这个问题本身就问错了。因为一场好的演讲,开场根本不应该急着说话。

这位演讲家,曾为5位美国总统写过演讲稿,他认为,演讲的第一条原则是停顿。也就是说,上台之后不要说话,先登台站定,然后盯住台下半分钟,跟观众的目光一一对视。这么做是让现场安静下来,并让人们把注意力全集中到你的身上。它还会让整个演讲产生一种郑重感。

贝尼托·华雷斯曾经5次出任墨西哥总统。根据休姆斯的说法,此人身高1.52米,相貌丑陋。可以想象一下,这种形象在演讲台上其实是不占优势的。但是,他特别擅长使用沉默的开场。每次开口前,他都会用一分钟,环顾现场,凝视观众。就在这一分钟里,人群总会变得鸦雀无声。这就是开场的第一个技巧——运用沉默的力量锁定全场的注意力。

全场安静,现在你可以开口了。那么,第一句话说什么呢?你听到最多的开场,不外问好和感谢。比如,"各位来宾,晚上好,很荣幸站在这里,首先我想感谢这场大会的主办方……"

但是,休姆斯一再强调,开场千万不要问好,不要表达感谢。因为,只要你这么开场,观众就会产生一种强烈的套路感。更重要的是,当你这么说的时候,会产生一种讨好现场观众和主办方的感觉,你的姿态会不自觉地低下来。要知道,演讲的时间何其宝贵,第一句话一旦让观众的注意力分散,或者一开口没有赢得观众的尊重,后面再想挽回就难了。

丘吉尔说过,取悦他人的开场,是最愚蠢的开场。休姆斯认为,开口第一句话,要能镇住全场。你必须一开口,就说出一句让所有人都产生强烈共识的话。

比如,你可以说出一个在场人都认同的主张。19世纪美国废奴运动的领袖弗雷德里克·道格拉斯,在一次独立日的演讲上,是这么开场的。他说:"不好意思,我不懂为什么你们要邀请我。我和我所代表的人民,没有任何理由来庆祝今天这个日子。"这句话一出口,就带着很强的主张。它背后有一句潜台词——非洲裔一度是被压迫的,而我坚定地站在他们这边。

再比如,你可以说出一个大家都没有注意到的事实。比如,马丁·路德·金于1963年在林肯纪念堂的台阶上发表演讲,第一句话是:"100年前,一位伟大的美国人签署了解放宣言。今天,我们正站在他雕像的身影下集会。"这是一个被很多人忽视的事实,一旦说出来,能马上让在场的人产生一种共识感。

此外,你还可以用一个极其自信的愿景开场。比如,曾经有一位纸张公司的首席执行官,其开场的第一句话是:"我看到的前景是,我们要创造公司年度销量最大的历史,除非我们自己搞砸它。"这个开场,不能说有多高明,但至少一开口,气势就上来了。要知道,所谓演讲——演在前,讲在后。

当然,这不是说不能在演讲中表达谢意,而是不要把它当成开场。假如你想表达感谢,可以把它们插在中间。换句话说,你可以把感谢当成广告,在中间插播一下。你要记住,演讲的目标是让所有人跟你同频共振。因此,你必须一张口,就唤醒大家的共识。

神交三百年

□ 徐 佳

董其昌先生是个怪人。

有一年他路过苏州，受朋友之邀，去城西三十里外的天池山踏青。众人焚香烹茗，饮酒赋诗，不亦乐乎。正谈笑间，董先生突然不说话了，手持酒杯一动不动，目光呆滞。

大家正要问他，他却猛然站起，指着远处的莲花峰，大叫一声，边叫边跑。同席者惊问，先生莫非醉了？只见董先生仰天大笑："今日得遇吾师耳！"众人更奇怪了，哪里来的什么老师？连忙拉董先生坐回来，灌下一大杯茶。董仍然喃喃自语："黄公，黄公！"

原来，数年之前，董其昌看过元代画家黄公望的《天池石壁图》，所绘正是苏州天池山。当时董其昌只觉笔意粗率，无甚新奇。此番亲身登临，目睹山色，石壁层叠，松林如涛，忽忆此画，方悟是神来之笔，须大手笔粗率潇洒，才可勾勒出此间山水的味道。

而这位黄公望也很奇怪。作为画坛"元四家"之首，他50岁之前的人生，却与绘画之事无涉。

黄公望，原名陆坚，生于南宋咸淳五年（1269年），幼有神童之誉。十岁而宋亡，家族离散，无以自存，险成饿殍。流亡至永嘉府，有一位90岁的黄老先生，见此童甚奇之，说："吾望子久矣！"将其领回家中，作为养子。于是改姓黄，名公望，字子久。公望在山间度过了平静的少年时光，侍奉老先生起居，读书习字，汲水砍柴，种田牧羊，与山间飞鸟走兽邀游。直到老先生仙去，公望才离开山林，走入城市，谋求生计。

元初废除科举，书生大多飘零江湖。公望亦不例外，不到20岁即走街串巷，替人抄书写信，以谋稻粱。谋生之余，他喜欢临摹汉魏碑帖，日夜不辍，渐有风骨。转眼已到而立之年，偶然被一位县令赏识，招到县衙里做了书吏。

然而数年之后，其人生轨迹又发生改变。他因故被牵连入狱，险些丧命，直到47岁才被释放。靠街头占卜为生，又因偶然的机缘加入全真教，成为丘处机的弟子李志常的再传弟子，还和张三丰结为好友。

好吧，这就是黄公望的前半生，未曾以画家的面目示人。后来在浪迹江湖、周游山水的旅程中，他看着那些山水，忽然心境澄明，仿佛回到了童年，那段平静的隐居时光，似乎忘却了半世忧患，摒除了平生杂念。

正如南朝宗炳的《画山水序》中所言："余眷恋庐、衡，契阔荆、巫，不知老之将至。愧不能凝气怡身，伤跕石门之流，于是画象布色，构兹云岭。"这段话也许用在公望身上最为合适，在年过半百之后，他才拿起画笔，开始画山水。富春江北有一座大岭山，那是黄公望晚年隐居的地方。那时他每日漫步江畔，行走山间，背囊里装着画具，每见奇景，便形诸笔墨。

黄公望一生的心血之作是长卷《富春山居图》，动笔时已79岁，断断续续画了7年，几易其稿，临终之前方才完成。展卷视之，山色苍苍，江水茫茫，意境空寂，风骨高远，成为中国山水画的顶峰之作。

很多年后，董其昌在苏州天池山，感悟到了黄公望，将其视为精神上的老师，开始寻找公望的作品。一次在客舟之中，他偶然看到《富春山居图》，感慨道："天真烂漫，复极精能，展之得三丈许，应接不暇，是子久生平最得意笔。"

其实，"泥上偶然留指爪，鸿飞那复计东西？"故纸劫余，沧海桑田。黄公望，这只乱世之中的孤鸿，身影一闪，未及回眸，早已翩然飞过万水千山。

洞明与练达

□刘道玉

认知心理学派的理论认为，人的认知思维方式多种多样，如直觉思维、演绎思维、发散思维、灵感思维、创造思维等。每种思维方式，都具有不同的功能，在人们认识的过程中，发挥着特定的作用。

曹雪芹以"字字看来皆是血，十年辛苦不寻常"的执着精神撰写的《红楼梦》中，有一副对联："世事洞明皆学问，人情练达即文章。"这副对联悬挂在宁府上房，教导贾府子孙要踏踏实实地做学问，要练就一手好文章。可是，性格叛逆的贾宝玉看到这副对联后，却不屑一顾，示意马上出去。

"洞明"是指通晓、透彻地了解，"练达"是指对事物进行反复琢磨、推敲、练习等，它们是认识事物的两种方法。如果用科学俗语来形容，我宁愿将"洞明"定义为透射思维方法，即从表及里，从现象到本质，剔除假象发现真理的思维方法，它不是靠感官而是以悟性去理解事物。至于"练达"，我想以反思思维来概括，因为练达就是反复地练习。它之所以重要，正如荷兰哲学家巴鲁赫·斯宾诺莎所说，"反思是认识真理的高级方式"。美国著名哲学家约翰·杜威也说："反省思维是最好的思维方式。"

《红楼梦》诞生于18世纪，那时心理学的认知学派尚未诞生，而作为文学家的曹雪芹已撰写出这样富有哲理的楹联。这验证了一条规律，即英雄所见略同。毛泽东在推荐《红楼梦》时曾说，《红楼梦》深刻反映了中国封建社会，是中国古代小说中写得最好的一部，具有很高的历史和文学价值。他还说，要看五遍才有发言权。可是，当代有些青年已经很少读书了，何况这样艰涩的古典小说。

我是学自然科学的，对这副对联的理解是，自然科学家更要重视"洞明"——把握事物内在的对立统一规律，以发现新的真理。而人文社会科学家则更重视"练达"——唯有透彻地了解人际关系，才能写出好的文章。我甚至调侃，自然科学家越老越不值钱，因为体力和精力已不能再进行频繁的观察了；而人文社会科学家则是越老越值钱，因为他们是依靠"练达"来做学问的，能够厚积薄发。当然，这是极而言之，不能以偏概全，特殊情况比比皆是。

我由"洞明"联想到黑洞的发现，我觉得这是对穿透思维最好的一个注释。

黑洞既不能触摸，又不能用仪器探测，那是怎么被发现的呢？早在1783年，也就是爱因斯坦出生96年前，英国物理学家约翰·米歇尔首次提出了黑洞假设。1916年法国物理学家卡尔·史瓦西重新发现了米歇尔的"黑星"。所谓"黑洞"是指存在于宇宙中的质量相当大、引力非常强的天体。质量足够大的恒星，在热核反应的作用下，会逐渐消耗中心的物质，最后在外壳巨大重量的作用下不断坍缩，最终就会形成密度接近无限大的天体——黑洞。2019年4月10日，全球多个国家的天文学家们合作，用视界望远镜拍下了首张黑洞照片。在宇宙中，像黑洞这样的特殊天体或许有上亿个。2020年，三位物理学家获得了当年的诺贝尔物理学奖，其中一半授予了英国物理学家罗杰·彭罗斯，因为他发现黑洞的形成是对广义相对论的有力预言。

从黑洞的发现，我们可以看到洞穿思维的重要性。因此，无论学习还是做学问，都要重视思维方法的训练，这是很多人所不曾做过的。

法国社会学家托利得认为：判断一个人的智力是否上乘，就看他的脑子里是否能同时容纳两种思想却无碍于行事。而处于各领域核心位置的人，他们的思维常有这样的特点，那就是扫描半径宽广，扫描深度无垠。很显然，《红楼梦》中那副对联里的"洞明"和"练达"，就是指思维的这两个特点。任何人具备思维的这两个特点，大概率能成为杰出的人才。

让心先过去

□ 刘世河

老家的刘五奶可算是一个苦命人。少年丧父、中年丧夫、老年丧子，人生中的这三大不幸，她占全了。尤其她46岁那年，刘五爷突发急病撒手人寰，留给她的除了两个均未成家的儿子，还有因生意亏本欠下的一屁股债。当时，她的老娘哭得很伤心，边哭边念叨："妮儿啊，这以后的日子你可咋过呀？"

刘五奶只说了一句话："咋过也得过呀！"

几年后，她不但靠养鸡养猪悉数还清了债款，还将两个儿子送进了大学。可就在小儿子毕业那年，一场车祸居然无情地夺走了这个年轻的生命。

这次打击，刘五奶真有点儿挺不住了。处理完儿子的后事，她把自己反锁在屋里抱着丈夫和小儿子的照片整整一天一夜，滴水未进。大家都很担心她想不开，大儿子更是跪在门外苦求母亲出来。结果，次日清晨，她将门打开走了出来，虽面色憔悴，脚步却很从容……

眼下，刘五奶已近80岁高龄，身子骨儿依然硬朗，而且身上的衣服永远那么整齐、利落，尤其头发梳得一丝不苟。年初我回乡探亲，专门看望了她，闲谈中不经意地问了她一句："当年那么苦，奶奶你是怎么挺过来的？"

刘五奶很温和地望着我，淡淡地说："没啥，我就是让心先过去，这日子呀，自然也就跟着过去了。"我心里豁然一亮。

漫漫人生路上，我们都会遇到这样那样貌似难以逾越的坎儿，之所以觉得难以逾越，往往是自己心里先怕了，于是这坎儿便愈发不可跨越。不妨让心先勇敢地越过去，那么这副皮囊也就跟着过去了。

澄明之境

□俞 果

澄明之境，就是一种能够看穿、识透事物的境界。专家，对其专业领域独具解构之术；高人，对其视野之内秉持超俗之见。唐朝诗人刘禹锡的诗句，为我的"澄明之境"提供了一个很妙的注释："山顶自澄明，人间已雰霈。"至高或至深，皆是澄明之境。

所谓澄明，不仅是它的澄明之态，而是面对混沌具有澄明的识见。术业有专攻，一笔下去，墨呈六彩：浓、淡、枯、湿、燥、润，还能相互转化，"带躁方润、将浓遂枯"。我刚出校门进入工厂时，曾听一位八级钳工师傅说，我们拿锉刀加工一个零部件，可以穿着白衬衫干活，干完活洗洗手就下班。现在想想，这不就是一种澄明之境吗？

古人纪昌向飞卫学习射术，飞卫说："尔先学不瞬，而后可言射矣。"为了学会"不瞬"（不眨眼），纪昌躺在织布机下盯着来回飞的梭子，练习不眨眼。随后他又用牛尾悬虱子于窗户外，练习眼力。十日后，芝麻大的虱子在他眼里大如蚕豆。三年后，大如车轮。以睹余物，皆丘山也。有句成语叫"视虱如轮"，即指纪昌。功夫至此，哪还有射箭不准之理。皆丘山了，何止是一片澄明！

庖丁解牛也很澄明。刚开始，庖丁看见的是整头牛，三年后他看见的是牛的肌理筋骨。轻松下刀，宰牛的节奏与《桑林》《经首》两首乐曲合拍，既不费力，又不伤刀。这哪里是在屠宰，分明是在演奏音乐。游刃有余，"刃"之技术化为了"游"之艺术。或目无全牛，或胸有成竹，甚至胸有丘壑，握刀执笔皆成游戏之作。

职业的猎手，是看不见山的；职业的渔夫，是看不见水的；职业的刺客，是看不见人山人海的。看见的全是猎物，全是目标。这就是专业素养。见山见水见人山人海者，充其量不过钉钉小儒，斗方名士。

东汉时，有位高人名叫孟敏。一天，他上街买了个陶罐背扛着回家。路上被人碰撞一下，罐碎了，他头也不回，仍径自走了。旁边有人见了很奇怪，追上去告诉他罐子碎了，你也不看不问一下？他回答：既然碎了，看又何益？这应该属于更高层次的人性澄明之境。读罢，都给人以震撼。

古时候，有的重臣一旦立下了"不赏之功"，抉震主之威时，往往会归侯印、乞骸骨，自请回乡养老。投奔之时，应该"乘人之车者载人之忠，衣人之衣者怀人之忧，食人之食者死人之事"。大功之后，应是皓月明空，江湖寂寞。

做人做到澄明之境，实属天赋异禀。不是人人学得来的，动心忍性，悖反逆行，十分了得。是境界都有高低之分，真正澄明之人，那是"东晋亡也再难寻个右军，西施去也绝不见甚佳人"。

造物者心肠

□陈传席

高岩之下必有低谷，飞瀑之下必有深潭，高于此则低于彼，长于彼则短于此。人生亦然。平平者则平平，不平者则有凸凹；高出者必有不足，得意者必有遗憾。是知造物者心肠，并无别也。

孔子操琴

□ 杨无锐

孔子跟随师襄学习鼓琴。学了一段曲子，一连十天，不学新东西。

师襄说："可以练习新内容了。"

孔子说："不行，我只是熟习了曲调，还不明了曲调的规律。"

过了几天，师襄又催他，孔子说："还是不行，我知道了曲调的规律，还不能体会曲子的意趣。"

再过几天，孔子依然拒绝学习新东西，理由是："还未能领会作曲者的为人。"

终于有一天，孔子对师襄说："我似乎见到了作曲者，高高瘦瘦黑黑，眼睛看向远方，有王者的气度，莫非就是文王？"

师襄大惊，向孔子行礼："我听我的老师说，这支曲子，名唤《文王操》。"

我觉得这个故事特别迷人。

这是一个关于自我教育和自我栽培的故事。孔子操琴，不是要成为像师襄那样的演奏专家。他把操琴当成自我栽培的机会。借助琴，他试图领会某种伟大精神。领会一旦发生，作为人，他将更丰盈，更加趋近完满。但领会确实很难发生。所以他不急，他比老师更有耐心。一个想要把自己栽培成人的人，有的是时间等候那个领会从内心之中长起来。

寒冷是清澈的

□ 巴哑哑

寒冷没什么不好。
寒冷是清澈的，
帮我们再次确认
温暖的事物
不管多远，都是近的。
一盏灯。手心的温度。
甚至一碗热汤
也因今夜的寒冷穿过记忆而来。
寒冷清除掉多余之物。
摩天大楼无用。广告牌无用。
河山无用。你只想抱紧
你已经拥有的。
被子，火炉，此刻的爱人，
或者只是自己。

你缩小你生活的疆域
到必不可少的范畴；
精简自己的野心，凝聚成
一团节省的火苗。
寒冷帮我们学会忍耐，
学会在凝滞中
相信变化的可能。
最重要的，寒冷测试我们的心肠
是否也结了冰，
待在房子里的人
不要忘了自己的幸运，
忘了总有人还走在风中
必须把寒冷
扛在肩上。

便利店的心理学

□张文成

1927年，美国的南方公司首创便利店原型，1946年更名为7-Eleven，意思是该店的营业时间由早上7点一直到晚上11点。1974年，伊藤洋华堂将其引入日本，并变为24小时营业。从此，这种24小时便利店风靡全球。

这些全天候营业的商店会比普通超市多出一些额外开支，如照明费用、晚间轮班的收银员工资、存货管理员的加班费等，导致其实际盈利率往往低于普通超市。那么，为什么这类商店还是坚持通宵营业呢？这就涉及心理学中的"路径依赖法则"。

"路径依赖法则"，指在人类社会中技术演进或制度变迁均与物理学中的惯性类似——一旦进入某一路径，就可能对这条路径产生依赖。这是因为，人类社会与物理世界一样，存在着报酬递增和自我强化的机制，一旦人们做了某种选择，就好比走上了一条不归路，惯性的力量会使这一选择不断自我强化，并很容易让人走不出去。

24小时便利店的这种做法，便是对"路径依赖法则"的一种有效利用。

顾客在购买日常用品的时候总是倾向于去自己最熟悉的商店，而且一旦选中最符合自己要求的商店，就很少做出变更了。普通商店都在晚上10点关门，次日早晨8点开门，这时候，如果一家店把营业时间改成24小时，那么，它就会成为那些在晚上10点至早上8点购物的顾客的唯一选择。而多次在这个时间段进入该便利店购物之后，顾客就会习惯前往这家店的交通路线，最重要的是，习惯将这家店和"便利"联系在一起。这就等于形成了一条购物的路径，那么即使是在白天，他也会慢慢地习惯来这家店购物，这就等于形成了一种"路径依赖"。

人们开始把它广泛用于阐释我们生活中的各种选择性决策，大到国家和民族的经济制度演进，小到个人的消费决策，无不受"路径依赖法则"影响。过去做出的选择决定了现在可能的选择，而现在的选择又将决定未来的选择。

一个典型的例子就是我们的职业生涯。影响一个人职业发展的因素很多，但其中最重要的无疑是第一份工作。因为从事一份职业越久，路径依赖的影响就越大，固定路径所带来的报酬递增和自我强化心理就越强大，因此，更换路径（更换职业规划）的成本也就越高。

这就是为什么所有职业规划专家都建议，第一份工作一定要兼顾自己的兴趣、个性、能力及专业知识，为自己量身定做一个既具挑战性又不失客观、实际的职业生涯发展规划，按照规划一步步努力走下去。只有这样，"路径依赖法则"所带来的自我强化才会起到正反馈的作用，进入良性循环。

但是万一发现入错行，更要认识到"路径依赖法则"的强大力量。一旦做出了决定，就要坚定地转换路径，在新的职业规划路径上勇敢地走下去，这是重新回到成功轨道上的唯一选择。

3

成为自己：
不要在别人的赛道上奔跑

善用直觉

编译 / 王隽

免去理性分析的认知环节，在紧急情况下做出判断，一下子抓住机会……无论在进化层面上还是日复一日的生活中，直觉无疑带来了一定好处。科研人员也肯定了这一点，但这有一定的条件。

根据荷兰社会心理学家雅普·迪克斯特霍什于2006年公布的研究结果，当一个问题包含许多需要考虑的因素时——比如选择一套公寓或最合适的求职者，相信直觉比花时间进行分析更加有利。

在其中一个实验中，迪克斯特霍什要求他的学生从4款汽车模型中选出最好的1个。一组学生只考虑4项特征，而另一组则需要考虑12项参数；并且一些学生有4分钟专心思考这个问题，而另一些需要同时进行拼词游戏。结果是，问题的变量越少，学生们通过有意识的思考做出选择所需的时间越长。反之亦然。当问题比较复杂时，正是那些没有时间思考的学生做出了最佳的选择。

在完成另一项任务的同时让大脑自动思考，灵感就会突然出现。2016年美国心理学家进行的一系列研究表明，这种由"整体性"直觉产生的解决方案优于系统推理得出的解决思路。在实验中，参与者需要解开一些字谜。比如，研究人员给他们3个单词"break""light"和"time"，要求他们找到一个能同时和这3个词组成新词的词（此例的答案为"day"）。实验结果再次展示了直觉的强大：突然得出的答案，正确率为94%，而分析得出的答案，正确率仅为78%。这是否意味着我们可以相信所有的第一印象和想法？别急着下结论，因为有时，直觉会蒙蔽人的双眼，大脑会做出错误的判断。

20世纪80年代，以色列认知心理学家丹尼尔·卡内曼和阿莫斯·特沃斯基的实验指出，问题的表述方式会对决策产生影响，这种认知偏差被称为"框架效应"。他们给参与者设置了一个危机场景：假设美国需要应对一场新流行病，后者可能导致600人死亡，而应对方案有两个。研究人员向第一组志愿者提供了以下两个方案：若选择方案A，则有200人可以得救；若选择方案B，则有1/3的机会所有人都能得救，有2/3的机会无人得救。大部分被试者选择了第一种方案。研究人员对第二组介绍方案时换了一种说法：若选择方案A，则有400人死亡。若选择方案B，则有1/3的机会所有人都不会死，有2/3的机会所有人都会死。这一次，参与者选择了方案B。

要注意的是直觉不是冲动，不要在情绪激动时凭直觉做决定，此时你的直觉信号会受到干扰。比如，如果刚刚中了彩票或者失恋了，最好先冷静下来，再做决定。

同样，不要将直觉和原始冲动混为一谈。比如，饥饿、恐惧，都与生存的本能有关。想吃一整块巧克力并不是一种直觉，而是脑中的奖励系统发挥了作用。不仅如此，20世纪70年代，加拿大心理学家在实验中发现了被称作"归因误差"的心理机制。一群男子需要通过一座位于峡谷之上的悬索桥，或一座更加坚固、更令人安心的硬质桥梁。一名年轻女子在对岸等待他们前来填写调查问卷，并给对方自己的电话号码。结果，在给这名女子打电话的男子中，走悬索桥的人数是走硬质桥梁的5倍。前者在通过摇摇晃晃的悬索桥时感到的恐惧，使其产生一些生理反应，比如，心跳加速、肾上腺素上升等。他们误以为这种恐惧是一见钟情！

此外，也不能用直觉去预测一些发生概率极小的事件，比如，在乘飞机时产生飞机即将坠毁的不祥预感。此时发挥作用的是恐惧而非直觉。

大部分科学界人士都信奉这样一条黄金法则：只在自己精通的领域相信自己的直觉。唯独这种直觉是准确、可信且有效的。总之，只有不断练习，直觉才会真正发挥作用，且直觉的准确性随着年龄的增长会越来越高。无论在哪个领域，只要花了时间，人们都能在自己选择的领域成为凭直觉行事的人。

而通常成为专家平均需要10年的从业经验或者1万小时的练习。因此，真正的问题是，打算为培养良好的直觉投入多少时间，以及在哪个领域投入时间。

彼　此

□林　深

母亲冒雨去买菜，半晌儿才归来。一篮果蔬，倒有半篮"歪瓜裂枣"，菜也不够鲜嫩。连日下雨，菜摊小贩苦苦支撑，父亲自然是知晓的。他接过母亲的菜篮，说："哟！今天的菜不是特别新鲜。"是的，父亲并没有说："你买的菜不新鲜啊！"

父亲给家里添置了台洗衣机，母亲用来总不顺手。父亲的好意，她是尽知的，可她还是忍不住有怨言："这个牌子的洗衣机，真不好用！"是的，纵使洗衣机难以让人满意，她也没有说："你买的洗衣机不好用！"

对祖父母、外祖父母的称呼，他们也有惊人的默契，一律"咱爸""咱妈"；对我，是"咱闺女"如何如何。已然同乘一舟，就不必你是你，我是我，非要计较清楚。

父亲的茶瘾极重，一壶几泡，一日几壶。晚餐之后，还要沏上一壶浓茶，消磨夜色。母亲一再叮嘱："睡前你记得倒掉壶里的茶叶，否则会产生茶垢！"父亲答应了，却没有一次依言照办。一早，母亲清洗茶壶，不得不费力刷洗茶垢，对"屡教不改"的父亲，少不了一通数落："昨晚的茶叶怎么又没倒？"微妙的是，她很少总结："你这个人，就是听不进去别人的话！"

"总是""一直""永远""一点儿也不"……这些词太绝对了，未免"量错过重"。气头之上，说话更要小心斟酌，有轻有重。

生活，是一家人的功课，无法切割。琐碎与幸福，也是共有的，归咎或者归功，非但毫无意义，还会徒增嫌隙。朝夕相处，取彼此之长，更要容彼此之短。

"唯一未被荣誉摧毁的人"

□ 董洁林

玛丽·居里夫人是我的偶像，她也是很多理工科学生的偶像。她两次获得诺贝尔奖，第一次是物理学奖，第二次是化学奖，这在诺贝尔奖一百多年的历史上是绝无仅有的。

波兰是她的祖国，当时被俄罗斯占领（1918年后独立）。家里拮据，她17岁就出去做家教赚钱，还寄钱资助在巴黎学医的姐姐。1891年11月，攒足路费后，玛丽奔赴巴黎，走向了物理学之路。1897年，已经嫁给居里先生的玛丽完成了两个学士学位，第一个女儿也出生了。在居里先生的鼓励下，她选择了放射性元素作为自己博士论文的研究主题。1898年，玛丽发现了两个放射性元素，"镭"和"钋"。其中"钋"（Polonium）的命名出自波兰的谐音，玛丽在用自己的方式向苦难的祖国致敬。1903年，36岁的玛丽和44岁的居里先生因研究物质放射性的成就而获得了诺贝尔物理学奖。居里先生于1906年因车祸去世。1911年，诺奖委员会因为居里夫人发现镭和钋等元素把化学奖也颁给了她，再次肯定了玛丽的科学贡献。

玛丽一生的成就和荣誉无数。但在读她的传记的时候，震撼我心灵的不是她的科学成就和荣誉，而是她对待科学的那颗单纯的心，她是为了科学探索和发现而来到这个世界上的，她的最大享受是思考和宁静。爱因斯坦说她是"唯一未被荣誉摧毁的人"。

居里夫人曾经数年没有工资在简陋的实验室里没日没夜地干活，家里靠着居里先生的工资维持基本生活。当时的女科学家职业出路不好，科学界没有女人的位置。即使在拿了诺奖后的一段时间，居里夫人仍然在中学教书。直到她去世，法国科学院也没有接纳这位两次获诺奖的女科学家成为院士。居里夫人深知自己选择的工作和生活方式很艰难，她长期不问西东、心无旁骛地投入科研，靠的是对科学的热爱和简单的好奇心。

居里夫妇对"科学精神"有自己独特的诠释。1902年，他们在讨论是否为提纯镭元素的方法和制作工艺申请专利时，明确知道这些技术很有商业价值，可以赚很多钱。当时，他们的生活拮据，实验室也非常需要钱，但他们最后决定无偿公布提纯技术和工艺，世界各地的很多科学家和企业向他们索取制作工艺时，他们都耐心回信、一一相告。他们认为只有这样才符合"科学精神"。

1921年居里夫人访问美国，主要议题是去接受美国人民捐赠的一克镭。当时，欧洲刚刚从一战中解脱出来，一克镭的价格昂贵，这位镭元素之母及其领导的实验室也无经济实力购买，对居里夫人满怀善意的美国人非常乐意赞助。在参加美国总统出席的捐赠仪式的前夜，居里夫人看见了捐赠协议，写明这一克镭是捐给她个人的。她立刻要求将协议更改为捐赠给她领导的实验室,她不愿意在万一她意外身亡的情况下,这笔财富由她的女儿们继承,因为这样不符合"科学精神"。

在这次旅行中,居里夫人还收到一份意外的礼物,美国布法罗自然科学协会给她送来了一幅装裱精美的信件,这是居里先生于20世纪初寄给他们的详述如何提取镭元素的手写指南,也是科学家无私地向世界传播科学的生动证据。

"科学精神"内涵很丰富。在居里夫人看来,"科学精神"是一种利他的公益精神。无论历史上还是今天,都有很多像居里夫妇这样具有利他主义精神的科学家。正是由于这些极其聪明而又简单纯粹的人,人类才能从众多动物中脱颖而出,成为文明的物种。面对今天浓厚的现实主义味道,以及崇尚丛林社会的潮流,我们需要不断仰望历史上美好的人和事,心怀感激。

诸葛亮的困难

□许倬云

诸葛亮的例子给了我们一个教训:本钱不够时很难做大生意。

诸葛亮受了时代的限制,一定要以小本钱做大生意,他只好向市场屈服、向资金来源屈服。换句话说,一个人若本钱不够,借钱做生意,则会受制于债主。他的开拓是假的开拓,不是真实的开拓。诸葛亮靠他的个人信用去贷款,硬把产品押出去,生意仍是无法长久维持的。诸葛亮可佩,是因为他的使命感,是他明知不可为而为之的决心。但在商业场合,是不能只靠使命感办事的,不能做形势不容许的买卖和扩张。

在《隆中对》中,诸葛亮预料天下的局面仍大有可为,他没有想到本钱会变少,没有想到开拓软市场,也没有想到借贷。但是因为董事长刘备做错事,把荆州这笔本钱压在赌桌上,一把输光了。关公麦城败亡,刘备不听诸葛亮的劝告,集合手下所有的力量,连营七百里伐东吴,在这场意气用事的豪赌中,把本钱折掉了一半。换句话说,诸葛亮收拾了残局,不得不以一半的本钱,继续做买卖——当然办不到。刘备做出这个错误的决定,却要诸葛亮来收拾残局。诸葛亮送掉了一条命,却依然收拾不了。蜀汉之所以败,并不是败在阿斗的手上,而是败于刘备的一场豪赌,使得诸葛亮无法挽回局势。

诸葛亮也晓得难以成事,他之所以仍然六出祁山,是为了在情感上报答刘备,能多做一分是一分。诸葛亮知道后果,所以他鞠躬尽瘁,死而后已,五十四岁就死了。其实即使他多活二十年,结果也未必有所改变。

由此,我们了解到,许多为了达到短期目的而做的妥协,最后只会变成自己的负担。我们还是应该衡量自己的能力与对未来的展望,看看所投注的本钱,是否能达到一定的水准。如果达不到,只靠一次又一次短利的累积,是不会成功的——基本的结构不稳定,实力又很单薄。

机会不会凭空掉下来,而且都是稍纵即逝的。

一棵不肯老去的树

□ 马亚伟

这片白杨林我来过几次了。从秋意渐浓开始，林子里就不停地飘落叶。如今冬天来临，林子里还有落叶在飘。那些落叶金灿灿的，无论飘在空中，还是落于地上，都是一道风景。我留意到，有些树的叶子落得早，有些树的叶子落得晚。有几棵树，秋天刚过了半程就落光了叶子，光秃秃的枝干颇有几分凄惶。

我想，这些树大概跟人一样，有的体质差些，有的体质好些。体质好些的树，绿叶期就长一些，叶子落得也慢。时光从不败美人，季节大概也会善待那些格外倔强顽强的树吧。在这片林子里，有一棵白杨，迟迟不肯落叶，就像一个不愿老去的人，努力健身，积极生活，从来不把颓败写在脸上。冬天都来了，这棵白杨上还有不少绿叶。虽然这种绿与周围的氛围有些格格不入，但确实能够给人提神，让人看了凛然一震——万物肃杀之际，还有绿色在挽留时光，拼命留住季节的最后一抹生机。

这棵不肯老去的树，骨子里一定有不妥协的灵魂。它不甘心早早苍老，于是竭力与季节抗争，与命运抗争。它在春夏季节，一定也是这些树中的佼佼者。它深深扎根于泥土，用繁茂的枝叶来彰显一棵树的华彩盛年，用蓬勃的生命力来致敬生命的高光时刻。那时候，它卓尔不凡，却泯然在众多的树中间。"岁寒，然后知松柏之后凋也。"寒冷是考验树木的试金石，别的树在寒潮来袭时纷纷妥协，而

这棵树虽然不是松柏，但它努力延续绿色的生命，保留最后的高贵。如果不是春夏的时候它曾经深深扎根，努力成长，怎会一直保存体能？这棵不肯老去的树，不仅是顽强的，也是智慧的。

这棵白杨，在冬天的风中显得有些单薄。它的绿叶只剩下一小部分，虽然勉强算是披了绿衣，但这件绿衣明显带了黄色的花纹。它撑得确实有些吃力。不过，它不是孤单寂寞的。它的周围，也有很多像它一样的草木，留一点绿意与冬天抗争着。你看，衰草连天、枯黄遍野之中，依旧有绿着的小草。它们也是不肯老去的草，虽然同伴们都以枯萎的姿态向寒冷宣告投降，但总有那么一些强大的顽固派，让季节也无能为力。还有，那片枯败的花草中，依旧有零星的小花在摇曳。

这个世界上，总有那么多了不起的草木和生灵，它们不肯轻易妥协，不肯随波逐流，拼尽全力让生命焕发出不一样的光彩。它们卓越不凡，能量超群，总是能够带给我们惊喜。这样的生命，最大限度发挥出生命的价值。

一棵不肯老去的树，把绿色延续再延续，让生命辉煌再辉煌。不过，正如人无法对抗岁月，一棵树终将无法对抗季节。我很清楚，用不了多久，这棵树会随着冬天的推进慢慢老去。当寒流一次次袭来，当朔风一次次吹来，那些绿叶会以最快的速度变黄、枯萎、凋落，归于泥土。这棵树，也终将以老去的面貌来应

对季节的更迭。

我能够想象出那时候这棵树的样子：它昂首挺胸，巍然不屈；它枝干挺立，直指天空；它褪尽华衣，风骨毕现。正如诗人聂鲁达所说："当华美的叶片落尽，生命的脉络才清晰可见。"它曾经倾情绽放，曾经辉煌灿烂，曾经奋力挽留，而且即将迎战寒冷，即将经历风霜，即将拥抱冰雪——生命如斯，无怨无悔！

人生之乐乐无穷

□ [美] 史景迁　译 / 温洽溢

张岱一族住在绍兴，绍兴人几乎生来就会品赏灯笼，盖因此地富庶繁荣，住起来舒适惬意，多能工巧匠，亦不乏识货之人。张岱曾说绍兴人热衷造灯，不足为奇，每逢春节、中秋，从通衢大道至穷檐曲巷，无不张灯生辉。

这类往事栩栩如生，深深烙在张岱的心中："从巷口回视巷内，复叠堆垛，鲜妍飘洒，亦足动人。"绍兴城内的十字街会搭起彩绘木棚，棚子里头悬挂一盏大灯，灯上画有"四书"、《千家诗》的故事，或是写上灯谜，众人挤在大灯之下，抬头苦思谜底。附近村民都会着意打扮，进城东穿西走，团簇街头，挤挤杂杂买些东西。城内妇人女子或是挽手同游，或是杂坐家户门前，嗑瓜子、吃豆糖，至夜深才散去。

凡有往事袭上心头，无论大小，总能教张岱逸神，琢磨个中况味。他随笔记下："甲寅夏，过斑竹庵，取水啜之，磷磷有圭角，异之。走看其色，如秋月霜空，天为白。又如轻岚出岫，缭松迷石，淡淡欲散。"张岱心想，不知以此水煮茶，滋味如何？

张岱的三叔张炳芳饱历世故，品位精纯。叔侄二人切磋品鉴，百般调配，以各处名泉煮各地名茶，找出最能相配的茶与泉。这对叔侄的结论是：取斑竹庵泉水，放置三宿，最能带出上等茶叶的香气，再注入细白瓷杯，茶色如箨方解，绿粉初匀，举世无双。至于茶叶应否杂入一两片茉莉，叔侄二人意见不一，但都认为最好是先将沸水注入壶中少许，待其稍凉，再以沸水注之：看着茶叶舒展，"真如百茎素兰同雪涛并泻也"，遂将此茶戏称为"兰雪"。

张岱总是想尝试各种新奇口味，还钻研各种兰雪茶的饮法。张岱曾养过一头牛，研制做奶酪的方法。张岱取乳之后，静置一夜，等到乳脂分离。以乳汁一斤、兰雪茶四瓯，掺和置于铜壶，久煮至既黏且稠，如"玉液珠胶"。待其凉后，张岱认为其吹气胜兰如"雪腴"，沁入肺腑似"霜腻"。张岱还拿它做更多的尝试：以当地佳酿同入陶甑蒸之，或掺入豆粉发酵，或煎酥，或缚饼，或酒凝，或盐腌，亦可用蔗浆霜温火熬之、滤之、钻之、掇之，印模成带骨鲍螺状。无论何种料理妙方，张岱都将烹调秘诀锁于密房，"以纸封固，虽父子不轻传之"。

张岱的癖好常常变来变去，难以持久，但是他写到这些癖好时，仿佛是入迷极深，足以为安身立命的依托。张岱开始尝试各种泡制兰雪茶之后过了两年，又迷上了琴。万历四十四年（1616），时年19岁的张岱说动了6个心性相投、年纪相近的亲友跟他一同学琴。张岱的说法是，绍兴难求好琴师，如果不常练琴的话，琴艺就无法精进。张岱写了一篇雅致的小檄文，说缔结"丝社"的目的是要社员立约每月三会，这比他们"宁虚芳日"要好得多。若能定期操琴，便能兼顾绍兴琴歌、涧响、松风三者；一旦操练得法，"自令众山皆响"。这些念头常放在心里，便能"谐畅风神"，而"雅羡心生于手"。

微笑
是他最后失去的东西

□ 贾静晗

世界上第一个人类赛博格（半机械人）彼得·斯科特·摩根于2022年夏天去世了，享年64岁。

由黑色金属制成的"骨架"离开了那具瘦得惊人的身体。电子屏幕上，3D头像的表情停留在最后一刻。语音系统里的AI也停止了运算，无须再帮这个人类思考下一句话该说些什么。

然而，对于机器而言，这些只是暂时的静默。通上电，输入指令，它们仍能照常运行。语音盒中，由电脑合成的音频能够在AI的控制下生成话语，以彼得熟悉的方式，继续与他人顺畅交流。唯一彻底消失的，只有彼得的肉体和部分精神。

2017年，彼得患上肌萎缩侧索硬化（ALS），那是他的肉体逐渐走向"死亡"的开端。ALS俗称"渐冻症"，会破坏大脑和脊髓中的运动神经元，使患者逐渐失去对身体的控制。最终，他们将无法说话、走路、呼吸、吞咽。大多数患者会在发病后的三到五年内去世。

确诊时，彼得59岁，是一名机器人科学家。对他而言，瘫痪和疾病是一个工程学问题，就像一台机器坏了几个零件。怀着对科技的极度乐观和对家人的留恋，他决定改造自己的身体，成为真正意义上的人类赛博格。

这并非一时的异想天开。彼得从16岁就开始计划这件事了。1974年，16岁的彼得在一篇作文中畅想，未来自己的大脑将如何与一个电子大脑相连："我的五感将会被无数的电子组件增强……我们连接在一起，远比之前聪明……我不再是开车，而是会成为那辆车。"

20世纪70年代，彼得进入伦敦帝国理工学院攻读计算机科学，并在1986年获得了英国第一个机器人领域的博士学位。当时，机器人学在许多文化精英眼中仍是一项不入流的学科。

1983年的芝加哥，彼得在机器人学研讨会上发表讲话，那时的他坚信："只要我们足够聪明、足够勇敢、足够擅长各种尖端技术，不管前方命运如何，我们都能改写未来，改变世界。"

30多年后的医院里，医生告诉彼得，他只剩两年生命。彼得想的是，得赶在连眼球都不能动之前，快一点完成身体的改造。

对于自己将成为"新人类"的试验品，彼得感到前所未有的兴奋。"要重新定义'被困在自己的身体里'。"这位科学家说，"这不仅仅是关于渐冻症，它与所有残疾都有关，无论是事故、疾病、遗传，还是仅仅是变老。归根结底，这关乎地球上每个人的自由。"

在自传《彼得2.0》中，他写道，彼得宇宙的第二规则是，"打破规则对人类至关重要"。

首先要打破的是"ALS患者只能依靠他人进食和排泄"。ALS的进程极快，不到一年，彼得已经无法进食和排泄，只能依赖护工。2018年7月，他进行了"三重造口手术"，分别在自己的胃、结肠和膀胱处插入三条导管，用以摄入营养物质、处理排泄物，使身体能够自己维持运转。

这场手术进行了3个小时40分钟。术后，彼得躺在病床上，向周围的人展示自己全新的器官，喜悦难掩。这是他为数不多的、还能通过自己的声音表达喜悦的时刻。ALS仍在继续入侵他的身体，由于喉部肌肉失能，他的声音变得虚弱、暗哑，断断续续。在一次睡梦中，唾液卡在了喉咙里，导致他濒临窒息。2019年10月，彼得进行了全喉切除手术。

"我希望在完全丧失身体功能后，还能像人一样交流，最好能传达一点点我的情感，或许还能唤起其他人对我的一些同情。否则，我会感到十分孤独。"他决定为自己创造新的声音。在进行全喉切除手术前的近一年里，彼得待在音频技术公司的录音棚里，录下了15个小时的音频、近1000个词组，每个词组分别以或紧张或松弛的语气读出来，以便他的克隆声音在对话时，能够像真人一样情绪饱满。数月后，当制作完成的"克隆声音"唱出高难度歌曲 *Pure Imagination*（《纯想象》）时，坐在电脑前的彼得张了张嘴，无声地跟唱起来。

在声音之外，他还拥有一个虚拟化身。"微笑将是我最后失去的东西。"彼得曾说。为此，他找到了伦敦松木制片厂，他们利用CG技术，为他绘制了一个可以说话、做出表情的3D头像。3D绘制中，最困难之处在于，让声音、嘴唇和表情协同起来。

除却这一切数字"外壳"，对于彼得，关键的问题在于如何流畅地将脑海中的想法输出到外界。

在一次国际会议上，彼得结识了英特尔计算实验室主管拉马·纳奇曼。她曾为霍金研发出一套通过脸部肌肉抽动，来控制单词输入的系统。这一系统极其缓慢，一分钟大约只能打出一个单词。因此，纳奇曼团队又开发出ACAT上下文辅助感知工具包，通过AI学习表达者的说话习惯，表达者只需通过眼动追踪的方式输入20%的语句内容，AI便可感知情境，自动完成剩余的语句填充。

但作为物理学家的霍金，对于自己说出的每一句话都追求极端的准确性，因此"不愿失去任何控制"。而彼得的愿望则是"像人一样交流"，他乐于与AI融为一体。

自然，彼得装上了这一系统，将自己"决定说什么"的权利部分让渡给了AI。AI有时会过分自主。在一次视频通话中，彼得想说："你真是太棒了，杰瑞！（You are incredible, Jerry!）"而AI却说出了"你真是个大浑蛋！（You are an incredible, jerk!）"他甚至不知道AI从哪里学到了"浑蛋"这个词。

全喉切除手术的前一天，彼得在推特上宣布了"彼得1.0"的终结，也是"彼得2.0"的诞生。"我要变身了！"彼得在推文中兴奋地写道。根据医院的预测，那个月恰好应当是他死亡的时间。

彼得2.0比彼得1.0更加忙碌。他每周工作60个小时，参加演讲、接受采访，包括多家中文媒体。他勤奋地更新自己的推特，与世界各地的支持者们交流自己赛博格身体的进化之路。他还与自己的AI合作，写完了自传最后1/4的内容。

彼得的乐观有时会让人忽略了改造计划的艰辛之处。彼得获得的第一版合成声音曾令他大失所望。在实验室里试听时，他难过到说不出一个形容词。那个声音僵硬、缓慢，带着电子机械的冷漠，完全不像他。

他的"虚拟化身"也多少显得粗糙。那仅仅是一个3D的动画头像，保留了他的基本特征——蓝眼睛、黄头发，但仍是一个建模感极强的"假人"。

他的离世是急促的。像一条在湍流中洄游了数百公里的鱼，突然撞上一块石头，旅程戛然而止。在离世前的几个月里，他还在尝试实现机器人轮椅的自动驾驶，他的目标是"能够安全地穿梭在瓷器店里"。但他最终没来得及成为一个自由行走的赛博格。

2021年年底，作为生物人的彼得失去了嗅觉和味觉，无法自主呼吸，全身保持活跃的器官，只有眼球、耳朵和大脑。他常常因全身不受控制地痉挛而整夜睡不着觉。2022年4月8日，彼得的病情进一步恶化，他的双眼无法闭合，导致眼球极度干燥，无法再利用眼动追踪打字交流。6月15日，彼得的家人在推特上宣布了他去世的消息。在他去世后，彼得所创立的"斯科特·摩根基金会"将会继续运营，利用AI、机器人等技术，改善那些"受年龄、健康问题、残疾、其他身体或精神缺陷限制"的人的生活。

他在留给世人的自传中写道："人想要结束自己生命的原因多种多样，但失去希望而死无疑是最为悲伤的一种。人主要是因为看不到希望而感受到死亡的压力，这让我感到极其悲伤。他们除死亡之外没有其他合理的选择。我希望他们看到出路和选择。"

在某一个被全身痉挛折磨得无法入眠的晚上，彼得曾想象过自己的死亡，"我清楚，我终将死亡，带着一身非常前沿的，但无法再发挥任何作用的高科技"。但好在，他还有微笑留下。

朋友的"贝塔值"

□岑 嵘

假如你正在学习理财知识，一定会听到一个理念，那就是"不要把鸡蛋放在同一个篮子里"。如果用专业术语来表达，就是"分散投资"，它不但能让你规避风险，还能在一定程度上帮你获得收益。这个投资理念由来已久，古老的《犹太法典》中就写道："人的财富应永远分成三份，一份投入土地，一份投入贸易，第三份随时备用。"

现代金融发明了"贝塔值"这个概念来实践这个理念。和你的投资组合整体波动相关性较大的资产，叫作"高贝塔值资产"。打个比方，如果你的投资组合以股票为主，你又新买入了一些近期的热门股，那么股市上涨时你可能获得超额收益；而股市一旦回落，这些股票也是跌得最凶的。

与"高贝塔值资产"相对应的是"低贝塔值资产"和"负贝塔值资产"，"低贝塔值资产"是指，随着你的投资组合的波动，其波动幅度相对较小的资产，比如你投资了部分房产，尽管也会受到宏观经济和股市涨跌的影响，但相对波动就会较小；"负贝塔值资产"的波动则和你的投资组合走势相反，比如你买了黄金，当经济动荡股市暴跌的时候，或许黄金还会升值。

这个理念恐怕不仅仅适用于投资理财，我们的人生何尝不是如此？我们身边的朋友、同事，还有商业伙伴中有很多都具有"高贝塔值"。当你的人生基础盘稳固，事业节节向上时，这些人会聚拢在你的身边，他们愿意和你共享资源，帮你介绍新的生意伙伴，或者乐意把钱投给你。有了这些朋友和伙伴，你会消息灵通，人脉广泛，事半功倍。你蒸蒸日上的事业也离不开这些人。

然而正如"高贝塔值资产"固有的弱点，他们会随着你的基本盘波动而大幅波动。当你的事业出现问题，你的人生跌入低谷，这些"高贝塔值"的人会放大这些波动。或许，这时就没有人愿意再借钱给你了，往日天天和你称兄道弟的人也会悄悄地消失，就像莎士比亚《雅典的泰门》中的富商泰门，一旦他身无分文，朋友就变成了路人。这些人如同杠杆一般，放大了你人生的顺境与困境，让你的人生看起来是大起大落的。

好在不是所有的人都是"高贝塔值"的，每个人的人生中还有一些"低贝塔值"的朋友，他们对你是不是成功或有没有钱并不太在意。你春风得意的时候他们不会刻意来讨好你，你跌入谷底的时候他们也不会嫌弃你。他们把你当朋友不是因为你居于高位或者富有，只是觉得你人还不错。

当然，最难得的是那些具有"负贝塔值"的人，这些是你最亲的人，比如你的父母。当你的事业顺风顺水的时候，他们不会向你索取什么，只是对你说要注意身体健康。一旦你遇到挫折，他们总是无条件地接受你，全心全意地帮助你。还有些朋友，当你风光无限的时候，你几乎看不到他们；而一旦你遭遇困境，他们却会出现在你身边——其实他们一直在默默地关注着你。

以上三种人我们都会遇到，我们也不用责备那些"高贝塔值"的人，事实上，很多人际关系都是功利的。你顺风顺水时，他们就会在你的身边；你灰头土脸时，他们会离开你，但同样，他们对你的价值也相对较小。这并不代表他们毫无价值，只是他们看起来会"加剧"你人生的波动。

沃伦·巴菲特是位投资大师，他深谙投资之道，同样，他也知道人生的哲理和投资相通。他在一次访谈中提到一件事："二战"时期纳粹到处抓捕犹太人，有一位女士是波兰的犹太人，她和她的家人曾被关在奥斯威辛集中营饱受蹂躏，甚至有些亲人没能活着走出集中营。她这样对巴菲特说："沃伦，我一般不和别人交朋友，我要看这个人能不能把我藏起来，才决定是否和他交朋友。"

我们身边的人总是有聚有散，重要的是要看清每个人的"贝塔值"。当一个人在你遇到大麻烦，甚至需要他做出巨大牺牲的时候还肯帮助你，而不是转身离你而去，对我们来说，那个人就是最宝贵的。

成功焦虑症

□杨无锐

现代人大多患有成功焦虑症，同时，对成功的想象力又极度匮乏。人们普遍在模仿有限的几种成功：身体、爱情、财富、权力。人们不仅担心自己不够成功，还担心不能按照大众认可的样子成功。这些世俗意义上的成功没什么不好，但若只能想象这些，社会就可能成为充满胁迫和压抑感的怪物。每个人都会被胁迫，也会转身胁迫别人。

孔子中年以后周游列国，四处碰壁。行道不得，退而著书，绝笔于获麟。按照所有单一的尘世标准，他是个失败者。想要推行政治理念，必须掌握政治权力。他不是没有掌权的机会，但他总是倔强地毁掉机会。从这个角度来看，他的一生，就是不断错失时机的一生。孟子却说，孔子是"圣之时者"。孟子认为，孔子是圣贤当中最能把握时机的。

一个只能想象成功的人，不会理解孟子对孔子的评价。一个只能接受成功的社会，不会尊敬孔子的努力。对只能想象成功的个人和社会而言，看不见的成功，不算成功；不能改变这个世界，就不配拥有这个世界的尊敬。对孔子而言，让这个世界发生变化，是好的。他要为之负责的，却不是这个世界，而是天道。在孟子看来，孔子做了对天道该做的奉献，所以他是"圣之时者"。

一个对神圣负责的人，对时间的感觉可能和我们不同。

我们常感时光匆促。因为我们惦记着躲在未来某处的成功。无论怎么定义，它一定在世界之中，在可以预见的未来的某个时间点。如果可能，我们愿意把所有时间奉献给它。对我们而言，过去和此刻的生活，都在为那个可见的未来做准备。可惜，我们意志薄弱，智慧也不够。我们经常受到不相干的事的诱惑和打扰，也经常错失宝贵的时机。于是，我们自责、焦虑，到处寻找救治的办法。后来，就有了那么多应我们的需求而生的所谓成功学手册。所有的成功学无非谈论一件事：为了你的未来，如何从时间中榨取最大利益。

看不到永恒的人，注定只能盯着未来。我们的时间，以及我们自己，都是未来的祭品。这就是我们这个时代的焦虑。心存神圣的人，会从容许多。他也期盼更好的未来，但他不会拿未来胁迫生命。神圣即永恒。在永恒的天平上，三百年并不比一辈子更轻，也绝不会更重。他也想为未来而努力，但他不会贬低自己。他珍视时间，不是为了投资未来。他要做的，是用独一无二的此生、此刻向永恒致敬。子在川上曰："逝者如斯夫。"子还曰："发愤忘食，乐以忘忧，不知老之将至。"

投资未来的人，时刻担心错失时机。心存神圣的人，不替自己的未来搜捕时机，他自己就是回应神圣的独一无二的时机。

琢磨"傻问题"

□李 荣

在量子理论中，有名的丹麦大物理学家尼尔斯·玻尔，是绕不过去的巨擘。以前读过有关他的传记，印象中，如此大名鼎鼎的科学巨匠，却老是喜欢"半开玩笑"地琢磨一些常人看来的"傻问题"。

有一次，玻尔与同事一起去看枪战电影，突发奇想，提出了一个"傻问题"：坏蛋有意识地掏枪，英雄凭本能回击，英雄往往得胜，这可以用来说明，条件反射快于意志反射。但他的学派同道、物理学家伽莫夫不以为然。他们便顺道去买了两把玩具枪，各备在手边。半天过去了，伽莫夫以为这样的小小"傻事"，玻尔早该忘了，一心想出出他的丑。想不到，当伽莫夫突然拔"枪"出现在玻尔面前，玻尔已抢先把"枪"指向了他。伽莫夫只能"认输"。

还有一次，玻尔与他的晚辈大师海森堡走在空无一人的街上。海森堡一时兴起，随意朝远处的电线杆扔去一块石子，竟然一扔即中。玻尔便又琢磨起了一个"傻问题"：存心要扔中，难；无心一扔，却中了。可见，"也许会成功"的想法，比一定要成功的实践和意愿更有力。过了些时候，海森堡看一场木球比赛，一支队水平较低，比分落后。在最后一轮中，一名队员干脆背对球门，随手向后一扔，中了。海森堡马上想起了玻尔之前琢磨的那个"傻问题"，会心一笑。

由玻尔做核心的哥本哈根学派是科学史上少有的成员间兴会淋漓、情趣盎然又成就不凡的研究团体和环境。这个敢于、乐于提出"傻问题"、琢磨切磋"傻问题"的氛围和热情，可能也是其中一个重要因素。大家一派天真与本色，没有戒心与提防，不在乎想法的"不切实际与不着边际"，彼此信任、有诚心，不避"傻劲"，贴着对方来思考，其乐无穷。这样的喜乐与"无拘束"，不按着标准的模样比拼"有用的聪明"，在生活中才能带来真实和暖意。

这又让我想起了小说《麦田里的守望者》，其中有"霍尔顿夜深与出租车司机谈论冰封湖泊中野鸭去向"的一处细节，可以说也是在琢磨一个"傻问题"。霍尔顿想到，中央公园湖泊里的那些野鸭，过冬都去哪儿了？那个出租车司机看上去不耐烦、上火，却一路上随着他一起想、一起说。从野鸭说到冰封湖水下的鱼，说到鱼在冻结的湖里怎么生活、怎么找食。临下车，那个司机还是念念不忘"傻问题"，追着说了一句："如果你是一条鱼，大自然母亲当然会照顾你，对不对？你不会以为那些鱼到冬天就死掉了吧？"

仔细想想，"傻问题"里有生活的真情和真意。《麦田里的守望者》里的霍尔顿，看上去一脸冷漠，浑身"叛逆"，但这个"傻傻"的"野鸭之问"，不经意间便流露出了他的童心与善良。司机虽骂骂咧咧，但也善良而有情趣，还"借着鱼"说出了温暖的话。而且，"傻问题"里也能琢磨出实在的道理。玻尔说的"也许会成功"的想法更有力，那是把本属于"概率"的事儿回归到"概率的空间"，相比之下，"肯定会成功""一定要成功"之类斩钉截铁似的说辞，反倒显得弱了。

月亮右边

□潘玉毅

在没有方向感的人眼里,这个世界没有东南西北,只有前后左右。

一个姑娘和闺密出去游玩,在郊外迷了路,让朋友来接,朋友问她在哪里,她回答"我就站在月亮右边的那条道上"。

"月亮右边的那条道上",这样的回答当真是出人意料,估计她的朋友听到这个答案内心是崩溃的。我初看这个段子时亦是忍俊不禁,但多看几遍,发现别有意趣。

人在山中,放眼望去,远看是山,近看是山,前面是路,后面是路,左边是树,右边是树,没有什么醒目的地标建筑,正当我不知所措时,抬头看去,空中有个月亮,而我正好站在月亮右边那朵云下面——多么富有诗情画意的画面啊!

或许,每个路痴都是真正的诗人。

他们的眼里没有村庄路名,没有高楼大厦,有的只是物的本相。一条路就是一条路,一棵树就是一棵树,一朵云就是一朵云,一弯明月就是一弯明月,没有"中山路"与"人民路"的分别,也没有"杨梅树"和"梧桐树"的分别。我站在云下等你,云就飘在月亮右边,想来这么说了,你一定心有所感,知道我在哪里吧。对于他们来说,"道理"就是这么简单。

这个"道理"充满早被人们遗忘在忙碌工作中的生活趣味。要知道,同样是一个方位,站在银泰右边和站在月亮右边,意境相去甚远。

人们总说要寻找诗意,寻找诗意的人、事、物,但苦心求索,最后得到的往往是形,而不是意,这跟买椟还珠没什么两样。显然,在对诗意的感知上我们远不如一个路痴。就像段子里的那位姑娘,她一本正经地道出了我们梦想中的胜境。

也许,我们应该感谢身边的每一个路痴,他们身上都藏着一车故事,可以让无趣的生活变得有趣起来;也许,我们应该珍惜身边每个如路痴一般天真的人,是他们绽放的异样神采为背负生活重担的我们注入了一丝轻松,让我们领略到人性本初的那份纯真和美好。

二十四节气里的警惕心

□穆 涛

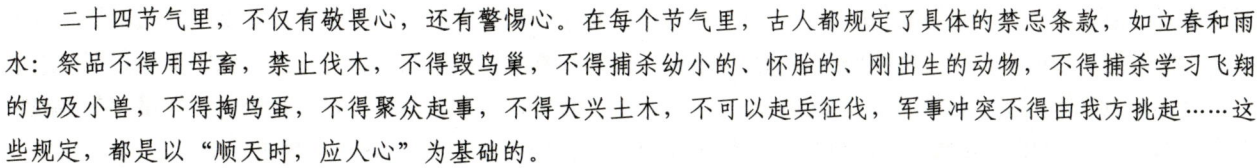

二十四节气里,不仅有敬畏心,还有警惕心。在每个节气里,古人都规定了具体的禁忌条款,如立春和雨水:祭品不得用母畜,禁止伐木,不得毁鸟巢,不得捕杀幼小的、怀胎的、刚出生的动物,不得捕杀学习飞翔的鸟及小兽,不得掏鸟蛋,不得聚众起事,不得大兴土木,不可以起兵征伐,军事冲突不得由我方挑起……这些规定,都是以"顺天时,应人心"为基础的。

二十四节气里的警惕心,是对人妄为妄行的警惕,戒欺天,戒逆天。"谢天谢地"这句话,是有初心的。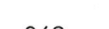

太守与鱼

□徐海蛟

那时候，羊续还不是太守，他只是一个懵懂少年。羊续喜欢钓鱼，经常背着钓竿，独自走到水边去。有时是一条清澈的小溪，自青山深处而来，只在水深处才有些许小鱼。溪水清凉，他把脚伸进去，水光一下子跳跃开来，调皮得很；有时是一条静谧的江，开阔处烟波浩渺，归帆点点，临岸的地方水草丰美，他安然坐在一截老树桩上，甩出渔线；有时候是一片水量充沛的湖，像一面巨大的明镜，天光云影尽收其中，他会选择一块光滑的石头斜靠其上，一晃半日就过去了。

羊续并不懂钓鱼之道，他只是觉得好奇，看似平静的水面下，有那么多可能，钓竿一甩，不知会有什么奇迹出现，真是一件特别的事。当然，还有一个原因，羊续特别爱吃鱼，因为家境贫寒，他们家不常能吃到鱼，鱼肉的美味对于贫寒之人是十分珍贵的。羊续就亲自动手，满足家人和自己这口腹的念想。不懂钓鱼的羊续也并不常能钓到鱼，偶尔的收获，会让他格外欣喜，就是这偶尔的收获，吸引着他时常背着钓竿出去晃荡。

直到有一天，羊续在那片经常去的湖边碰到一个年轻人，才明白了钓鱼的学问，这看似平静的举动背后有着颇具意味的生命哲学。那个人比羊续大不了几岁，可看起来要成熟得多，显得城府很深。羊续的钓竿就搁在离年轻人不远的地方，他坐了近半个时辰却没有一条鱼上钩，而近旁的年轻人，一旦甩开渔线，不长时间，鱼就上钩了。接着他再次甩开渔线，不一会儿，鱼又上钩了。这样收放自如的钓技，旁人看着也有一种喜滋滋的心情。羊续开始只是心里羡慕，随后索性收了钓竿，坐到年轻人身旁。

"钓鱼的秘诀是什么？"羊续真诚又怯生生地问。

"在于心静，垂钓者心里想着鱼，却要不动声色。放长线钓大鱼，就是这个道理，要让鱼以为你并不是在钓它，只是给它奉送美味的大餐。这样鱼才能放心享用，垂钓者也才能心想事成。"青年人一副安然自得的样子，仿佛自言自语。他的话不紧不慢，却透着自信，透着洞悉世事的晓畅。

少年羊续似懂非懂，但他似乎能品咂出里面的深意。他继续问："什么样的鱼最易上钩？"

青年并没有马上回答，而是静默地凝视着湖面，看着风从水面上滑过去。他才开口："最容易上钩的鱼，往往是最贪的鱼，它们不愿到更偏僻的地方找食物，不愿自食其力。它们很容易成为别人案板上的食材。"

许多年后，羊续还会时常记起青年的这番话。钓鱼，看似如此简单的一件事，其实藏着某种人生的玄机，每个人都是垂钓者，每个人也可能变成别人鱼钩上的鱼。

世间的机缘巧得很，羊续后来求学入仕，居然碰到了那个钓鱼的年轻人。不过那时，这个年轻人已不再有时间坐在水边安然垂钓，而是做了一方大员，他不再是过去那副俊逸的模样，而是腆着肥大的肚子在酒桌上吃五喝六，怀抱曼妙的女子红光满面地从舞榭歌台旁穿过。羊续一开始怀疑自己的眼睛，后来渐渐熟悉了他的履历，便只能说世事难料。现在，那个睿智的垂钓者不再年轻，也丧失了智慧，羊续看着他，觉得他已经不可能再是垂钓者了，他现在成了鱼，一条很大很肥的鱼。他游走在灯红酒绿的浑水中，他觉得自己长袖善舞、泳姿绝妙，但不知道周边落着多少诱饵。每回见到他羊续就替他担心：他怎么挡得住那么多水中的长线，挡得住那么多暗地里闪着寒光的钓钩？果不其然，没多久，羊续就听到他出事的消息：他因无节制的受贿和搜刮，一夜间被打入大牢，几天后就病死了。

往后，羊续的仕途越走越开阔，最后做了南阳太守。作为一方长官的羊续越来越深刻地体会到鱼与垂钓者的关系。羊续上任不久，府丞焦俭见太守生活清简，尤其伙食，总是青菜萝卜，甚至都难见油星。焦俭着实有点儿看不下去，他是真的关心羊续，差人打了一条鲤鱼，亲自送到羊续家。这种鲤鱼是南阳名贵的特产。这真是一条好鱼，足足半尺来长，放进大水缸里，立刻扎了一个猛子，溅起一大片白亮亮的水花。

羊续是喜欢吃鱼的，他的家人也喜欢吃鱼，小女儿看到这条鱼即刻欢欣雀跃起来，大鲤鱼的到来，给小姑娘带来了节日般的欢乐。但羊续铭记着钓鱼的故事，在私人生活的问题上他是决绝的，都有点儿固不可彻的意思了。羊续想让焦俭立刻将鱼带回去，但看着小女儿在院子中欢乐的样子，心软了一下，更重要的原因是他明白焦俭是出于真心。尽管家里几个月不见荤菜了，尽管小女儿在大水缸边看了好几天，羊续最后还是决定不吃那条鱼。他再次记起少年时坐在湖边钓鱼时听到的话，垂钓者和鱼之间的角色总是从一念之差开始转变的，他不想因为一个闪念而沦为案板上的鱼。

在家人的不解和不满中，羊续将那条名贵的鲤鱼悬到廊前的屋檐下。冬天的风寒，很快将鱼沥干了，一条活蹦乱跳的鱼成了蜷曲的鱼干，羊续仍然不让家人将它摘下来。鱼干静静地挂在太守的屋檐下，成为某种固守的姿态，成为一句不言自明的告白。

过了些时日，焦俭又想着给太守改善伙食，又差人打了一条鲤鱼。这一回，羊续将焦俭引至屋檐下，"这条鱼是你上次送来的，我们都没动过，已经成了鱼干。这回送来的鱼你得带回去，否则我还是要把它悬到这屋檐下"。焦俭觉得脸上有点儿挂不住，想说些什么，但张了张嘴，又咽回去了，仿佛站在这个屋檐下，每句话都是不合时宜的，每个动作都是不合时宜的，当然他手里的鱼也是不合时宜的。焦俭拎着那条鱼往回走，脸红到了脖子根。

年关临近，给太守送礼的人纷至沓来，每一次太守都很淡然，将他们引到屋檐下，用手指着那条风干的鱼，鱼在冷风中晃动，轻轻打个转："一条送来的鱼我都不吃，就这么悬着……你们的东西不是我该得的，我不会收。"

送礼的人都被屋檐下的那条鱼挡回去了，由此，太守也省却了诸多麻烦。屋檐下悬挂着的鱼是太守内心不可更改的姿势。

太守常常透过南窗看见那条干鱼在清风中晃荡，每次，太守心里都会想起那句话：每个人都是垂钓者，每个人也可能变成别人鱼钩上的鱼。

一片鱼形的树叶

□王宜振

一片小小的树叶
被一场风暴撕落
像撕落一只耳朵
我弯下腰
捡起这片树叶
我发现它的形状
像一条鱼儿
这鱼儿的血管里
还有蓝色的风暴呼呼吼着
我把它夹进一册现代史课本
想让它压扁的心儿变得柔和
我发现这条鱼儿
很快游进历史
像一位年长的学者
在这段历史里穿梭
它反反复复地摸着
像要为这段历史把脉
它要把它摸得发抖
摸得窘窄
摸着摸着
它竟然摸到了
这段历史的心跳

他的心恰似一座花园

□明前茶

这是需要雕刻的最后一个字了，是小男孩最喜欢的"春"字。照例，他要把雕刻好的小木块一一放进挖槽中，用木栓子拴紧。小男孩再次打磨他的美工刀，将"春"字刻成阳文反字，并将四角的木头都修掉，让这个字从柔软的木纹中凸显出来。

小男孩蹲下来，以目光丈量每一个阳文反字的上缘。看上去很齐，他满意地长出一口气，开始在阳文反字上刷墨，将一张绵纸覆盖在这些古老的木活字上，用蘸了少许白蜡的鬃毛刷，轻压轻刷绵纸的背面，不到两分钟，揭开绵纸，就可以看到小男孩连上四节活字印刷体验课的成果——纸上显现的是一首勾画匀整的五言绝句，小男孩刻了一首王维的《鸟鸣涧》。

接着，他把木栓子拆掉，将这些充盈着倔强与气力的小小活字，从挖槽中释放出来。他一手攥着一个"春"字，要考考我："王维的诗中，有'春'字的还有哪些？"我慌忙在记忆的版图中搜寻，小男孩看我窘迫起来，笑了，开始背《辋川别业》给我听，还说："我二年级的时候，特别喜欢'雨中草色绿堪染，水上桃花红欲燃'这两句，可是两年一过，却喜欢'披衣倒屣且相见，相欢语笑衡门前'了，阿姨，你说奇怪不奇怪？"

小男孩穿着斜襟中式衣裳，寸头被妈妈用剃头推子刨得溜光，很像电影里的功夫小子。暑假里爸爸每天带他来上班。爸爸是书画院的行政人员，大部分时间无暇照管他，好在领导照顾，给小男孩特批了两项福利：允许他去上书画院暑期的公益课程，还给他安排了一个小小的"工作室"——在木楼梯的下方放了一张大茶几。

小男孩向我展示他的砚台，展示书画家送给他的徽墨，展示他替奶奶卷的艾灸条，展示他觉得应该带到外层空间给外星人欣赏的"最美的木活字"。他说："我不喜欢动画里的二次元世界，唐诗才是我最喜欢的二次元世界，每次，只要扑通一声跳进唐诗的世界，就觉得浑身被洗得清爽极了。"

说到这里，他饱满的小脸垮了下来："我爸说，我是一个穿越来的古人。他对我很担心……"

我忽然想起小男孩的爸爸曾悄悄咨询大家："各位老师，给我出出主意，怎样让我们家这孩子活得像一个'10后'？我给他买盲盒，买游戏手柄，买轮滑鞋，买羽毛球，大部分都被他送人了。我把娃养成这样，究竟对不对？"

这世间的孩子，哪能像农作物一样，到了时辰就长成一样高，呈现出整齐划一的丰收姿态？这个小男孩，他的精神世界已经暗自长成了一座美丽的花园，草木葳蕤，万物竞生。某些时刻，那种无来由的欢欣与忧伤，沁润过王维的心，千年后，也会静悄悄地感染他。

比别人更敏感、更敏锐，不见得是一件需要检讨的事，它暗含艺术的、人文的滋养，像一场从天而降的露水——只会让花园里所有的植物更加生机勃勃，根深叶茂。

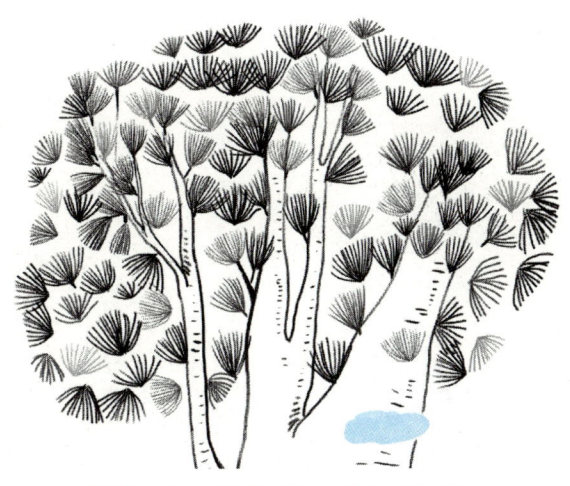

世上最好的树

□董改正

十三岁那年秋天，一场突如其来的泥石流掀掉了皇姆岭下的山皮，有人在金红的夕阳里发布了一条消息：被山洪连根拔起的大树因为枝缠根绕，没被洪水冲走。正在吃饭的村人丢下手里的碗筷，纷纷朝山里跑去。不需要响应，我们立即奔向村口。

皇姆岭离村很远，逆溪而上十来里，一路崎岖难行，但我们不怕。我们在那里摘过毛栗，采过野葡萄，打过山里红，甚至逮过狗獾子。我们这些少年有力、勇敢，无所畏惧，一定可以扛回来一棵大树，让父母大惊失色：太厉害了！

山洪过后的山路更加坎坷，沙土被淘空了，路上尽是各色的圆石头、方石头，就像一只只趴伏的乌龟。我们从这块龟背跳到那块龟背，夕阳映红了一张张兴奋的脸，我们的心被一种激动难抑的英雄气鼓荡着，我们这是迎着夕阳，去做一件了不起的大事。

但夕阳忽然从皇姆岭的谷口滑下去，整个山谷顿时暗下来。夜是神秘的扳道工，改变了路向，我们走到了另一条陌生的路上，完美避开了扛树回去的父母。当我们辗转找到那座失去山皮的山坡时，夜已经很深了，月色已经很浓了。我们在大石间各自寻找自己意中的大树，拿斧头砍掉枝丫和根茎。空旷的山谷中伐木丁丁，清脆悦耳，就像少年山泉般的笑声。

我记得那是一棵极长极粗的松树，散发着好闻的气味。它圆得那么柔美，就像夜曲般温柔。我记得它的皮像鱼鳞般整齐，像皮垫子般柔软。我们终于侍弄完毕，扛着自己的树，深一脚浅一脚走上了归途。

月亮在天，溪流在侧，虫鸣如沸，七条影子忠实地跟着我们默默行走在寂静的山道中。我们被巨大的幸福充满了，它让我们一下子成熟了。我们肃穆起来，庄严起来，都隐隐约约地觉得，大呼小叫在此时是不合适的。隐约记得有人回头问："是七个人吗？"隐约记得有人回答了。夜是神秘的。夜路似乎比白天的长得多，似乎永远没有尽头。汗从脊背滑下去，流过大腿，湿漉漉的，像一条条蠕动的虫子。肩膀应该是破皮了、肿了，碰一下就钻心地痛。这疼痛和疲惫将会是我们的骄傲、我们的勋章。

我们歇肩了。将树担在两旁的石头上，再撑起时，就可以省很多的力。七名少年默默地坐在月光下的山道旁，身边是他们最好的树。我也坐在那里，腿在剧烈地颤抖。

有人在自己横担的大树间蹲下去，试图扛起它再走，但他坐到了地上。他哭了。他抱着那棵树放声痛哭："我扛不动了！我扛不回去了！"他没有勇气让大树重新压到他流血的肩上。他站起来，哭着向前走去。我们默默摩挲着自己的树，都无声地放下了。

那个夜晚，我们的父母急疯了，吓坏了，他们寻遍了枫河和田野里的池塘，当看到一排七个泥猴一样的小人穿过田野时，他们站住了，狂喜地奔过来，搂着我们喜极而泣。他们说："别哭，先回去洗澡睡觉，明天我们去把它扛回来！"

父母有没有把我的树扛回来，我已经不记得了。几十年后搬家时，我并没有看到想象中的那棵树。那棵极粗壮的树，笔直，浑圆，散发着松香，那棵世上最好的树，好像消失了，却一直在我的心里。

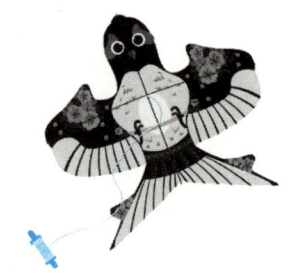

曹雪芹的风筝

□魏芳芳

乾隆十九年（1755年）年关将近，江宁人于景廉衣袍褴褛，一瘸一拐，一路辗转叩开北京西山老乡家的柴门。外面狂风呼号，陋室内主客相顾戚然。客人惨言家中已经三日无炊，小儿女饥寒难耐，实在是走投无路，才来府上叨扰。主人家徒四壁，友人写诗说他"举家食粥酒常赊"，足见其生活也困顿不堪。他也只能挽留一宿，待次日求告友朋，以解于景廉燃眉之急。夜间闲话，说到京城近况，于景廉有点义愤难平，说某公子玩风筝，一掷几十两银子，够我一家活命半年。不想，一句话如醍醐灌顶，主人面有喜色，说："有了！"当即裁纸劈竹，为于景廉制作了几只风筝。后又向友人借了银两帮于景廉度荒。

当年除夕，大雪纷飞，于景廉骑驴冒雪来访，驴背驮满鸭酒鲜蔬，老远就报喜："不想三五风筝，竟获重酬，所得当共享之，可以过一肥年。"于是，老乡教他风筝制作，于景廉终于脱贫。

这个扎风筝救命的老乡，是曹雪芹。如果光做几只风筝救助残疾老乡一家，那曹雪芹就不是写《红楼梦》的曹雪芹了。于景廉靠风筝脱贫之事，让曹雪芹有了新的想法。

出身江南大富贵人家的曹雪芹，耳濡目染各类精巧绝伦之物，进而熟悉百工之法。少年时家道败落，成年后虽有薄俸，但大多周济了穷人。世道艰难，自己手脚齐整尚只能勉强糊口，那些鳏寡残疾不能自活的人，又能向谁伸手？

风筝本来不过是便宜的小玩意儿，可是做得好一样可以卖出高价。如果自己编写一本制作指南，或许可以帮助那些困顿之家？年后，曹雪芹即着手搜罗前人著述，仔细研究风筝起放原理，最后汇集成篇，"为有废疾而无告者，谋其自养之道"。此书名为《南鹞北鸢考工志》，是一本风筝制作教科书，介绍了四十三种风筝的扎、糊、绘、放的技法和工艺，每种风筝都绘有彩图、骨架图等。按曹雪芹设计的图样扎出来的风筝，大的可达数丈，小的不到一寸，却都能御风而起飞，不致"倾覆"。

曹氏风筝流传至今，已为国家非物质文化遗产。而《红楼梦》第七十回中，曹雪芹以浓墨重彩的笔调为风筝写的一台戏，也成为文化经典中的经典。

时值暮春，春风正好。湘云黛玉们在屋内作诗，一只断线的风筝撞上窗外竹子，开启了大观园放风筝的序幕。书中说放风筝意寓"放晦气"，放掉烦恼和病痛。众丫头小姐兴高采烈，拿出各式各样的风筝：软翅子大凤凰，燕子，美人，大鱼，红蝙蝠，大螃蟹，等等。加上系在线上的爆竹彩饰，一时空中琳琅满目。春风呼啦啦吹，铃铛叮铃响。你的风筝撞了她的，她的线缠搅你的线，众姑娘笑作一团。宝玉的美人风筝总是放不起来，黛玉一眼就看出毛病在哪，说顶线没打好呢，宝玉赶紧换了别的。黛玉的风筝飞得很高，一线用尽，竟舍不得放掉。紫鹃泼辣，一剪刀绞断线，说放了晦气你的病就好了。风筝飘摇而去，一时鸡蛋大小，展眼剩一黑点，再展眼看不见。别人都只说有趣。只宝玉叹口气，说可惜不知落到哪里，若有人烟处被小孩子得了还好。若落在荒郊野外无人处，我替他寂寞。说完将自己的风筝剪断，教他们两个做伴去。

"我替他寂寞"，这一句真是动人愁肠，为的是黛玉的风筝、黛玉的孤独和寂寞。一场热闹的风筝大戏，借了断线的风筝诉说宝黛悲切的真情。而曹雪芹为穷人做的那些风筝呢，饱含更辽阔的真情，每一片纸、每一根竹，都闪耀着慈悲的光芒。

大画家与装裱工

□张达明

有段时间，吴冠中居住在北京潘家园方庄小区的芳城园。那时，在芳城园对面楼的地下三层，下岗工人张世东开了一家裱画作坊以养家糊口。张世东怎么也想不到，他竟因此与大画家吴冠中相识，更成了忘年交。

起初，吴冠中只是让学生送去几幅小画，请张世东托裱。后来，吴冠中便自己到地下室去找张世东裱画了。吴冠中的画用色丰富，托裱有点难度，张世东便指出一些容易让裱画人产生误会的问题。吴冠中看到了张世东的谨慎和认真，便说："我知道我的活儿不好做，你就放心大胆地做吧，别害怕，我主要看大效果。"这句话，给张世东吃了定心丸，吴冠中从此也成了张世东作坊的常客。不过每次去之前，吴冠中都要事先给张世东打个电话。有时遇上坏天气，张世东提出去他家取画，都被吴冠中婉拒了。吴冠中非要亲自走下几十级台阶，拐上十几个弯儿，深一脚浅一脚地下到灯光昏暗的地下室来，将画亲手交给张世东。吴冠中说："世东有他自己的事情要做，我不能为了自己方便而耽误了他的工作。"

吴冠中很少为人题字，但对于张世东，他出手大方，先后破例为其题了好几幅字。在画价飞涨的年代，接受大画家吴冠中的馈赠，让张世东心里深感不安，吴冠中看出了他的心思，对他说："这是交情！"而当张世东提出不收吴冠中的裱画费时，却遭到吴冠中的拒绝："你这是劳动，必须有报酬，一分也不能少！"

吴冠中84岁那年因病住院，刚出院，他就给张世东打电话："我还欠你1000块钱呢，过几天就给你送去。"张世东连连说："不要了，不要了！"吴冠中坚定地说："那可不行。"吴冠中出院后，张世东去他家里看望。刚进门，吴冠中就拿出1000元钱递给张世东，窘得张世东涨红着脸说："吴先生，我是来看望您的，可不是上门讨钱的。您这样做，让我无地自容啊！"吴冠中说："茄子一行，辣子一行，就是你不来看我，我也会去找你，你这一来，还让我省事了呢。"

有一次，吴冠中与张世东闲聊时说："我那里有一堆书，反正我也不用了，你要是不嫌麻烦，就都拿去吧，兴许对你有些用处。"当张世东将书运回家翻看时，发现其中有好些大家签名赠给吴冠中的画册和珍贵书籍，有朱德群、林风眠、李政道……张世东立即给吴冠中打电话，告知这种情况，吴冠中听后淡淡地说："你喜欢就好好留着吧。"

在十几年的交往中，两个人结下了深厚的友谊。如今，张世东已经成为"深巷画廊"的老板。在吴冠中赠予他的一本大画册的扉页上，吴冠中用硬笔题写了几行字："世东兄裱画认真至极。此集作品均由他精心托裱，他知、我知，两心知。作画，托裱亦知音。"对此，张世东说："我只是一个普通的裱画工，原本对书画和艺术大师们只是仰望之或敬而远之。但自从遇上了吴先生，我转变了许多，克服了心理上的距离感，重新发现了装裱工作的价值和乐趣。应该说，吴先生是一位个性鲜明、德高望重的艺术家，他见解独特，又敢说真话。而他与我这个裱画工人之间的关系，用水乳交融来形容一点儿也不过分。虽然他是一位世界级的画家，但在日常生活中，更像邻家的一位普普通通的老人，他有喜也有忧，而更多的是艺术带给他的快乐。"

四个"静悄悄"

□ 王厚明

著名哲学家、美学家和思想家李泽厚先生，希望"孤独地度过一生"，他一生不爱热闹，只享受寂寞。在20世纪80年代的"美学热"中，他被青年人尊为"精神导师"，在知识界极具影响力。

李泽厚曾说自己有四个"静悄悄"。

第一个，"静悄悄地写"。他一生从没报过什么计划、项目、课题，出书或发表文章之前从不对人说，一辈子也没有任何助手和帮手，为核对一条小素材，查出处、翻书刊、跑图书馆等，都得靠自己。即使在社会动荡时期，他也俨然一个"逍遥派"，不介入任何争论，进行着自己的研究。他最怀念在中国社会科学院做研究员的日子，"不怎么去上班，大多时间待在家，看书，写文章"。居委会因为看他整天赋闲在家，而去调查追问。在"静悄悄地写"中，他拥有学术上丰硕的研究成果，其代表作有《中国近代思想史论》《美学论集》《美的历程》与《批判哲学的批判》等。1981年出版的《美的历程》，销量达几十万册，成为超级畅销书。

第二个，"静悄悄地读"。大学期间，李泽厚独自居住在一间阁楼内，利用北大图书馆丰富的藏书资源，翻阅、抄录了许多原始资料。甚至看哲学史时，同时看几本比较着读，这为他积淀了丰厚的哲学素养。李泽厚先生的很多读者，深耕社会多年以后依然保持着对他著作的阅读兴趣。对此，李泽厚说："我有一群静悄悄的认真的读者，这是我最高兴的。""我的书既没宣传，也没炒作，书评也极少，批判倒是多，但仍有人静悄悄地读，这非常之好。我非常得意。"在他的心目中，不论自己还是他人，"静悄悄地读"应成为灵魂的意向和旨归。在这个浮躁的时代，人的内在本性是不容扰乱的，坚守心灵的安静、精神的安静、生命的安静，应成为主要的人生态度。

第三个，"静悄悄地活"。李泽厚先生坦陈："我这辈子都在孤独中度过，不孤独的时候是少数。"常有人说他性格孤僻、骄傲，不爱与人交往，不懂人情世故。因为他从来不主动去拜访人，连打电话问候也不会，包括长辈与名人。他也不按指示写文章，被批了好几次，被冠以"异类"之名。李泽厚从来不过生日，每次回国，媒体的采访邀请很多，但都尽量回避。2002年他定了个"三不"原则：可以吃饭不可以开会；可以座谈不可以讲演；可以采访、照相，不可以上电视。他"讨厌强光刺激和正襟危坐"。不少名校和一些场合、会议出高价请李泽厚做演讲，他都婉拒了。与其说是向往孤独，不如说是他追求自由。李泽厚先生说："实惠的人生我并不羡慕。"他最欣赏陶渊明"宠辱不惊，去留无意，但观热闹，何必住心"的境界，"以落寞心情做庄严事业，恰好是现代人生"，是他信奉的最好活法。

"静悄悄地死"，是李泽厚笃信的第四个"静悄悄"。柏拉图曾说："哲学就是死亡练习。"李泽厚曾在家中摆放一个骷髅,用来提醒自己随时迎接死亡。他说过,"对弟、妹,病重也不报,报病重有什么意思?牵累别人挂念,干吗?静悄悄地健康地活好,然后静悄悄地迅速地死掉"。但他又非常欣赏、赞同别人热热闹闹地活着、死去。他在2010年写了十六个字:"四星高照,生活无聊;七情渐消,天涯终老。"由此看来,这是他对待生死平静达观的生动写照。

李泽厚先生"静悄悄"地走了,却并不需要人们刻意欣赏和追捧,因为这不现实也不一定适合每个人。他在静中追逐灵魂的自由,在静中绽放思想的味道,才是值得我们"静悄悄"思考的。

停 云

□ 王 亚

晨醒,不知几时,窗外有飞蛾低鸣。天色变亮,月便渐渐迷糊,懒睡成了一抹晕开的牙白色。半空中倒有几撇轻云,在深青灰布面底子上游来荡去。

天的深灰色渐渐退去了一二分,又被敷上了一重新的颜色,一重灰一重蓝,成了深蓝灰,衬得云更好看了。原本菲薄的白,如今又加了一重,先前显得轻飘飘的云,这忽儿跟长胖了似的,干脆停在半空动不了了。白胖的停云衬得天益发趋于阒静,安宁得有些慈悲。

"停云,思亲友也。"这是陶渊明《停云》里的序。他的云积了雨,蔼蔼荫翳。雨来雨歇,云行云停,唯"停"字慈悲,可承载思念。

人的行止亦如是,走走也须停停。来来去去,总得寻一席之地暂歇,歇好了再停停当当地前行。譬如"乌台诗案"后,苏轼"停"在了黄州。东坡开荒地,也筑雪堂,停了些时候才有"谁怕"的徐行。白居易老了以后干脆"停"下来经营闲事,打理菜畦、浇花浇菜,其余时间便饮酒喝茶。太白"停杯"问月却照见了自己的孤独,陶庵停在西湖做了一个冗沉的繁华梦,梦外亦只剩他的孤独……我"停"在光阴的这一端,看他们行一程歇一程。他们与世俗人一样,不过在时间里停了一回。他们又不同于世俗人,日月淹忽,他们还在长长久久地走。

宋乾道三年(1167年),朱熹也有一程行止,由新安往长沙访张栻并会讲于岳麓山。是年冬,二人结伴游衡岳,过楚洲(今株洲)浦湾时,见山川林野风烟景物一如诗境,便靠岸停船歇了一夜,再往衡山。那日停云霭霭,天寒欲雪,衡云湘水,于斯攸归。

后来,人们将此地命名为"朱亭",意为朱子停歇处。

朱亭就在湘江畔。我在朱亭看天上停云,也看湘江北去,如同看苏轼、朱熹这些文人学者的行止。

我看停云时,也起思念。记得祖父在世时,最爱哼《空城计》,第一句是"我本是卧龙岗上散淡的人"。他唱的时候,并非像京剧演员一样,将这一句算作铺垫,重点在后面的苦心孤诣。他唱的重点就在散淡上面,要是喝了点儿酒会更不一样,眯缝着眼,轻轻缓缓地击节,脑袋随着韵律婉曲地摇晃,是真散淡啊!

那日,天上也有白胖的云,慈悲地停了半晌。

与其迷茫，
不如勇敢去闯

被施了魔法的花园

□ [意大利] 卡尔维诺　译 / 马小漠

乔万尼诺和塞雷内拉在铁道上走着。下面是波光粼粼的大海。炽热的铁轨闪闪发光，滚烫灼人。铁道上的路很好走，人们可以在此玩很多游戏：两个人手拉手走在两条平行的钢轨上，他走一条，她走另一条，就像走平衡木那样，或者是从一条枕木跳到另一条枕木上，脚不能碰到枕木间的石头。乔万尼诺和塞雷内拉之前已经捉过螃蟹了，现在决定来探查一下这条一直延伸到隧道里的铁路。跟塞雷内拉玩很有意思，因为她跟其他女孩都不一样，别的女孩总是怕这怕那，连搞个恶作剧都要哭。但当乔万尼诺说"我们去那里"，塞雷内拉总是二话不说就跟着他走。

突然传来"噔"的一声。他们吓了一跳，抬头望去。原来是杆顶的道岔信号盘"咔嗒"一蹦，就像一只铁鹳突然合住了嘴巴。他们仰着鼻子看了一会儿：没有看到那一幕太可惜了！它不会再来一遍了。

"火车要来了。"乔万尼诺说。

塞雷内拉并没有从轨道上走开。"从哪个方向来？"她问。

乔万尼诺看看四周，一副很在行的样子。他指了指那时而清晰时而模糊的隧道黑洞，那是石子间扬起的透明热气震颤造成的。

"从那边。"他说。就像他已经感到从隧道里传来的阴郁喷气，并看到踩着烟雾与火苗的火车突然出现在眼前，用车轮无情地吞噬着铁轨。

"我们去哪里，乔万尼诺？"

通往海边的路上有着大株的灰色龙舌兰，那叶子上的刺多得密不透风，就像一道道晕圈。通往山上的路边是一排甘薯篱笆，上面沉沉地挂着还没开花的藤蔓。现在还听不到火车的声音：也许火车头正熄着火、不出声地奔驰着，然后一下子从他们上头跃过去。但是乔万尼诺这会儿在篱笆间找到一处裂缝。

攀缘植物覆盖下的篱笆，是一张摇摇欲坠的旧金属网。它在靠近地面的一个地方，像书页一角翻开似的被掀开了。乔万尼诺已经钻进去一半身子，眼看着整个人都要溜进去了。

"你帮我一把，乔万尼诺！"

他们这才发现自己是在一个花园的角落里，两个人匍匐在一个花坛里，头发上全是干树叶和软土。四周寂静无声，连树叶都一动不动。

"我们去看看。"乔万尼诺说。塞雷内拉回应道："好。"

那里有好些高大古老的肉色桉树，还有砾石铺成的小路。乔万尼诺和塞雷内拉踮着脚尖在小路上走着，尽量不使脚下的砾石发出窸窣声。如果现在花园的主人来了怎么办？

一切是如此美丽：弯曲的桉树叶子搭出了细窄而高耸的拱顶，切碎了一整片的天空。在感叹美丽的同时，他们也免不了提心吊胆，因为担心自己随时会被赶出这个不属于他们的花园。但是那里寂静无声。忽然，在一个拐角处的杨梅丛间，飞起一群叽叽喳喳的麻雀。随后一切又恢复了宁静。这也许是一个被废弃的花园？

可是走着走着，高大树木的阴影突然没了踪迹，他们来到一片开阔的天空下，眼前是一个种满了矮牵牛花和旋花的花坛，一看就是被精心打理过的。花园尽头的坡上有一幢庞大的别墅，别墅装着亮闪闪的玻璃，还有黄色和橘色的窗帘。

这里真是一点儿动静也没有。两个孩子小心翼翼地踩着砾石路往上爬。也许玻璃窗会突然打开，苛刻至极的先生和夫人会出现在阳台上，然后大狗会被放出并冲到路上来。他们在排水沟边找到一辆独轮小推车。塞雷内拉坐在车上，他们就这样一声不吭地前进着，乔万尼诺沿着花坛和人工喷泉，推着车和车上的她。

"那花儿——"塞雷内拉不时地低声说一句，并指着一朵花。她一说，乔万尼诺就放下车，去把花采下来送给她。很快她就有了一束漂亮的鲜花。但要逃跑的话他们得翻过篱笆，到时候有可能不得不把它们都扔掉！

就这样，他们来到了一处空地上，砾石路到了尽头，那里地上铺的是水泥和方砖。在这块空地的中间，是一块巨大的长方形空洞——一个游泳池。他们来到游泳池边上，池子里贴着天蓝色的瓷砖，清澈的池水一直漫到地面。

"我们游一下？"乔万尼诺问塞雷内拉。如果他会询问她的意见，而不是简单说一句"下去"，那就说明这件事相当危险。但水是那么澄净，碧蓝碧蓝的，而且塞雷内拉又是从不害怕的。她从推车上下来，把那一小束花搁在车上。他们本来就是穿着泳衣的，在这之前他们一直都在逮螃蟹。乔万尼诺跳了进去——不是从跳板上跳下去的，因为池水的泼溅声会很响。他从池边跳了下去。他睁着眼睛，不断地往下游啊游，却只能看见蓝色，他的双手就好似粉红色的鱼；这跟在海水里不同，那里的水中全是无形的墨绿色的阴影。一片粉红色的阴影出现在自己上方——塞雷内拉！他们手牵着手，从池子的另一头冒出来，还是有一点点担心。不，根本就没有人在看他们。这一切并没他们想象的美妙，总是有那么一种酸楚而焦灼的感觉，这一切都不属于他们，而他们也可能随时被赶走。

他们从水里出来，正是在那里，在游泳池的边上，他们找到了一张乒乓球桌。乔万尼诺立刻用球拍击了一下球，塞雷内拉在桌子另一头矫捷地又把球拍回给他。突然乒乓球高高地弹起，而乔万尼诺为了救球，把球打飞了，还飞得很远；球撞上了挂在藤廊支架上的一面铜锣，铜锣发出长久而低沉的声响。两个孩子赶紧躲到一个种着毛茛的花坛后面去了。很快就来了两个穿着白色上衣的仆人，端着很大的托盘，他们把托盘放在一张圆桌上，然后就走开了，圆桌旁有一把黄色与橘色条纹相间的大太阳伞。

乔万尼诺和塞雷内拉来到圆桌旁。上面有茶、牛奶和西班牙面包，他们坐下并享用起来。他们满满地倒上两杯茶，切了两块蛋糕。但他们坐得不是很安稳，只是坐在板凳边缘那一点点的地方，不停地挪动着膝盖。他们一点都感受不到甜点、茶和牛奶的味道。那个花园里的每一件东西都是如此——美妙而又让人难以受用。他们内心总是感到别扭而惶恐，这也许只是命运的疏忽吧，而他们也很快会被叫去检讨自己的行为。

他们悄无声息地走近别墅。透过百叶窗叶片之间的缝隙，他们看见里面有一个漂亮背阴的房间，墙上收集的都是蝴蝶标本。在这个房间里，还有一个苍白的男孩。他应该就是这幢别墅和花园的主人，幸运的男孩。他坐在一张躺椅上，翻着一本厚厚的带插图的书。他的双手纤细白皙，尽管是夏天，他睡衣的纽扣还是一直扣到了脖子。

现在，两个孩子就这样透过百叶窗叶片窥视着，紧张的心跳逐渐平稳下来。事实上，那个富有的男孩好像是在端坐着翻阅那些书页，而他环顾四周时，却比他们还要焦躁与局促。他起身的时候踮着脚，就像害怕有什么人随时会过来赶他，就像他感到那本书、那张躺椅、墙上那些被装上框的蝴蝶标本、带有娱乐设施的花园、下午茶、游泳池、林荫小道，都只是因为一个巨大的错误才授予他的，而他也不能享用它们，他唯一能做的就是感受那个错误带来的痛苦，就像那是他的错一样。

苍白的男孩在他背阴的房间里转来转去，蹑手蹑脚，他用白皙的手指摩挲着装有蝴蝶标本的玻璃边框，然后停下来仔细听着什么。乔万尼诺和塞雷内拉刚刚平稳下来的心又狂跳起来。那是一种对魔法的惧怕，某种魔法罩在那幢别墅、那个花园上，罩在所有那些美好而舒适的东西上，就像是什么古老的冤屈。

太阳被云朵遮住了。乔万尼诺和塞雷内拉默不作声地离开了。他们匍匐着穿过了那排篱笆。在龙舌兰丛间，他们找到了一条通往海边的小路，那片海滩不长，石头也多，成堆的海带沿着海岸线铺在海边。于是他们发明了一个特别有意思的游戏——用海带打仗。他们将一把把海带扔到对方的脸上，一直玩到晚上。好在塞雷内拉从来不哭。

树 帖

□赵大民

家乡的人，每遇重要的事需请人来，都要提前两三天发一个请帖去，有的甚至更早一些，五天六天的都有，以示对被邀请之人的敬重。

比如儿女的婚姻大事，无论订婚还是结婚都要正儿八经地写帖，庄重得很。订婚的日子，男方请媒人把大红的帖子送到女方家里去。结婚时，亲戚朋友邻里都要送卜贺礼，那请帖自然也要好好地写，这样的帖子，人们叫作"婚帖""喜帖"。再比如，盖了新房、小孩儿满月或是老人过大寿，都要给来贺的人家发个请帖过去。

在我们家乡，还有一种帖子叫"树帖"。

我的家乡在豫西南的山里，山多、坡多，乡亲们除了种地，最爱干的一件事就是种树，而那坡上，土少，石头多，一镢头下去，当当响，震得手疼。乡亲们说，咱这"石圪尖"的庄名儿没起错。手是疼，但大家还是背着镢头上山上坡，挖坑、砸石头、搬石头、挑水、抬水、挖土、培土，能种树的地方都要种上。今年种上二三十棵，死一半，活一半，明年还要把死的树补种回来。

慢慢地，家乡的山坡上起了栎树林、杨树林、化香林……而家家户户的房前屋后不是榆树，就是桐树、洋槐树……一年四季，家就长在林子里。村里人邀请朋友来家里做客，不说住的啥房子，只说"俺家门前有棵大柳树""俺家门前有棵大杏树""俺家门前有棵大洋槐树"……

树成了材，就要伐一些，卖给收木材的人，或者自己家修房盖屋、打家具用，但哪一棵该伐了，哪一棵该留下，每一家的当家人都心中有数，不能滥伐，且伐一棵，必定要补上一棵。

家乡的人伐树有一个规矩，就是要提前三到七天给树发个请帖，这帖就叫"树帖"。

村里有一位孔先生，是在小学当老师的，文化深，字也中，毛笔钢笔写出的字都周周正正的，有力道，看着有排场、提精神。要伐树的人家都会提前去他家，拿着一张红纸，请他写个树帖。他无论多忙，都会立马停了手中的活儿，笑着说："中。这又不难，况且还是给树神树仙写帖哩。用毛笔，还是钢笔？"

"都中，都中。"

孔先生就净了手，裁了一块尺余长的红纸，屏着气，用毛笔写起来。那帖子是竖排的，标题的字要比正文的大些："敬树神树仙帖"。正文则言简意赅："兹定于×年×月×日伐树，敬请各位树神树仙大驾移位他树仙居。不敬之处，请众神仙海涵。敬请人×××。×年×月×日。"

帖写好了，孔先生要远远近近地看看，若不满意，还要重新去写。他说："这帖是敬请神仙哩。"

我家的树帖也是孔先生写的。爹喜眯眯地去,又喜眯眯地回来,然后叫我跟他一块儿去给树发请帖。那是一棵大榆树,十来年了,一个大人都搂不住。爹把娘打好的糨糊刷在树干上,毕恭毕敬地把红红的帖子贴上去,还用手压得实实的,生怕风刮了。那棵榆树是七天以后才能伐的。

我问爹:"为啥非要给树写个帖呢?"

"咱栽下了树,就得照护好,树长大了,神仙就在上面安家了,也给咱照看着树哩。咱要伐树了,不给他们说说会中?一说,他们就搬到别的树上去了,又安了新家,又给咱照看树。"爹笑着抚摸着我的头说,"人养活树,树养活人啊!你记住了,以后长大了,好好养树,要伐树了,就先给树写个帖。"

我记住了爹的话,村里的人也把写树帖的事记在了心底。他们说:"哪儿能忘哩?"

情比岁月长

□唐宝民

20世纪70年代末,作家冯骥才被借调到出版社修改小说,就住在出版社办公楼的后楼。当时,后楼住了好几位从全国各地借调来的作家,部队作家朱春雨就是其中一位。

很多年过去了,几次搬家的过程中,好多物品都被冯骥才处理掉了,但有一张写着"大冯的早餐"的旧稿纸他却一直保存着。这是怎么回事呢?

原来,在那次借调期间,朱春雨有幸参加了一次晚宴。晚宴上的猪排很好吃,他就留了一块用纸包好,带回住处准备给冯骥才吃。回去后,发现冯骥才已经睡着了,他就把猪排放到桌子上,并在一张稿纸上写下"大冯的早餐"一行字。第二天早上,冯骥才起床后看到了猪排和那张稿纸,心中十分感动。

朱春雨已于2004年去世,但冯骥才一直对他念念不忘:"那块猪排被我吃进肚子里了,这张写着朋友情意的、带着油迹的纸被我夹在本子里,看来人的情意有时比生命更长久。"

还有一个温暖的细节,同样被冯骥才记在心中。那是1979年冬天,冯骥才得了一场大病,一个年轻人到他家探望。"一天,一个小伙子爬上我的阁楼,肩上扛着一个西瓜,脑袋上冒着汗。他说:'我是《北京文学》的编辑,我们领导听说你病了,派我来看你,我想总得给你带点什么呀,就在车站买了个西瓜。'"

这个送西瓜的年轻编辑,后来成了作家,他就是刘恒。多年以后,冯骥才在书中写道:"这个感动我的细节大概刘恒早忘了,但我一直记着。"

雨滴和雨滴在大地重逢

□ 傅 菲

雨落在头上，冷冷的。我用手摸摸。密密的圆珠形的雨，从高高的天际落下来，每一滴都很冷。每一滴雨都像破碎的脸孔，无法复原。雨下了好几天，下下停停，停停下下。山路泥泞，也没什么地方可去，我便坐在雨廊里，看雨怎么落下来。天空灰白色，乌蒙蒙，海拔略高一些的山峰也隐没了。雨扑簌簌飘摇，加速度落下来。雨从一个巨大的筛子中落下，透亮，一滴粘连一滴，形成绵长的雨线。雨线和雨线并不交织，像垂下的璎珞。雨线银白色，密布在我的视线里。两只家燕斜斜地飞，一会儿落在翻耕的田里，一会儿落在电线上。

田翻耕了，家燕又来了。家燕喙短而宽扁，翅膀狭长而尖，尾羽呈叉状，上体发蓝黑色，还闪着金属光泽，腹面白色。春天是燕子剪开的，剪裁出柳树绦绦，剪裁出桃花灼灼。这是古人说的。燕子狭小的身子，驮来春风。它体态轻盈伶俐，在低矮的空中画着优美的弧线（它们忽上忽下地飞，捕捉飞舞的昆虫）。春风在回荡，雨也空蒙。乡人穿着蓑衣，戴着斗笠，催促着水牛，在田里翻耕。燕子站在泥堆上，啄食蚯蚓、蟋蟀、百足虫。牛背鹭涉水啄食泥鳅、田螺。牛背鹭白得如一团雪。

前几日下小雨，我无处可去。我找了几根竹篾、一圈麻线、一盒大头针，挖了几条蚯蚓，去溪边钓黄鳝。麻线绑在竹篾上，另一头绑扎大头针，针头扭成弯钩，穿一条红蚯蚓，抛入溪里。竹篾弹性大、易弯曲，可以弓在溪边石缝里。我抛了五根竹篾，自顾离开，去田野采野花。黄鳝来吃食，吞下诱饵，大头针便会勾住嘴巴，怎么也吐不出来。它便不再游动了。我一刻钟提竿子，查看一次。过了一个多小时，雨稠密起来，我的雨披流着细沟似的雨水。田畴空无一人，清冷，水雾散了出来。我收了竿子，挽一个竹篮，走田埂路回来。汪汪水田浮起一层淡绿。田埂的荒草也抽了寸芽。回到伙房，鞋子、裤脚、衣袖全湿透了。黄鳝钓了三条。我生了一钵炭火，赤脚架在火钵上。突然觉得很冷，不停地打冷战。我熬了生姜茶，喝下一大碗，又喝了半碗热水酒，身子才暖和起来。雨是那么冷，从毛孔渗透到血液里，由内而外地浸泡了我。

雨的冷，是从高空带来的。它的冷，就是天空的冷。我把黄鳝剁成手指长，一节一节，放在砂钵里炖。用生姜、辣椒干、胡椒叶做调味料。炭火红红。我坐在伙房门口，怔怔地看雨。也不仅仅是看雨，也看别的。至于别的，是什么，我也不知道。蒙蒙湿的空气中，我没看到雨，只有一片蒙蒙灰白。我在想什么。我在想人。这个人是谁呢？我也不知道。我想起了去过的一个城市，凌晨下了火车，去到一家酒店，看窗外下了一天的大雪，又回来了。我想起了一首诗，描写栀子花在雨中纷纷飘落，花瓣如鸽子羽毛。我又想起了暗夜疲倦的声音，像破裂的水管爆水。雨中的房墙和黛色的矮山冈，我也看不见。我看见了一张书桌，桌上有一本看了一半的《阿米亥诗选》。书旁边有一个玻璃烟灰缸，烟灰缸里有几个潮湿的烟头和一个空火柴盒。天完全暗了下来，我拉亮灯，起身把砂钵端上餐桌，打开盖子，砂钵里的黄鳝成了木炭。

一个下午过去了。一天过去了。

雨还没过去。路面漫上水，漂着腐烂的树叶。雨在下，已经第八天了。我戴了一顶宽斗笠出门，在四处荒山野道走走。斗笠越戴越重，我在一棵树下，把斗笠解下来，甩了又甩，水甩出弧线，抛洒出去。雨滴在我头上，冰凉。我摸摸头，摸摸脸。打在头上的雨滴，有亡魂的冷。斗笠轻了，我再戴上头。雨细长如丝，绵密，随风飘忽。走了一圈，有些失望，我什么也没发现。雨水过多，加速了落叶的腐烂。也因为积水，有几棵去年冬种的含笑树，也死了。野草的葱茏，显得厚颜无耻。鸟，我一只也没看到。家燕躲在巢里，做起了居家夫妻。倒是看到一只野兔惊慌失措地跑，撅起屁股，毛发全湿。春天，并不完全意味着新生，也有死亡和腐烂。死亡的，腐烂的，一并入土。生长的，继续生长。

荒地里，开出第一朵花的，是泡桐。我种过三十多株泡桐。在坍塌的斜坡上，为了保持水土，我种了泡桐和七节芒。这两种都是疯狂生长的植物。泡桐还是光溜溜的，树叶还没发出来，紫白的花缀满了枝丫，带着南方特有的油腻气息。大雨来一次，花瓣落一地。太阳开一天，地上的花瓣枯黄几分。一个雨季结束，泡桐长出了肥厚宽大的叶，花却一朵也不剩。任何一棵树，都是这样的：死亡一部分，生长一部分。或者说，一边死亡，一边生长。生命的成长伴随着严苛的死亡，这是节律，谁也无法逃脱。

"夜来风雨声，花落知多少。"孟浩然在《春晓》里这样写道。年少时读，觉得那么唯美动人，现在读来，有了别样的况味。中年人的况味，茫茫尘世的况味，时间碾压万物的况味。似乎一切都那么无可奈何。一个敏感万物生死的人，惋惜心远远多于惊喜心。每一场雨的到来，既是对大地的馈赠，也是对大地的清洗。雨落在地上，既是润物，也是劫难。雨在天空编织着优美的雨线，婀娜。雨声响亮，把人惊醒，把斑蝥惊醒，把草木惊醒。我们看到的每一场雨，都十分盛大。当雨落下来，其实每一滴雨，都是极其孤独的。但大地的繁荣，都是雨的馈赠。雨滴和雨滴在大地重逢。

李四光的一步之长

□侯美玲

1920年，英国伯明翰大学毕业生李四光来到北京大学，任地质系教授。李四光常常在课堂上对学生说："到大自然中去学习，才能学到真正的地质学。"在教学中，他经常带领学生们去野外实习，在实践中向学生传授地质知识，足迹遍布祖国的大江南北。

1921年，李四光带领学生在河北省邢台市沙河县实习时，在沙源岭的大石块中发现了冰川作用的遗迹。几个月后，又在山西大同盆地发现了冰川U谷。李四光以《华北挽（晚）近冰川作用的遗迹》为题，写了一篇英文报道，发表在英国的《地质杂志》上。这篇报道打破了中国近代冰川研究方面的沉寂局面，引起了国内外地质界的重视。

常年在野外地质勘测，李四光练就了一种特殊的走路方式，他迈出的每一步，距离惊人地相等，长度不多不少刚好0.85米。有的学生不明白："老师的一步之长，为什么要保持如此精准的距离？"李四光回答说："我们搞地质研究的，常年在野外踏勘，用一步之长代替尺子，有助于我们第一时间测量岩石长度，丈量地块面积，推测地质成因。"

正是因为对野外地质工作的深切体会，李四光将自己的一步之长始终保持在0.85米，形成了永不变化的肌肉记忆。有意思的是，因为李四光始终保持长度一致的步伐，即使在熙熙攘攘的人群中，学生也能一眼找到他的身影。

董其昌之谜

□杨小彦

"朝隐"一词针对"真隐"。真隐者进山修炼，历经艰辛，其中苦难，只有亲历者才明白，才有透彻的体验，外人只看到表象，以为他们心存高远，志在神仙，不以人事为怀。以国人向来的聪慧，马上明白其中的曲折，于是发明了"朝隐"，意思是，人在朝廷干事，享受荣耀和富贵，同时内心为隐，对复杂关系淡然处之。也就是说，人在朝廷，心在山林。由是"朝隐"之风大盛，"真隐"反而渐渐少了。

遍数中国历史上的大画家大书家，可能只有晚明的董其昌做到了"朝隐"，朝中地位高高在上，民间名声愈老愈炽，与不同权力派系友好交往，从容游走在权力的夹缝中而不失其手。

董其昌成名颇晚，三十多岁才中举，正式进入官场。开始也有所抱负，不久，不知何由，却似乎看破了红尘，不事上进。不过，他身历晚明五朝，却稳坐泰山，官至太子太保，大学士，参与修订泰康皇帝的年谱，晚年回归松江，安然活到八十余岁。其中机巧，因为书名画名太盛，所以世人少有谈论。唯独教子无方，得罪乡里，终至闹出了"民抄董宦"的悲剧，损失了不少名人书画，算是一次挫折。看来，他的隐功太高明，是真正的"朝隐"名士。

不过，我私下总在想，那个年代，读书人重在"成就王业"，他又怎肯沉迷于书画？

人生的三重境界

□曾昭安

清代学者张潮说，读书伴随阅历所得有所不同，推及人生境界则有三种。他在解释时用了一个形象生动的"看月亮"的比喻。

第一种：从缝隙中看月亮。大半的人是如此，因为一般的人受一定的时间、空间限制，只能从缝隙中看月亮。

第二种：到庭院中望月。从屋里面走出来，到了庭院中。庭中望月，哦，天地原来如此开阔，世界如此广大。这样一来他便扩展了胸襟和气象。

第三种：站在高台上玩月。站在高台、高山上与月亮嬉戏。这是一种何等快乐的大境界！

张潮将这三种境界分别叫作"隙中窥月""庭中望月""台上玩月"。境界的提升看起来没有多少用处，不会给你带来多少直接效用，不能当饭吃、当衣穿、当房住、当车跑、当钱花……但实际上对人的影响是很大的。它有可能提升你的创造力，让你不致陷入一种蒙昧的挣扎和角逐中去。

4

保持开放:
有主见,但不要固执己见

用什么样的爱抚去催醒花蕾

□扶 云

女儿读高中时,校内考试数学成绩尚可,联考数学成绩总是不怎么出众。虽然从小学开始,她的数学成绩一直很好,但联考的屡次失利,使她觉得自己天生不是学数学这块料,于是用在上面的时间明显减少。

高二下半年,班里来了一位年轻的数学代课老师,见女儿在课堂上怎么也提不起兴趣来,就问:"你怎么不在状态,好像一辆好车却没有开足马力似的?"女儿笑一笑道:"老师,数学不是我的强项……"数学代课老师的嘴角泛过一丝笑意,但话语是以守为攻:"不强就有弱,补缺才能赢。数学包含代数、几何、函数等几方面,有时紧密相连,有时独立成篇。比如,上一单元的知识点和这一单元的定理联系并不大,难道你还是一头雾水吗?"

女儿用异样的目光打量着她,小声说:"我在潜意识里把数学压在了底层,上个单元的知识点没学好,感觉这一单元的定理也难以掌握。"数学代课老师笑意盈盈之间,用右手拍了一下左手掌,说:"你的心结就在上单元的知识点上。不过,你过虑了。你先仔仔细细地把上一单元的知识点捋一遍,并做完相关习题。不懂的地方再来问我。"女儿真没想到会遇到这样一位老师,心贴心地与自己交流,她如同紧闭的花蕾突然被打开。后来,女儿以严谨守正之风主攻数学,期中考试数学第一次拿下了满分。

具体问题具体分析,而不是一棍子打死。现在,女儿北大研究生毕业,她一直记得这位数学代课老师。她总是说,好老师就是一把万能钥匙,试探着左突右进,借以打开学生已锈蚀的心锁。用什么样的爱抚去催醒花蕾?那必是以心与心的交谈,纠正以偏概全的自我否定,点燃内心依然留存的爆发力。用什么样的爱抚去催醒花蕾?那必是以摆事实讲道理的方式,去警醒心躁气傲的自我肯定,给春风得意的自恋降一降心温。

钱穆先生身为国学大师,幼年时记忆力超群。9岁时,钱穆看完《三国演义》,就能背诵部分章节。很多人夸赞他是神童,钱穆听后颇有些骄傲。有一天,钱穆随着父亲钱承沛走上一座桥上时,父亲问钱穆:"你认识'桥'字吗?它是什么旁?"钱穆答道:"认识,是木字旁。"父亲又问他:"把'桥'的木字旁换成马字旁,是'骄'字。你总爱在人前显示自己的记忆力,就是马踏枯木。为什么是枯木呢?《三国演义》是前贤写的,你就是背一背,重复一下而已。你能写吗?你能讲出它的妙处吗?人应该像石磨,不能逆时针方向去推,不然怎么磨出好东西来呢?"钱穆很服气地把父亲的教诲记在心里,一直笃定父亲是自己的第一位恩师。

是的,用爱抚催醒花蕾,最要紧的是心灵的开导。有时,打开孩子内心的钥匙,就在于观察与对话怎样去联动,描述与发现怎样去应答,然后找到合适的解决办法;有时,花蕾会变成什么样子,恰恰取决于最熟悉的人用了什么样的语言,用了什么样的情景,把事实分析给他(她)听。开导时,不要只讲大道理,那样孩子没有什么真切感受,一定要结合身边的现实事例去分类甄别性质,怯弱的地方给予鼓励,方向性的歧路大喊叫停。用真实的事情去开导,才会让孩子相信,并欣然接受。

表妹是小学语文老师兼四年级班主任,她的班上有一位孙姓同学,学习成绩很差,语文考试总是不及格,写的作业犹如飞舞的天书。为此,表妹做过很多努力,都无法实现与孙同学心灵上的沟通与共鸣。表妹家访数次,可孩子的父亲实在文化水平有限,根本无法辅导孩子。不写作业,基础知识就无法巩固,与其他学生的差距就愈来愈大。作为老师,表妹对这个学生的表现心事重重,甚至晚上辗转难眠。最后,表妹咬咬牙——决定把孙同学当作自己的孩子,每天放学后把他带到办公室,亲自陪他做作业。表妹就坐在孙同学的旁边,一道一道地看着他做作业,当孩子遇到不会的题时,及时给他讲解。其间,还给他热牛奶,嘘寒问暖。就这样,表妹坚持了将近一周,每天放学就放下手头所有的工作,专门陪他做作业,晚上回家再批改白天未能批改完的部分学生作业。有一天刚放学,表妹照常带那个孩子到办公室陪他写作业,孙同学突然说:"老师,我今天自己回家写作业吧。我保证认真完成,不信你明天检查。"表妹欣慰地说:"我相信你,作为男子汉,你一定行!"

孙同学都已上四年级了,可汉语拼音还认不全,基础知识很不扎实,学起东西来总比别人更辛苦些。表妹担心因为这些实际困难,孙同学会失去刚激发起来的学习热情,于是决定趁热打铁:每天放学后,陪孙同学复习一遍白天学过的知识,再带他预习第二天要学习的新内容。这样坚持了将近半个学期,明显感觉到孙同学进步很大。表妹用爱抚般的真诚改变了孩子那颗懒散的心。一块寒冰终因阳光普照,也行将融化。正是像亲人一般的爱抚,像园丁一样的浇灌,让孙同学这枝花蕾含苞欲放。

前不久,学校举办一次演讲比赛,表妹鼓励孙同学以讲述自身经历的方式积极参与。孙同学对表妹说:"老师,我基础不好,怕人家笑话。平时在教室站起来回答问题我都很紧张,上台演讲肯定不行。"表妹循循善诱地问:"你在什么情况下不紧张呢?肯定不是所有时候都这样吧,一定有不紧张的时候。"他点点头,回答:"原来,我在你面前很紧张;现在和你熟悉了,就一点儿也不紧张了。"表妹说:"那你准备充分一点儿,先面对面给我演讲一遍……"现在,孙同学不仅语文成绩节节攀高,而且拿过一次校内演讲比赛的第3名。

能再快些吗

□徐立新

假期带儿子回老家。当看到屋前碧绿的河水时,儿子脱口而出:"爸爸,我要钓鱼!"

我说:"可以,但这里没有成套的渔具。"儿子说:"我们在网上买一套吧,越快越好。"我打开手机,发现不少网店节假日不送货,最快的一家,也得三天后才能送达。

儿子有些心急,说:"爸爸,还有更快的方式吗?我等不及了。"

我说:"有呀,就是你自己去镇上的渔具店买。"儿子又问:"那大约需要等多久?"我看了看手表,已经上午十一点了,于是说:"如果吃过午饭后去买,大约还需等两小时;如果明天一早去买,大约需等二十小时;如果你现在就去,大约只需等半小时。"儿子说:"那我现在就去。"说完,他就让爷爷骑着电动车带他去买了。

半小时后,儿子坐到了河边,手中拿着钓鱼竿,目不转睛地盯着河面上的浮漂。

要想实现心中的目标,没有人能比你自己更快。

"科学失误"也有价值

□沈 栖

自不待言,科学的成果犹如现代文明的瑰宝,彪炳史册,世界瞩目。那么,对那些科学的失败或失误,就该嗤之以鼻、嘲讽唾弃吗?理性的答案是否定的。

爱因斯坦说过:"世界上只有两样东西可能是无限的,一是宇宙规律,二是科学失误。"其实,这两个"无限"有着密切的关联,宇宙规律要靠持之以恒的科学实践去探索,只有包括科学失误在内的科学实践才是发现和运用宇宙规律的不二法门。

爱因斯坦的经历证实了这一点。1929年,获得了诺贝尔物理学奖的爱因斯坦提出了一个万物之理版本,将所有物理学归结为一个定律。具有"上帝之鞭"雅号的29岁青年物理学家泡利挑战权威,他对爱因斯坦说:"你的这个理论是纯数学的,与物理现实无关。"并预言:"你会在一年内放弃。"果然,爱因斯坦不到一年就放弃了这个版本。并不甘心的他分别于1931年1月和10月相继提出两个更新版本的万物之理,结果也都以失败告终。爱因斯坦在事实面前公开认错:"提出万物之理是我一生中最大的失误。"但是,他仍赢得科学界的敬重,勇于在一位后辈面前坦然认错,彰显出虚怀若谷的大师风范。更重要的是,这种怀疑和挑战,让科学探索的脚步不断地行进——像这样不停地探索下去,我们就会离"万物之理"的真相越来越近。

也许是为了表彰科学实践精神,也为了纪念那些因科学失误而捐躯者,1994年,斯坦福大学设立了"达尔文奖",此后年年在世界范围内"评奖"。查看历年获奖者的事项有:发明用手枪玩轮盘赌博,却没有分清左轮手枪和半自动手枪的区别;用打火机照亮燃料槽来确定有无可燃挥发气体;为了拍高空急降而不穿降落伞跳出机外……达尔文奖的意义,与其说是充斥着黑色幽默,不如说是在向被"自然法则"淘汰者致敬——他们的实践富有创造力和执行力,只是用错了时间和地点。

在探索和认识宇宙规律由必然王国走向自由王国的进程中,科学失误是常见的现象。人们对科学失误自有一个甄别、智辩和纠错的过程。有些科学失误在当年可能被视为"真理"而名噪一时,一旦败露则声名狼藉。即便如此,人类也要予以正视,因为它为宇宙规律的发现付出了代价。前不久,享誉科学界的《自然》杂志从创刊150多年以来发表的10万多篇论文中,精选出300篇代表作,出版了《〈自然〉百年科学经典》丛书。丛书编辑毫不避讳自己杂志的"污点",收入了不少"为科学失误张目"的论文。如20世纪60年代发生的"聚合水"事件,有科学家撰文声称发现了一种超黏滞状态的水,导致近十年内,世界各地不少科学家都"纠结"于这项研究。结果被证明是重大的科学失误。"经典"的科学失误不失为极好的反面教材,亦有其价值——只要它是通过科学方法发现或推论出的。

科学的进步,时刻伴随着失误。谈论失误不是一件不光彩的事情,只有在不断容错、辨错、纠错中,科学才能越发昌明,愈加接近真理和真相。恰如英国剑桥大学动物病理学教授贝弗里奇所说:"在进行科学探索时,对严重谬误论见的揭露,其价值不亚于创造性的发现。"——因为"严重谬误"与"真理"之间,可能只有一步之遥。所以,之前的那些所谓"失误",也许是科学通向真理的桥梁。

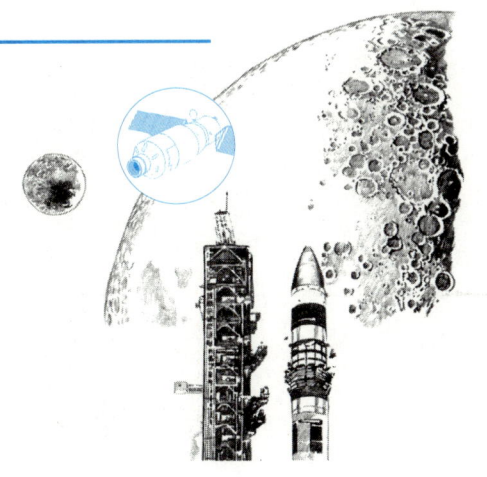

用不可靠的组件做成可靠的火箭系统

□ 玉 然

20世纪五六十年代，制造火箭所需的许多精密部件都没有相应的工业制造支持，在当时的国际环境下，也不可能从国外引进，研究人员便到图书馆找资料，跑科研单位请教，下工厂实地考察，到物资部门了解材料品种规格等，依靠自己的力量设计制造。有时甚至"土法上马"，因陋就简，如"T-7M"火箭采用的爆破薄膜铣削深度公差要控制在0.005毫米以内，当时的机械加工条件无法实现，两位平均年龄只有20岁的姑娘便靠手工制作，经过近千次试验后终于达到了设计要求。此外，用小台钟改装成延时装置，控制爆炸螺栓点火时间；把小灯泡敲碎，取其钨丝裹上硝化棉制成点火装置等，诸如此类"土发明"屡见不鲜。土归土，但科研工作者们严格按科学规律办事，各个环节都通过充分的试验验证了其可靠性。用钱学森的话说就是"用不十分可靠的组件做出非常可靠的系统"。

场地设置也颇费周折。没有发动机燃料系统实验室，总工程师王希季找遍设计院的每一个角落，最后选中了厕所门前约5平方米的小天井，在那里搭起了液流试验台，测试室则就近由厕所改装而成。火箭发动机试车有高压气、有毒气体、高温火焰，时刻存在爆炸、中毒和起火的危险，杨南生便找到一座当年侵华日军废弃的旧碉堡。寒冬腊月，科技人员搬砖砌墙当"泥瓦匠"，很快利用碉堡的夹道建成了一个防爆、防毒和防火的发动机试车台。

1960年2月19日，中国第一枚自己设计研制的液体火箭终于竖立在了上海远郊一个20米高的发射架上。借来一台50千瓦的发电机，四周用芦席一围，顶上再盖一张油布篷，就成了"发电站"。"发电站"离发射架和"指挥所"100多米，中间横着一条漂着死鱼与枯枝败叶的小河，来不及架设通信线路，没有扩音器，也没有步话机，发射场总指挥下达命令，只能扯着嗓门大喊，或使劲挥动手臂打哑语。给火箭加注推进剂时，没有专用加注设备，只好用自行车的打气筒做压力源；没有自动的监测定向天线，就靠几个人用手转动天线去跟踪火箭。

就在这样的条件下，随着一声令下，火箭腾空而起，在8000米的高空留下了中国火箭史上里程碑式的一笔。

1960年5月28日，上海延安西路200号锦江小礼堂，毛泽东在视察了"T-7M"探空火箭实物后称赞说："8公里，那也是非常了不起的呀！""我们要20公里、200公里地搞上去！"

随后短短几年里，从更先进的T-7火箭成功升空，到载有雌雄两只小狗的生物试验火箭完成高空往返，中国的火箭研制自力更生、一步一个脚印地走出了一条逐渐明朗的道路。

与其迷茫，
不如勇敢去闯

求助的艺术

□ 韩田鹿

明末清初的文学批评家金圣叹对悟空有一个评论："《西游记》每到弄不来时，便是南海观音救了。"语气中的不以为然，隔着三百多年，我们依然感受得到。

很多时候，悟空自己明明"弄得来"，也会去找观音或其他神仙。这绝非悟空无能，而是出于一种比独立自主、万事不求人更有人情味儿的智慧。人与人之间的相处，如果只是一味地索取，或者说单方面的"受"，当然是不好的，这一点谁都知道；但一般人往往不知道的是，万事不求人，甚至只是一味地施与，也不好。"施"与"受"常常是统一的，套用《心经》中的话来表述，就是"施即是受，受即是施"，很多时候，放下身段向对方求助，接受对方的施与，甚至主动向对方索取，是一种更高明的施与。当然，这种智慧，悟空并非一开始就具备，而是逐渐领悟的。

在悟空最早的性格词典里是找不到"求助"这个词的。自从学成大道离开须菩提祖师后，指导悟空的行为准则就是所谓的"强者为尊"。在这种处世哲学的指导下，悟空即使缺少什么，也是以自己的实力为基础去索要，而非放低身段去求助。一个典型的例子，就是到东海龙宫索要兵器。

悟空的性格开始发生变化，是在他败给如来，被镇压在五行山下，经过了五百年的反思之后。那天，观音受如来嘱托，带着木叉到东土寻访取经人，路过五行山，看到山顶如来的压帖，于是议论起悟空当年大闹天宫后被如来镇压的往事。

悟空听到议论，在山脚高声喊叫，将观音和木叉吸引过来。观音见到悟空，开口的第一句话就是："姓孙的，你认得我吗？"凡是中国人，都能听出这个问句中极其强势的语气。悟空是怎么回答的呢？"我怎么不认得你？你是那南海普陀落伽山救苦救难大慈大悲南无观世音菩萨。"话语中的谦卑简直到了无以复加的程度。而当观音说出"你这厮罪业弥深，救你出来，恐你又生祸害，反为不美"的时候，悟空的回答是："我已知悔了。但愿大慈悲指条门路，情愿修行。"在这些对话中，我们可以感受到悟空的柔软。悟空为什么会发生这样的变化？当然是因为他在如来那里吃了大亏。这个大亏告诉悟空，他并非如自己想象的那样天下无敌。这样，他"强者为尊"的处世哲学就执行不下去了。在悟空的观念中，就有了"服软"这个概念。

等到走上护送唐僧取经的西行之路，悟空就更加意识到自己绝不是无敌的了。随着时间的推移，他遇到的敌手就更多了，很多是悟空凭实力无法单独战胜的。在明白了"强中自有强中手"的道理之后，悟空看待世界的方式有了很大改变，所以他后来遇到困难向别人求助，也就是常事了。

不过，悟空的求助于人，又不可一概而论。这里面有些情况，就是简简单单的出于无计可施的无奈。比如在通天河遇到的灵感大王、凤仙郡的大旱。

当然，悟空的成熟不仅表现在他已经懂得人都有靠自己解决不了的问题，所以不必所有问题都自己扛，也表现在他求人之后的种种表现。

以通天河、凤仙郡为例。通天河上，当观音把灵感大王降服之后，悟空请观音立在空中，好让陈家庄百姓都来一睹菩萨金面，一则留恩，二来说此收妖之事，好教凡人全心供养。菩萨答应了，于是八戒、沙僧连忙飞跑到陈家庄前，高声叫道："都来看活观音菩萨，都来看活观音菩萨。"那陈家庄老幼集体到河边,也不顾泥水,都跪在那里磕头礼拜。又如当风云雷雨四部奉玉帝之命到凤仙郡降雨之后,悟空没有马上放众位神仙返回天宫,而是让他们拨开云雾各现真身,大约半个时辰之后才放他们回去。悟空为什么让观音、风云雷雨四部众神留在空中?

原因很简单,一是给足这些前来帮忙的神仙面子;二是让凡人把这些神仙画下来,供养在家中,四时祭祀。所以,悟空对这些神佛菩萨在有所求之后,都有所报答,这其实就是孔子所说的"惠则足以使人"。但也有一种求助,就是悟空明明可以自己解决问题,却仍然选择求助于人。而正是这种求助,体现出更高的人际交往智慧。

比如在祭赛国遇到的九头虫。九头虫是碧波潭老龙的女婿,偷了祭赛国的国宝舍利子,结果让全寺的和尚替他背了黑锅。悟空替和尚打抱不平,带着八戒到碧波潭捉拿妖怪,悟空与九头虫争斗,八戒助阵,结果九头虫现出原形——一只凶恶的九头鸟,一口将八戒咬住带走。后来,悟空潜入龙宫,打死老龙,救出八戒,正在商议下一步如何对付九头鸟时,正好碰上打猎路过的二郎神和他的梅山六兄弟。悟空当即让八戒去约见二郎神,请求帮忙。二郎神慨然应允。当天晚上,悟空和二郎神开怀畅饮,第二天一早,即兵合一处,前往碧波潭收妖。

老龙的儿子、孙子先后被八戒等打死,九头鸟现出原形,伸出一个脑袋要咬二郎神,被二郎神的细犬一口咬下,九头鸟忍痛带着剩下的八个脑袋逃之夭夭。悟空变作九头鸟的模样进入碧波潭,从龙女处骗得舍利子佛宝和九叶灵芝后现出本相,龙女来抢,被八戒一耙打死。如今老龙一家只剩下一个龙婆。悟空、八戒捧着宝贝,押着龙婆,来到祭赛国,将佛宝安放于宝塔之中,宝塔顿时恢复了旧日光彩。他们又饶恕了龙婆的性命,让她永远看守宝塔。

悟空为什么要请二郎神帮忙?我们来听听悟空的解释:"八戒,那是我七圣兄弟,倒好留请他们,与我助战。若得成功,倒是一场大机会也。"这个"大机会"是什么?是悟空、八戒敌不过妖怪,要请救兵的机会吗?绝对不是。在二郎神到来之前,悟空和八戒已经把老龙打死,是完全占了上风的。

那么这个"大机会"是什么?其实很简单,就是与二郎神去除前嫌、建立交往的机会。明白了这一点,我们再看悟空在这一回里与二郎神见面前后的种种表现,比如让八戒先去通报,待二郎神叫自己才与其相见;与老龙一家交战时自己只是与八戒打下手,把主要的敌人九头虫交给二郎神处理,等等,都能看出悟空的心思。再看一看悟空与二郎神交谈时那温文尔雅的外交语言,不得不说,经历过"真假美猴王"事件后的悟空,连气质都发生了重大改变。

教育是一件多么不可思议的事

□ 罗振宇

爱因斯坦说过一句话:"这个世界最不可理解的地方,就是我们竟然可以理解它。"对啊!人是这么脆弱的一个小生命,而世界是那么复杂的一个存在。人,居然可以靠自己的测量、推理,对遥远的地方,比如月球上的事情进行推测,而且居然就可以被验证,也就是说世界居然是可以被理解的。多神奇啊!

其实,另外一件事情想想也是这样。你想,孔子2500年前,创立了中国第一所私人学校,今天我们看起来这是很平常的一件事,但是,回到当时人的视角,居然有人主张,一个人可以靠学习改变自己,改变自己的社会地位,改变自己看世界的方式,改变自己的心性。

也就是说,一个生物,生下来之后,不是固定地走完生老病死这个过程,而是可以通过自己的努力,发生改变和提升。这是一件多么神奇的事情啊!

宇宙和你的房间一样

□ [西班牙] 大卫·加耶 译 / 张方正

不知道你有没有发现，再怎么整理，房间还是很容易变得很乱：床上被子乱堆，衣服被丢得到处都是，书架上的书被乱七八糟地摆在桌面上，坐垫又掉到地上了……起床时明明已经把所有的物品都整理得齐齐整整，可是不知道为什么，一到晚上房间又会变得很乱。所以，我们总是需要耗费一定的时间和精力来整理房间，让所有物品归位。当然，有的时候你可能也会偷懒，对这些置之不理，但是不论你整不整理，房间总是容易变得很乱。

其实，房间变乱的现象和自然规律如出一辙。宇宙中，每一个独立的系统都倾向于往总能量最低、混乱程度最大的状态变化。物理学家们用一个热力学量，也就是"熵"来描述这种混乱程度。这个热力学量不仅给很多科学家带来了灵感，更激发了很多艺术家、商人等的想象力，大家都对"熵"具有浓厚的讨论兴趣。说不定，你会在酒吧、艺术讲座等场合听到这个名词。

宇宙中的"熵"值具有增长的特性。这个特点是热力学第二定律的内容，也被称为"熵增定律"，是我们的现实生活中最能直观反映出来的定律之一。根据热力学第一定律，即假设宇宙中的总能量守恒，那么熵的增量总是大于零。这就解释了很多现象产生的原因。

熵增变化也解释了时间是怎么运转的，在日常生活中，我们能通过各种不同的表现形式见证过去到未来的变化。和空间不同的是，时间的运转是不对称的——我们不能回到过去，我们经历的一切都只能面向未来。在时间向未来行进的同时，熵值也一直在增加——整理过后，你的房间还是会越来越乱；当你摔坏一个红酒杯，杯子会碎成若干片，散落在地毯上，并且再也无法被拼凑成原来的酒杯了。生活不能像播放视频一样回放，因为时间无法倒退。

熵的概念是在18世纪下半叶，即在工业革命时期，由德国科学家鲁道夫·克劳修斯提出来的。之后，物理学家路德维希·玻尔兹曼阐明了热力学第二定律的统计性质。那时，人类刚开始研究热机，如蒸汽机、火车头等。人们发现热量总是从温度更高的物体传递给温度较低的物体。也就是说，一个只有25℃的物体不会传递自身的热量给一个100℃的物体。考虑到物体的温度是组成物体的分子震动产生的外在表现，这就好理解了：震动频率更高的物体会使得震动频率较低的物体加快震动，但这个过程反过来并不能成立。所以，在较高温度下，冰块会融化成水，它的分子结构变得松散，并且会吸收热量。相反，冰箱可以让食物在外界炎热的环境中保持低温，但是这个过程需要持续的电流输入，来提供充足的外来能量补给。

但人体是一个例外，人体是一个没有遵守热力学平衡规则的系统。天气寒冷时，我们的体温并不会下降到和环境温度一样；夏天到来后，我们的体温也不会高达40℃。人的体温之所以一直保持在36℃左右，是因为这是能够让身体各个器官正常运作的最佳温度（除了我们生病、发烧等特殊情况）。另外，人体是一个非常有秩序的系统，其中各个器官、组织、细胞都在有序运转……我们到底是怎么在违背热力学定律的情况下仍能安稳地生存在世界上的呢？这是因为，我们一直靠进食来补充自身消耗的能量。人类摄入各种各样的食物，并且消化这些食物，使其变成二氧化碳、氨化合物和其他被分解的有机物。也就是说，我们解构了环境中的各种成分，使其变得无序，以维持人体的秩序。可以说，人类一直在同熵增定律抗争。当一个人和环境保持了热力学平衡时，就意味着一个很可怕的事实：这个人已经死了——因为尸体温度会和环境温度一样，而不会保持在36℃。

当宇宙的熵值达到无限大以至于无法再增长的时候，在热力学上，宇宙就已经处于死亡状态了，因为此时宇宙中的一切物体都处于热力学的平衡状态，宇宙的温度也会到达绝对零度。在这种情况下，不会再有任何能量可以用来做功，就像天塌下来然后世间万物都崩塌了一般。但幸好，宇宙要达到这种状态至少还要10100年。

除了宇宙的崩塌，热力学第二定律在我们的生活中还有一个更为常见的表现——我们在做功的过程中始终会消耗部分能量，即我们不能实现百分百的能量转换，在做功的过程中总会将部分能量以热能的形式浪费——机器在运转时会发烫变热，但这种变热并不是我们想要的结果。这种变热是一种对我们投入的能量的浪费。从这个意义上来说，一台机器永远无法百分百地实现能量的转化。这个热力学定律解释了为何永动机是不可能存在的——永动机就是能够永远不需要外来能量的补给（不需要电池、燃料供能）、不会浪费任何能量，并能够永远运转的机器。历史上有许许多多的发明家曾想方设法要创造出一台永动机。显然，他们无一成功。

此外，熵增定律还可以解释事物的不可逆转性。比如，如果你把一包白糖倒进水中，然后用搅拌棒把糖搅拌开来，糖会溶入水中。这个时候，如果你换相反方向来搅拌，糖还是会溶入水里，而不会恢复成原来的固态。为什么会这样呢？这是因为在搅拌的过程中，糖的熵值增加了，糖分子摆脱了固态时的有序状态，和水分子混合在一起，排列得更加混乱无序了。这符合熵增定律，所以是一个不可逆转的过程。那些不会和外界环境进行热量交换的过程（绝热过程）只有在其熵值不变的情况下才能实现逆转。然而，如果我们发现某个事物的运行过程会降低其熵值，那就意味着其周围环境的熵值增加了，而且总熵值肯定也是增加的。所以，当我们工作时，我们或许确实可以降低某物的熵值，如整理我们的房间。但是，这个过程一定会消耗许多能量，毕竟大家心知肚明，收拾房间有多累。

美国著名动画剧集《辛普森一家》里就有一集，荷马对他老婆发出呐喊："玛姬，这个家里遵守的可是热力学定律啊！"

话　语

□　［乌拉圭］爱德华多·加莱亚诺　译／姜　宁

一群人类学家在哥伦比亚靠海的田野里走访，寻找人生故事。一位老人这样请求他们："不要录我的声音，我说话不好听，最好还是录我的孙子、孙女的吧。"

相隔千山万水，另一群人类学家在大加那利岛的田野里走访。另一位老人向他们慷慨献出自己的时间，给他们端来咖啡，用最美妙的语言向他们讲述精彩的故事。他跟人类学家说："我说话不好听。孩子们讲起话来就是好听。"

孙子孙女们、孩子们，他们讲话好听，讲起话来与电视里的一模一样。

殷浩突围

□ 付振双

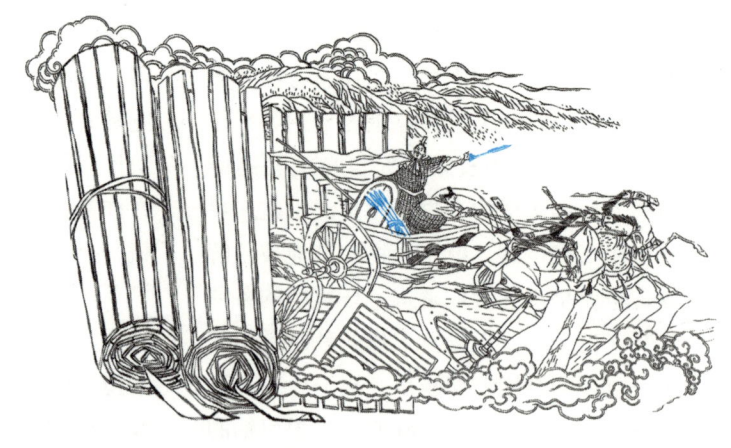

"永和九年，岁在癸丑，暮春之初，会于会稽山阴之兰亭，修禊事也。群贤毕至，少长咸集……"这是书圣王羲之的《兰亭集序》，无论从兰亭雅集本身，还是序文或书法上，都影响深远。不过，有意思的是，永和九年，即353年，在被书圣写下浓墨重彩的一笔的同时，也是殷浩乃至东晋历史至关重要的一年。

352年春天，殷浩奉命北伐，出兵攻打许昌、洛阳，结果大败，损失一万五千人。王羲之身为殷浩的好友，以及朝廷中少数的清醒者，力劝殷浩，说北伐要缓一缓。怎奈殷浩全然不听，又于永和九年十月，带领七万大军二次北伐，结果被姚襄出卖，再次以惨败告终。兰亭雅集就在这一年的三月，在殷浩两次北伐的间隙，盛大出世。

殷浩是大师级的清谈家，他到底有多厉害？据说镇西将军谢尚听说殷浩擅长清谈，很想挑战一下，便去拜访他。殷浩没有做过多的阐发，只是给谢尚提出些道理，甚至说了几百句漂亮话。他不但谈吐优雅，举止有致，而且辞藻丰富多彩，动人心弦，使人震惊。谢尚全神贯注，倾心向往，不觉间已汗流满面。再看殷浩，只是从容地吩咐手下人："拿毛巾给谢郎擦擦脸！"

还有一件事，郗超问谢安："殷浩比支遁大师如何？"谢安回答："超拔之处，支遁过殷；而娓娓论辩上，殷浩自能制伏支遁。"这对殷浩的评价是甚高的。要知道，支遁即支道林，世称支公，为东晋高僧，一生交往朋友极多，并且得到大家的一致推崇。光在《世说新语》中关于支遁的记载就有四十多条，可谓出镜率很高。

话说回来，支遁是支遁，殷浩是殷浩。支遁一直追求思想的超脱，殷浩也曾安心向学，太尉、司徒、司空三府征召他为官，都被他拒绝，甚至一度隐居长达十年。也正是那段时间，他的名声慢慢远播，时人渐渐将他比作管仲、诸葛亮，视为匡扶社稷之人。执政的会稽王司马昱也是为此三番五次盛情邀请，才请出了殷浩。一出山，殷浩的职位就被司马昱拔得很高。即使是因为丁父忧不得不选择辞官，司马昱也给殷浩留了扬州刺史的职位。更深一层，司马昱培养殷浩，是其打算排挤权臣桓温的安排。

可是，怕就怕位子够高了，能力不行，那就"登高必跌重"。殷浩就是这样，位高权重，清谈功夫够好，但搞不好军政，失于谋略，以至接连两次北伐失利，自己也因此被废为平民。经历希望破灭，惨遭流放之后，昔日的清谈大师殷浩在政治上彻底失去了想法。他恢复了隐居时的生活，每日研究玄学，专研学问。

在他的心目中，不知道是不是真把自己比作管仲、诸葛亮？诸葛亮尚六出祁山，终未光复汉室，殷浩方两败，会不会因此给自己宽心呢？"上人著百尺楼上，儋梯将去。"把人送到百尺高楼上，却拿走了梯子，他对侍从发的这句牢骚，像根根钢针，分明在刺着司马昱和自己。

于是，这时的殷浩，生活的种种，已简练为《世说新语》中的数十个字："殷中军被废，在信安，终日恒书空作字。扬州吏民寻义逐之，窃视，唯作'咄咄怪事'四字而已。"日子真是憋屈，逼得殷浩终日在空中比画着写字。经好事者窃视，顺着他比画的字迹，模仿着比画，得出四个字：咄咄怪事。到底，他还是没有完全突围。

值得留意的是，殷浩被贬后，曾经同他势如水火的对手桓温似乎也有些于心不忍了，对谋士郗超说："殷浩这个人，德行言谈还是颇有可取之处的，如果让其担任尚书令或仆射，亦足以为百官楷模。可惜朝廷用非其才，才导致如今的结局。"加上王羲之给殷浩的信，称其不适宜领兵北伐。便是不当尚书令或仆射，只当个闲来无事的清谈家，也终算是可以比肩支公的大师，有什么不好呢？殷浩该明白，误己者，清谈也。成也清谈，败也清谈，而永和九年，注定是他的一道坎儿。

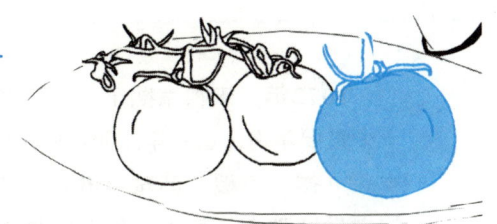

番茄决定不了自己的身世

□李 倩

1893年，美国发生了一桩有趣的诉讼案，控辩双方分别是进口商和税收官员，争拗的焦点就是番茄到底是蔬菜还是水果。根据当时美国的进口商品关税法案，蔬菜要收关税，水果则免收关税。在水果领域，苹果、草莓、橙子是毫无疑问的成员，萝卜、白菜、豆角归蔬菜，也是理所当然，但那些处于中间地带的食物呢？比如番茄。商人无利不起早，当然是想把番茄当作水果申报——番茄甜美多汁，怎么就不能与苹果、桃子为伍呢？这桩官司一直打到美国联邦最高法院，大法官们一致裁定，虽然番茄符合植物学上关于"果"的科学定义，但还得依着日常生活关于蔬菜、水果的分类将其定义为蔬菜，该缴的税，一分也不能少。

这个案子发生在美国国内，大法官们遵循日常生活分类，反映的是美国人当时的社会共同心理，也算合情合理。但若是涉及跨国官司，问题就又出现了。比如香蕉，说它是水果，大概很多人不会有异议，但很多人也许不知道，世界上有2000万人以它为主要营养源。除了稻米、小麦和玉米，香蕉是发展中国家非常重要的农作物。在乌干达、布隆迪和卢旺达，每个人每年会吃掉大约250千克香蕉，在这些地方，香蕉根本就是粮食。水果多少属于锦上添花的改善型需求，而粮食可就是用来果腹活命的刚需了。若是非洲国家跟美国再次发生关税纠纷，香蕉到底是按粮食还是水果算，怕是要费一番口舌了，因为这还涉及语言问题。

语言是对现实现象的符号编码，不同语言对于现实世界的编码方式差别很大。在广州，一年到头低于5℃的天气都很少见，不细分"冰"和"雪"也属正常，于是有了"雪条""雪柜""雪藏"和"雪种"这样的词。到了极寒之地，因纽特人却会清楚地区分aput（地上的雪）、qana（正飘下的雪）和piqsirpoq（堆积的雪）。他们住在冰屋里，出门坐雪橇，对冰雪的细致区分，是适应环境需要的生存策略。人们在通过语言去认知和把握世界的过程中，又不可避免地带上了主观色彩。

美国语言学家曾经提出"萨丕尔—沃尔夫假说"，他们倾向于认为人类所有较高层次的思维都依赖于语言，人们习惯使用的语言的结构影响人们理解周围环境的方式。这一观点后来被称为"语言相对论"或者"语言决定论"。不过好在，语言只是赋予思维具体的外壳，这个世界上，既有持相同语言的人彼此的误解，也有持不同语言的人可能的沟通。世界的边界，比语言大得多。

苏轼的白发

□ 周岩壁

1072年，宋神宗熙宁五年，对诗人苏轼是一个重要年份。这一年，他在杭州通判任上，37岁。（据王宗稷《苏轼年谱》）诗人发现头上的白发突然多了起来。他对这种人生历程中的生理现象，措手不及，很不适应，反应激烈。在《吉祥寺赏牡丹》中说："人老簪花不自羞，花应羞上老人头。醉归扶路人应笑，十里珠帘半上钩。"

美丽的花呀，也不愿与诗人的新生白发为伍！这一年的闰七月，他的文学导师欧阳修因病去世，人生无常，也让苏轼吃惊，真是"故人已为土，衰鬓亦惊秋"！（《哭欧公》）诗人还发现，落发也突然多了起来，以至"晚凉新浴罢，衰发稀可数"。（《宿临安净土寺》）——这样说当然是有些夸张，不过由此可见生命的衰老迹象日渐明显，诗人一下子显得惶惑，无所适从。

但是，对这些出头露面的白发，又能怎样呢？诗人先是"无可奈何新白发，不如归去旧青山"。（《浣溪沙》）最好还是回四川老家，守着那旧日的青山吧。哪就那么甘心！"此身自断天休问，白发年来渐不公！"（《和邵同年戏赠贾收秀才》）白发生在37岁的大诗人头上，苏轼觉得委屈，不公道。这是和前辈诗人杜牧闹别扭！杜牧分明说过："公道世间惟白发，贵人头上不曾饶。"（杜牧《送隐者》）大概是因为白发生在贵人头上，所以诗人说很公道！如果生在诗人自家头上，小杜恐怕也未必这么说了。

时间给的难题，只好等时间来解决吧。1074年，苏轼仍在杭州。《正月二十一日病后述古邀往城外寻春》："老来厌伴红裙醉，病起空惊白发新。"《与临安令宗人同年剧饮》："试呼白发感秋人，令唱黄鸡催晓曲……黄鸡催晓不须愁，老尽世人非我独！"听上去，心情还有点颓唐。但天塌下来，大家顶着。我有白发，别人也有呀。该怎么过，就怎么过，何必杞人忧天！于是诗人在杭州纳朝云为妾。这年五月，朝廷命苏轼往山东密州任知州。在经过苏州阊门时，他还沉吟："苍颜华发，故山归计何时决？"（《醉落魄》）最初见白发，要退休回乡的想法延期了，或放下了。

翌年在密州知州任上，那首著名的《江城子·密州出猎》最足见他当时的心理状态，词云：

老夫聊发少年狂，左牵黄，右擎苍。锦帽貂裘，千骑卷平冈。为报倾城随太守，亲射虎，看孙郎。

酒酣胸胆尚开张，鬓微霜，又何妨，持节云中，何日遣冯唐？会挽雕弓如满月，西北望，射天狼。

以老夫自居，又说"鬓微霜，又何妨？"意气风发。两鬓斑白，也不妨事，和初见白发无可奈何的怯惧，大异其趣！1082年，也就是七年后，苏轼在黄州，在名作《念奴娇·赤壁怀古》中说："多情应笑我，早生华发！"这时苏轼47岁（《苏轼年谱》），当然是比在杭州初见白发时，多了许多。但他心情很乐观。白发也不叫白发，叫华发，因为到底还有不少黑头发嘛。

实际上，不但白发更多，而且胡子都有不少白的了。比如，1081年，在黄州写的《浣溪沙》云："绛唇得酒烂樱珠，尊前呵手镊霜须。"《江城子》云："孤坐冻吟谁伴我，揩病目，捻衰髯。"（参看邹同庆、王宗堂《苏轼词编年校注》）1082年，《渔家傲·赠曹光州》云："些小白须何用染，几人得见星星点。"曹光州是苏辙的亲家翁，所以年纪和苏轼相仿。苏轼的意思是，我们有几根白胡子，何必费事染黑呢？好多人还活不到胡子变白哩。

劝人家不要染须，其实几年前苏轼还在染胡子呢。1078年，在徐州，《次韵王廷老和张十七九日见寄》："对花把酒未甘老，膏面染须聊自欺。"1080年，和苏辙在黄州西山游玩时还说："何当一遇李八百，相哀白发分刀圭。"还妄想仙药，使白发再黑；这年《正月十八日蔡州道上遇雪，次韵子由二首》："铅膏染髭须，旋露霜雪根。不如闭目坐，丹府夜自暾。"感到以前染胡子，都是白费，还不如静坐养心。凡事都有个否定之否定的过程，所以苏轼对曹亲家说的话，也是真心话。

1089年，苏轼重回杭州，任知州，重九日，有《浣溪沙》云："霜鬓真堪插拒霜，哀弦危柱作伊凉，暂时流转为风光。"两年后，又云："雪颔霜髯不自惊，更将剪采发春容，羞颜未醉已先赪。"和将近二十年前比，诗人自然是更加苍老。这时反而觉得这美丽的木芙蓉和我满头的白发倒正配呢。这是什么？这就是精神的高度，是境界。什么境界？维摩境界。——1095年，赠朝云的《殢人娇》云："白发苍颜，正是维摩境界！"苏轼达到这种境界，从初见白发，意识到衰老将至，曲曲折折，算起来，用了近20年；而把这种境界用文字概括下来，明确展示给我们，诗人已经60岁了，一路上，经历了四十不惑，五十知天命，正到达孔子说的耳顺。

雪落无声且无悔

□王丽君

冬夜的雪坠落的姿势最是温柔，仿佛要将眼光所有的冷都覆盖。次日响晴，一夜月光普照，满地莹白如流淌的河水。

小路上的足迹都被覆盖了，两边的丁香树洁白，也有阵阵冷香回荡。

人们坐在屋里，只将这寂静而简单的夜色交给行走的云光。鸟雀的梦在哪个枝头栖息呢？心灵的鸣溪又在哪里潺潺？记忆系于每一叶飘落的花，冬天完整地保存着关于缘分的故事。

偶尔会有一个人踩上月夜的雪地，那么，便会有一颗心和星空出奇地靠近，可以伸手一掬梦寐的宁静与惊叹，或许还会有一抹淡淡的忧伤如轻云滑过。这种时刻，是否正含有谁不懂的诗呢？而内心里繁华簇积的感受不正是优美的吟诵吗？

生命就是这么微小。一朵雪的经历，在掌心短暂的融化却是那么久长而巨大的震动，很美。不要出声，只需悄悄地从雪地里走过，就可见一世路途的情状，幽邃而透亮。

每一个脚步都像雪落，无怨无悔。

标点的"命运"

□ 黄桂元

一个人要学会识文断字,必然绕不开标点符号。这件事像是"小儿科",但貌似初级的东西往往未必简单。标点符号是由点号、标号、符号三大类,共16项组成,但这属于过时的常识。兹举一例。当下诗歌的形式,通常是只分行,而无标点,那么,写诗评若引用诗歌段落和句子,如何区分行与行的间隔?于是便多出了"/",即分隔号。我也是在涉及诗评写作之后才知道的。

无论如何,著书行文中有没有标点符号,肯定是不一样的。妙用标点,作用神奇。苏联作家安德烈·梭勃里给《海员报》寄去一篇小说,颇见才华,但层次杂乱,令人生畏,老编辑布拉果夫揽活,改了一个通宵,同事们读了,惊叹近乎完美,问其秘诀,布拉果夫回答,"完全是标点符号的功劳,它们好比音符,牢固地缚住文章,免其散落"。雨果当年写出《悲惨世界》,寄给出版商未见回音,写信去问,只画了个大大的"?",出版商复信,也只写"!"。在这部传世名著的问世过程中,标点堪称点睛之笔。

古时的中国,句读俗称"断句",是文言文阅读的入门,也是文辞休止、行气与停顿的特有方式,虚字往往起到的就是标点作用。也由此产生了值得玩味的传说典故。比如,明人解缙把误写的唐人王之涣的《凉州词》一诗,用与原诗不同的断句改成词,躲过一劫。还有,"下雨天留客天留我不留",为我所需,不同的断句,意思满拧,多少年来,一直引人津津乐道。

行文运笔,最常用也最不起眼的是逗号,有人习惯于一"逗"到底,读起来潦潦草草絮絮叨叨,不说缺乏讲究,至少是偷懒省事。句号的待遇就不一样了,海明威善用句号制造叙事意味,随便翻开他的小说,可发现里面的句号远远多过逗号,比如《拳击家》:"尼克揉揉眼睛。肿起了一个大疙瘩。准保眼圈发青了。已经感到痛了。板闸工那个混账小子!他用手摸摸眼睛上的肿块。哦,还好,只不过一只眼圈发青罢了。他总共就受这么点伤。这代价还算便宜。他希望能看见自己的眼睛。可是水里照不出来。"句号的"魅力",很快引来中国小说同行的东施效颦。有人无论写什么,都是一"句"到底,乍读,似觉出某种陌生化效果,再读就会发现,那效果不过是纸面浮尘、平庸、造作,让人生倦。

叹号,俗称感叹号或惊叹号,负责表达写作者的特定语气和情绪;在非常时期,使用率极高,是可以理解的。比如新文化运动中的青年郭沫若,以《女神》轰动一时,比如《太阳礼赞》,全诗仅14行,却出现了20个叹号。想象一下,面对一首被密集的"!"簇拥着的抒情诗,你会不会有快被熔化的感觉?

正常年代,远离呐喊,慎用叹号,已成为诗歌写作者的自觉本能。如今,不少散文家也不肯轻易染指叹号,以免虚张声势之嫌。他们认为,散文当然可以表达感情,但表达不等于抒发,更无须安装高分贝扩音器,这是两回事。更有学者直言,"在散文中,感情一旦被赋予了'抒发'的特权,也就等于形形色色的矫情、造情、滥情,制造了舆论先导,开设了方便之门"。

难以置信的是,进入20世纪80年代,大量的新生代诗人像是一夜间达成共识,不仅删除了叹号,还让大部分标点符号成为多余。随之,没有标点束缚的诗歌文本呈现从未有过的开放性。小说也不甘示弱,过去写人物对话,习惯于标注引号,单摆浮搁,严丝合缝,一板一眼,如今已然落伍,拆除引号的小说叙事,将场景描写、情节叙述、故事推进、人物对话"一体化"的现代叙事策略,为小说文本争取到了更大的自由度与表现空间。

标点的性格就是写作者的性格,类似于文如其人。而且随着年龄、阅历的增加,对标点符号的使用也会返璞归真。我年轻时,一度青睐省略号,想象其余韵袅袅,回味无限,当然是一种错觉。如今,我学会一视同仁,最重要的是,它的存在,不能喧宾夺主。

富有创造力的大文豪没有那么多禁忌,不会被标点符号牵着走,还能与之共舞。《喧哗与骚动》中,一些片段的意识流,标点消失,却有极为丰富的内在张力。对于福克纳,笔下标点是技术,也是艺术,更是灵魂伴侣。

见 识

□林树岭

　　管仲病危,齐桓公去看望,并请教:"仲父,还有什么指教吗?"

　　管仲回答:"希望大王疏远易牙、竖刁、常之巫、卫公子启方四人。"齐桓公不解地问:"易牙把自己的儿子烹煮了,让我尝尝人肉的味道,难道还要怀疑吗?"管仲说:"人之常情,没有人是不爱自己的儿子的。他连儿子都忍心下手,何况对您呢?"齐桓公又说:"那竖刁阉割自己来侍奉我,难道还要怀疑吗?"管仲答道:"人之常情,没有人是不爱惜自己的身体的。他对自己的身体都忍心伤害,何况对您呢?"齐桓公又说:"常之巫能占卜生死、祛病消灾,难道还要怀疑吗?"管仲说:"生死有命,灾病无常,大王不听任命运,固守天道,而依赖常之巫,那么他将专横跋扈,无所不为。"齐桓公又说:"卫公子启方,服侍我十五年了,他父亲死,他都不回去哭丧,难道还要怀疑吗?"管仲说:"人之常情,没有人是不爱自己的父亲的,他对自己的父亲都忍心不见,何况对您呢?"齐桓公说:"好吧。"齐桓公很听管仲的话,回去就把这四个人赶走了。

　　四个小人被赶走了,虽然是件好事,可齐桓公还真不适应这种没有小人服侍的日子。不久,他就吃不香,睡不好,病痛缠身,宫中治理也松散了,朝中秩序也混乱了。就这样晃晃悠悠地过了三年,齐桓公实在忍不住了,自言自语:"仲父说的是不是太过分了?有那么严重吗?"他又把四个人召回宫里。

　　齐桓公又恢复了往日的欢乐,心想:这三年,可真被仲父的话害苦了。

　　第二年,齐桓公病了,常之巫借机捣乱,从宫中放出话来说:"桓公将在某月某日死。"易牙、竖刁、常之巫相互勾结,一起作乱。他们把齐桓公软禁起来,关上宫门,筑起高墙,切断宫中同外界的一切联系,齐桓公就是想喝口水都没有人给他。可怜的春秋霸主最后被活活饿死。而卫公子启方,带着千户齐民归降了卫国。

　　齐桓公被软禁的时候,知道这四个人叛乱的消息,不禁长叹一声,流泪道:"唉,圣人(管仲)的见识还有不远大的吗?"

嘉庆难题

□范 军

一个人的悲剧与一个帝国的悲剧,究竟有多大的内在联系?

嘉庆五年(1800年),翰林院编修洪亮吉在完成《高宗实录》第一卷的编修工作后写了一篇近六千字的政论,托人转交到嘉庆帝手里。其时,嘉庆帝正"诏求直言",很有有容乃大的意思。但是这一回,嘉庆帝没能容下来,因为洪亮吉指责他"视朝稍晏,恐有俳优近习,荧惑圣听",意思是皇帝你上班老是迟到,恐怕是被狐狸精和近臣魅惑了吧!

洪亮吉为这句话付出的代价是充军伊犁。后虽然赦归故里,却仍被软禁,直到63岁死在家里。对洪亮吉来说,他的遭遇当然是一个悲剧;对嘉庆王朝而言,同样是悲剧。自洪亮吉事件后,帝国再无言路,这个封闭的国家自此没有了来自民间的声音和智慧,这是帝国窒息时代的开始,而且这样的窒息是致命的。

在洪亮吉身上,有一副拯救帝国的良方。作为通才,洪亮吉不仅在史学、地理学、经学、音韵学等方面多有造诣,同时在人口理论学上也有洞见。他在《意言》一书的《治平篇》与《生计篇》中指出了人口膨胀的隐患,这样的洞见比英国马尔萨斯的《人口论》所提出的类似观点还早五年。两百多年前,作为一个有着先觉意识和危机意识的政府官员,洪亮吉的出现实在是嘉庆王朝之福,但最终,这个王朝带给他的是祸,带给自己的也是祸。

帝国,在最需要拯救的时刻,推开了伸向自己的援手。我们来看一下两组数据:乾隆三十一年(1766年),岁入白银4858万两;嘉庆十七年(1812年),岁入白银4013万两,嘉庆朝比乾隆朝的岁入少了845万两。乾隆三十一年的全国人口是两亿左右,嘉庆十七年的全国人口是3.5亿以上,至少增加了1.5亿人。岁入和人口一减一加,凸显了嘉庆朝的人口压力和财政压力。这两个压力的叠加就是洪亮吉指出的人口膨胀隐患,但是嘉庆对《意言》一书漠然视之,对帝国迫在眉睫的危机也无所作为。

当然,我们也不能一味地指责嘉庆皇帝的无所作为。毕竟在历史上,他是个试图有所作为的皇帝。只是这一回,嘉庆所面临的问题是结构性难题,是盛世之患。盛世承平日久,又无大的战争发生,白莲教起义也早在嘉庆九年(1804年)被镇压,帝国今后的问题基本上不是稳定的问题而是发展的问题——可恰恰在这里,发展成了大问题。人多了,地少了,怎么办?这是嘉庆死弯。起码对嘉庆皇帝来说,他无法破解后盛世时期人口和财政良性互动发展的结构性难题。

嘉庆朝的岁入主要包括田赋、盐课、关税和杂赋四项,其中田赋是大头。嘉庆朝和中国的其他王朝一样,财政收入结构以田赋为主、其他收入为辅,这是农业国家的普遍财政收入模式。当田赋收入达到极限后,就急需对财政收入结构做出重大调整,但是,这样的调整又是王朝之忌,增加盐课、关税和杂赋的收入比例势必要鼓励工商业和对外贸易的发展,从而重创"重农抑商"的国策。嘉庆帝有这个勇气吗?

嘉庆二十一年(1816年)七月初六,以阿美士德勋爵为首的英国使团一行75人出现在皇宫门口,等待嘉庆帝的召见。但最终,他们没有见到这个传说中的皇帝,而是听到了这样一句话:"该贡使等即日遣回,该国王表文亦不必呈览,其贡物着即发还。"

这是嘉庆皇帝给他们下的圣旨。在下这道圣旨前,嘉庆皇帝还怒气冲冲地说:"朕为天下共主,岂有如此侮慢倨傲,甘心忍受之理!"毫无疑问,这句话与礼仪有关。继乾隆五十八年(1793年)马嘎尔尼使华23年之后,嘉庆皇帝又遭遇了同样的问题——英使进见时跪还是不跪。而"天下共主"的自许在这样的语境下不仅显得突兀、滑稽，也显得相当苍凉。于是，阿美士德勋爵拂袖而去，帝国失去了与世界文明接轨的机会。这实在是最后的失去，24年之后，悲壮的鸦片战争爆发了。东西方两大文明的对抗最终以一种极端的形式呈现在世人面前，真是令人扼腕叹息。

这是嘉庆帝的一个选择，说到底也是帝国的选择。帝国在关键时刻没有华丽转身，而是选择继续沉沦。关于这一点，费正清的看法可谓深刻："1800年左右的中国经济不仅与欧洲经济处于不同的发展阶段，而且结构不同，观点迥异……技术水平则仍停滞不前，人口增长趋于抵消生产的任何增加。简言之，生产基本上完全是为了消费，陷入刚好维持人民生活的无休止的循环之中，在这种情况下，纯节余和投资是完全不可能的。"

一切似乎是嘉庆皇帝的错，一切也不都是他的错。早在23年前，乾隆也是有傲慢和偏见的，这大概可以说明盛世之君和衰世之君在这个问题上都不敢做出制度性的突破。因为在他们背后，有一种共通的东西在起作用——文化，或者儒家文化。这种建立在农业文明基础上的自给自足文化具有很大的封闭性和心灵安慰作用。它覆盖了一代又一代中国帝王的人生观、价值观，并整齐划一地规定他们的行动和心理路径。

所以接下来，嘉庆皇帝面对这样一些国情和现实能够安之若素：

长期以来，嘉庆朝每年的关税只有一百多万两，不到全国财政收入的2%。但是嘉庆皇帝并不想突破这个数字，而是严防死守，限令全国只允许广州一地对外通商。

嘉庆皇帝鄙视西洋技术，包括农业技术的推广引进，以至于农产品产量长期得不到提高。在嘉庆朝，南方产稻最富裕的江浙一带，年亩产量仅为136～508斤，产量最高的湖南长沙，年亩产量也不过680多斤。

嘉庆王朝是一个因循守旧的王朝，一切以不变应万变。在这个王朝里，离经叛道是可耻的，老成持重是值得称道的，而老成持重的一个重要指征则是满朝皆是白发苍苍的官员。在相关的历史典籍中我们可以看到：大学士王杰79岁退休，大学士刘墉85岁死在任上，大学士庆桂也是79岁退休……

帝国鲜见年轻官员，特别是有独立思想的年轻官员。嘉庆王朝最后只有这样一批白发苍苍的官员在朝堂上暮气沉沉地行走，和嘉庆皇帝共同构成了保守型的文化人格，从而让帝国往万劫不复的境地沉沦。这是保守型文化人格所产生的破坏力，它宣布了帝国自我救赎从根子上的不可能。

嘉庆难题到底无人能解。帝国的背影也就此愈行愈远，中衰终成定局，这是大清王朝走过180年后的宿命。

转念一想

□徐九宁

人要有转念一想的能力。

人生在世，不如意之事十之八九，遇到不如意之事，能解决则设法解决，能扭转则尽力扭转。

如果解决不了，也扭转不了，那么该怎么办呢？抱怨、自责、愤恨、自暴自弃？这些都不是最好的应对方式，只会让人更加沮丧、郁闷。

此时，需要懂得去"转念一想"。比如，没能获得大奖，就要转念一想，自己还有很大进步的空间，而且不用背负盛名之下的压力……

万事皆有两面性，有好的一面，也有不好的一面，一些人遇到不如意的事后，之所以会自暴自弃、一蹶不振，就是因为他们迷失在不如意中，想的念的全是目标达成之后的好，却忘了去想想其反面，忘了转一下念头，以此将自己解脱出来。

所谓塞翁失马，焉知非福，就是在告诫人们，遇到任何不如意的事，都要懂得去转念一想，不要掉进思维的死胡同里去。

规谏的代价

□陆其国

清初顺治朝进士出身的季开生（1627—1659），字天中，曾任给事中掌侍从规谏、稽察违误之事，这个职务不外就是威权颇重的言官。而季开生作为言官，在这个任上，也确实做到了不辱使命。

《清史稿》季开生本传记载，顺治十一年（1654年），身为言官的季开生针对当时社会动荡、乱象丛生的现状，上奏指出："民之不安，官失职也。官之失职，约有十端：一曰格诏旨，二曰轻民命，三曰纵属官，四曰庇胥吏，五曰重耗克，六曰纳馈遗，七曰广株连，八曰阁词讼，九曰失弹压，十曰玩纠劾。"此"十端"堪称为官之诫，文字也不深奥。诸如"轻民命""纵属官""重耗克""纳馈遗""阁词讼"等项，无不一针见血，切中时弊，因此也得到顺治帝的认可，接受奏疏下发。就这举措而言，或可说怎么看都凸显着顺治帝对作为言官的季开生的肯定与支持。然而问题是，如果真这么看，那就大错特错，殊不知顺治的首肯，是有选择性的。

这不，且说顺治十二年（1655年），乾清宫建成，顺治派太监前往扬州采办所需，一时传得沸沸扬扬。原因无他，岂不闻民间素有"扬州出美女"之说，这"所需"在人们的口耳相传中，就是"采选美女"的另一种说法。深感此举弊端多多的季开生，便在这年六月上奏道："近日臣之家人自通州来，遇见吏部郎中张九征回籍，其船几被使者封去。据称奉旨往扬州买女子。夫发银买女，较之采选淑女自是不同，但恐奉使者不能仰体宸衷，借端强买，小民无知，未免惊慌，必将有嫁娶非时、骨肉拆离之惨。"显然，季开生很清楚，"采选淑女"是顺治的旨意，这一点他当然无从也不敢违拗，但他对使者的种种做派应该有所预料，所以他在奏疏中委婉地指出，拿银子采买美女和"宸衷（顺治帝的心愿）"——"采选淑女"毕竟有所不同，他只是担心使者"借端强买"不愿服从被买命运的女子，尤其是那些适龄的正待出嫁的女子，那岂不会酿成"骨肉拆离"的民间悲剧？

季开生没想到，他的此番奏疏用语再怎么委婉，这样的规谏进言，性质终究还是在揭清廷的丑，所以不仅会让顺治觉得脸上挂不住，甚至会引起龙颜大怒。果不其然，顺治览奏后，不仅对季开生的奏疏严厉批驳，还对派使者前往扬州采选美女一事推得干干净净，并强调"朕虽不德，每思效法贤圣之主，朝夕焦劳。……若买女子入宫，成何如主耶？"一顿批驳后，顺治依然感到盛怒未消，《清世祖实录》（卷92）记载，七月五日，福临（顺治）谕旨："刑部议奏，革职兵科右给事中季开生身为言官，不知乾清宫需用器皿，差人采办，乃妄听讹言，渎奏沽名。应杖一百，折赎，流徙尚阳堡。"

就这样，季开生为自己的直言规谏付出了沉重的代价，被流放黑龙江。但是他为制止清廷和满洲亲贵在民间选美而罹祸，受到当时同僚的普遍尊敬。施闰章作诗《季天中给事以直谏谪塞外，追送不及》；严沆作诗《怀季天中辽左》；1659年，季开生不幸病死戍所，曹尔堪作诗《季天中给谏病没于辽左，赋诗吊之》，都表达了对季开生的同情和抱不平。

季开生死后第二年，顺治忽然意识到了处罚季开生的错误，便在这年五月下《罪己诏》，并命吏部对流放降职处罚过重的言官进行复查，尤其是对季开生即刻平反，让其遗体归葬故乡。这或许也差可告慰九泉之下的季言官吧。

保持开放：有主见，但不要固执己见

冗余不是多余

□ [美] 奥赞·瓦罗尔　译/李文远

在日常生活中，"冗余"一词是贬义的，但在火箭科学中，是否有冗余可能就决定了火箭发射的成败，而成败关乎生死。航空航天领域中的"冗余"是指创建备份，以避免因某个故障点而危及整个任务的情况发生。宇宙飞船的设计要满足一个条件：即使出了故障，它也能正常运行，也就是"有故障而不失效"。你开的汽车后面有备用轮胎，前面有紧急制动装置，也是同样的道理。如果你的车胎没气或者刹车失灵，就得靠这些备用装置维持汽车正常运转。

例如，美国太空探索技术公司的猎鹰9号火箭配备了9个引擎。这些引擎彼此之间有充足的隔离空间，即使某个引擎发生故障，航天器也能完成任务。最重要的是，引擎的设计决定了它只会失效，不会损害其他组件或者危及航天任务。2012年，猎鹰9号在一次发射中，其中一个引擎在飞行过程中失灵，另外8个引擎却持续轰鸣。飞行计算机关闭了有故障的引擎，并调整了火箭的飞行轨道，把引擎故障也考虑在内。火箭继续爬升，将需要运送的货物送入轨道。

航天器上的计算机也配备冗余装置。在地球上，计算机往往无法避免崩溃或死机，而在太空环境中，计算机发生故障的概率有增无减，因为计算机在太空中要经历无数次振动、冲击，电流变化和温度波动。正因如此，有的航天飞机的计算机是4倍冗余，即飞机上有4台计算机在运行着同样的软件。这4台计算机会通过一个多数投票系统就下一步动作进行单独投票。如果其中一台计算机发生故障，开始输出错误的数据，另外3台计算机就会投票将其排除在外。

冗余装置要正常工作，就必须独立运行。一架航天飞机配备4台计算机，这听起来非常棒，但由于它们运行着相同的软件，所以只要一个软件出现错误，它们就会同时瘫痪。因此，航天飞机还配备了第5个备用飞行系统。该系统安装有一款不同的软件，这款软件由不同的分包商提供。如果某个一般性的软件错误使4台相同的主计算机瘫痪，备用系统就会启动，并将航天飞机送回地球。

尽管冗余是一种很好的保险措施，但它同样遵循收益递减定律。额外的冗余增加到某种程度之后，就会无谓地增加设备的复杂性、重量和成本。波音747客机当然可以有24台引擎而不是4台引擎，但这样你就得花上1万美元才能买到从洛杉矶到圣弗朗西斯科的狭窄经济舱座位。

过度的冗余还会适得其反，不仅无法提高可靠性，反而会对其造成影响。冗余设备增加了额外的故障点。如果波音747客机上的各台引擎没有正确隔离，那么一台引擎发生故障就有可能损害其他引擎；而每增加一台引擎，风险就会随之增加。这样的风险促使波音公司得出一个结论：引擎数量越少，事故发生的风险就越低。于是波音777客机上只安装了2台引擎。

冗余所提供的安全性能是显而易见的，但人们可能会错误地假设：即使出了问题，也会有一个故障保护装置保驾护航。换句话说，冗余不能代替优秀的设计。

与其迷茫，不如勇敢去闯

你乘坐的电梯缆绳断了

□ [美] 科迪·卡西 迪保罗·多赫蒂 译/王思明

在现代电梯超过150年的使用历史中，有约8000亿次搭乘，13000亿的电梯乘客，这些人中的大多数很可能都担心过缆绳会突然断裂。

他们有理由去担心。因为这种事情确实发生过。

1945年，美国空军B-25轰炸机的一名飞行员在浓雾里迷失方向，然后飞进了帝国大厦的第79层，切断了两部电梯的起重机和安全缆绳，让这两部电梯垂直掉了下去。在那个年代，电梯还不是自动的，里面有操作员。其中一名操作员因为要抽烟离开了电梯，而另一部电梯里的贝蒂·卢·奥利弗太太，则从75楼一直掉到了电梯井。

电梯是你可以使用的最安全的自动运输工具，但它们并非毫无风险。在美国，平均每年有27个人死于电梯事故，但是其中的大部分人，都是因为"操作不当"而死的。假设你就是其中一个，安全提示：不要试图挤进正在关闭的电梯，不要试图从一部卡住不动的电梯里爬出去，不要爬到电梯的顶部搭乘它。相比之下，自动扶梯要比电梯危险13倍。

电梯之所以这么安全，部分原因在于安全制动器。1952年，伊莱沙·格雷夫斯·奥的斯发明了它。安全制动器安装在电梯梯厢上，可以让电梯在缆绳断掉的情况下停下来。

在奥的斯的发明之前，电梯这种工具并不流行。此前，没有人愿意钻进一个盒子，把他们的命悬在一根线上，即使这根线很粗。

电梯，在都市生活中不可或缺。在电梯出现之前，建筑物都只有6层楼高——没有人愿意把一袋杂货拖到比6层还高的位置——而那些在有电梯之前建造的楼里，阁楼一般都在1楼。楼层越低，房租越高。

电梯让建筑师可以把楼盖得更高，让城市的一个街区里可容纳的人数变得更多。如果没有电梯，人口会从城市中心往外扩散，郊区的范围永无止境。

你乘坐的电梯会像奥利弗太太乘坐的那样，从摩天大楼的顶部往下掉吗？即便如此，你也不一定会死掉。有那么一点点运气，加上物理学界出现的几个怪才，你可能会活下来——就像她那样。

过去，你能从电梯往下掉的最高高度是1700英尺（约518米）。电梯没法再高了，因为它们的起重机缆绳太重。直到1973年，世贸中心里出现电梯转乘楼层时，摩天大楼才打破了这个对电梯极限高度的限制。

一部处于170层高度的电梯，自由落体时的速度约为每小时306千米——这个速度当然是致命的。但是如果你很幸运的话，你乘坐的电梯会紧紧贴着它的轴。当这种情况发生时，电梯下方的空气不会窜逃得那么快，这就创造了一个压力做成的枕头，就像柔软的空气气囊一样，可以让电梯在降落时减速。

这会对你有帮助，但是你还需要做更多的事情，才能活下来。

逐渐让自己停止加速是关键，这可以减少你身体上的重力。重力是利用地球的引力来表达你身体上的加速度或者减速度的力，单位是G。现在你身体上的重力是1G，最激烈的过山车能够达到的重力是5G（这也意味着你的重量有你体重的5倍之多）。经过训练的战斗机飞行员可以承受9G的重力，在此之下还能继续飞行。

在几秒内承受约50G的重力是人类存活的极限。我们是怎么知道的？1954年，美国空军在设计战斗机的弹跳座椅时，需要知道在不威胁到飞行员生命的前提下，这种座椅把他们弹出飞机的速度可以有多快。详细来说就是他们需要知道人类的身体可以承受多少G的重力。于是他们建造了世界上最吓人的设施，并且征募志愿者去尝试。

空军军官约翰·斯塔普有过测试氧气系统时差点儿窒息的经历，也有过在没有安全罩的飞机里以每小时917千米的速度飞行，差点儿把皮肤吹下来的经历。试验人员把斯塔普绑在一个设计特殊的火箭滑车里，让滑车加速后停止，使重力达到46.2G，然后观测会发生什么。

在那极其不舒适的片刻里，斯塔普的重量达到了2087千克。他眼睛里的血管破裂，肋骨断掉，两个手腕也断了。但是他活了下来，并且证明了——在一切受限的情况下——人体可以承受超过40G的重力。

约翰·斯塔普能活下来的一个原因是他身体的姿势，那么让我们重新谈论自由落体的电梯吧。如果你想活下来，最好让你的身体重量分布均匀。不要向上跳，跳起来不会有任何帮助。即使你神奇地抓住了时机，在落地的那一瞬间跳了起来，你也只能让你的撞击速度减少一些而已。而当你受到撞击时，你的器官会从它们本来的位置往下掉，一直降到你身体的最低处。

如果你认为，可以悬挂在电梯顶部——不要那么做。你会被扯下来，然后撞击到地面，其剧烈程度就跟你从顶楼直接跳下来一样。爬到你旁边的人的肩膀上也不会有任何帮助，无论你多想这么做。这样很危险，而且他在受到撞击时肯定也会倒下去。

最佳策略是躺下来，让背部贴地。这样可以使你的器官不被挤压，这是最佳做法。

有趣的是，当人们在残破的电梯里发现奥利弗太太时，她并不是如我们推荐的那样平躺着的——她坐在角落里。令人惊叹的是，即使坐着并不是最佳的姿势，她还是活了下来。她断了几根肋骨，后背的骨头也断了，但如果她平躺着，她可能会被穿过电梯梯厢底部的电梯轴碎片刺穿。

所以不要被我们误导。如果你乘坐的电梯缆绳断了，你活下来的机会是很小的。幸运的是，首先要想到，这种事情发生的概率小于十亿分之一——本身就非常小。

童年的星星

□王子英

在沉睡中的村庄黑暗的上空，银白色的天际闪闪发亮。群星中有一颗星是绿色的，像夏天的树叶那样嫩绿，从银河的深远处，从很高很高的地方，特别亲切地对着我闪烁。当我步行在遍地尘土的夜间大道上的时候，它跟着我移动；当我在桦树林边，在幽静的树荫下停步的时候，它也在树丛中停住；当我走到家的时候，它还在瞧我，从黑黝黝的房顶那边亲切而温存地闪闪发亮。

"这就是她，"我想，"这是我的星星，是我童年时代的充满热情和关切的星星！我什么时候看见过她？在哪儿？或许我自己身上一切美好而纯洁的东西都应该属于她，或许我的归宿是在这颗星星上，那里将会以节日般的盛情接待我，就像我现在所感到的她那美善而令人愉快的闪光一样！"

这就是和永恒的联系，就是同宇宙的交谈？！这一切至今仍然让我不可理解，有一种不可言说的美妙，被视为童年时代的神秘梦幻。

古人的"科幻"世界

□赵运涛

我国近年不少航空航天领域事物的命名都与传统文化符号有关。如探月工程中有"嫦娥""玉兔",探日工程中有"羲和",我国自建的空间站被命名为"天宫",我国的行星探测任务被命名为"天问",我国发射的暗物质粒子探测卫星被命名为"悟空"。这些科技事物的名字,听上去就让人觉得非常"合适"。因为这些符号背后蕴藏着中国古人对世界和宇宙瑰丽而浪漫的想象。

"天问"来自屈原的作品《天问》。在这部作品中,屈原就像坐着宇宙飞船在太空中遨游一般,对鸿蒙浩瀚的宇宙发出了一连串"天问":"圜则九重,孰营度之?"传说天有九层,是谁设计规划的呢?"惟兹何功,孰初作之?"九重天这么大的工程,又是谁最初实施建造的呢?"九天之际,安放安属?"平面的九天,到底有多大,到达了哪里,连接着哪里呢?再有,天地形成之前,是什么样子的?人们最初是怎么识别天上混沌的天象的?不动的恒星天体,系它们的绳子在哪里?它们的光芒又传到哪里?天地交会的地方在哪里?日月如何运行,众星如何陈列?一天时间太阳能走多远?月亮为何有圆缺,月中的黑点是什么?……通过屈原的问题描述可以看出,我国古人对宇宙有着自己的认识,尽管他们心中也充满疑问。

"天宫"则源于古人对天上世界的想象。先秦典籍《吕氏春秋》把天像大地一样,划分为九部分,还从纵向上划分"九天",从低到高总共九层。之所以是"九",可能与中国古代对"九"的崇拜有关。"九"在《周易》中是阳数之极。后来,受佛教三十三天的影响,我们又有了天上有"三十三宫"的想象。《西游记》中孙悟空第一次上天庭,作者就借孙悟空的视角描述了天宫的环境:"初登上界,乍入天堂。金光万道滚红霓,瑞气千条喷紫雾。只见那南天门,碧沉沉,琉璃造就;明幌幌,宝玉妆成。……这天上有三十二座天宫,乃遣云宫、毗沙宫、五明宫、太阳宫、化乐宫……一宫宫脊吞金稳兽;又有七十二重宝殿,乃朝会殿、凌虚殿、宝光殿、天王殿、灵官殿……一殿殿柱列玉麒麟。"

我们现在进入太空,要靠载人航天器。古人想象中的"上天"方式多种多样,如《淮南子·原道训》中就记载了一架"宇宙飞船":"昔者冯夷、大丙之御也,乘云车,入云蜺;游微雾,骛怳忽;历远弥高以极往,经霜雪而无迹,照日光而无景;扶摇抮抱羊角而上,经纪山川,蹈腾昆仑;排阊阖,沦天门。"说当初有一辆雷公之车,用六条云霓为马,奔驰在浩渺的太空,可以飞到无限远,马踏过霜雪而不留痕迹,日光照到车身上而没有影子,此座驾可以凭借着大旋风向上飞行,可以到昆仑,到天宫的天门。

《淮南子》中还记载了一棵神树:"建木在都广,众帝所自上下。"这是说在大地的中心,有一棵大树叫建木,神人们在此靠着神树登天。在传说中,神人还有骑着各种神兽登天的，如黄帝就是乘着龙升天的。再就是各种腾云驾雾的想象，如筋斗云。与西方"超人"凭借自身就能飞行不同的是，在中国古人的"科幻"世界中，飞行是需要凭借的。庄子也说："夫列子御风而行，泠然善也，旬有五日而后反。彼于致福者，未数数然也。此虽免乎行，犹有所待者也。""有所待"就是"有所恃"，即有所凭借。

近年流行"元宇宙"，在《列子》中也有一个类似"元宇宙"的故事：郑国有一个人在野外砍柴，遇到一只被猎人追赶而受惊的鹿。砍柴人跑过去一下就打死了它，获得了鹿。砍柴人担心猎人赶来跟他抢，就把鹿藏了起来，然后继续砍柴。过了一会儿，他再去找鹿，突然忘了藏在哪里。恍惚间怀疑自己刚才做了一个梦，可能是太想得到一只鹿，获鹿、藏鹿的情节不过是自己的幻想。砍柴人一边回想一边自言自语。他的话恰好被一个路人听到，路人按他的话寻找，果然找到一只鹿。把鹿搬回家后，他把这件事告诉了他的妻子。妻子说，是不是你梦见一个砍柴人得到了鹿？真有砍柴人吗？丈夫说，反正我现在真的有一只鹿，管他是砍柴人做梦，还是我做梦梦到一个砍柴人呢！砍柴人回去后，不甘心丢失了鹿。夜里做梦，居然梦到藏鹿的地方，还梦到鹿最终是被一个路人拿走了。天亮后，他按照梦中的线索，居然找到了取鹿的人。两个人为鹿争吵了起来，最后闹进了公堂。

对于空间的想象，西方有一种地球空洞说，认为地球内部是空的，有另一个世界存在。电影《哥斯拉大战金刚》大概就是根据这种理论，设想在地壳中有一个空间。实际中国古人也有类似的想象。当然，不是指地府。唐代《博异志》中记载，有一个工人在后院打井，结果打了两年，打了一千多尺也没有水，又打了一个多月，工人忽然听见地下有鸡鸣狗叫之声，继续往下凿了几尺，井壁上出现了一个石洞。工人就从洞口钻进去，石洞尽头连着一个山峰，工人从洞口下了山，站直了身子一看，竟来到了另一个世界。里面有金银建成的宫殿，有很多大树，树叶像芭蕉叶，开着盘子一样大的紫花，还有很多翅膀像扇子一样大的五色彩蝶在花间飞来飞去。

"时空穿越"这种"科幻"题材在中国古代也有很多，如《列仙全传》《幽明录》中就有不少这样的故事。电视剧《寻秦记》讲一个现代人穿越到秦朝。实际在唐朝的时候，就有一部小说讲唐朝人穿越到了秦朝，这就是《秦梦记》。唐朝太和初年，有一个叫沈亚之的人在客舍里做了一个梦，梦见回到了秦朝。秦穆公问强国良策，他以昆彭（指夏商时期古国昆吾和大彭的贤君）、齐桓（指春秋五霸之首齐桓公）之道应对，从而得到秦穆公的赏识，被命伐河西。沈亚之不负众望，攻下晋国五座城池。秦穆公大悦，将公主弄玉嫁给他，从此他出入宫禁，平步青云。后来弄玉暴卒，沈亚之为了离开伤心地，向秦穆公辞别。秦穆公命人送他到函谷关外。出关后，送行的官员说，秦公命令我们送到这里为止，我们这就回去了。亚之跟他们道别，还没道完别，就惊醒了，发现自己还躺在客舍里。在古代文学作品中，除了"穿越"到过去的，也有"穿越"到未来的，比如王质烂柯的故事，刘晨、阮肇入天台山的故事，《聊斋志异》中的《仙人岛》《西湖主》，等等。

典籍中记载的古人"科幻"还有很多。比如汉代《淮南子》中记载的自动驾驶车辆，"车莫动而自举，马莫使而自走也"。明代《五杂组》中记载了很多镜子：说周代有火齐镜，"暗中视物如昼"，在黑暗的地方，镜子里的所照和白天看到的一样，相当于现在的夜视镜，对着镜子说话，镜子里的影子还会回答，这相当于手机里的语音功能了；秦代有秦方镜，据说可以照见人的心胆，唐朝的叶法善有一面铁镜子，能照见人的生病之处，相当于现在的CT。明代关于八仙的故事中说吕洞宾有一把宝剑，只要对着宝剑把敌人的名字念出来，宝剑就可以自己去找敌人并将其杀掉，相当于现在的精确制导导弹。《续子不语》中记载有一种竹管，你对着它说话，语音就可以被记录下来，然后可以寄到远方，放给远方的朋友听，这简直可以说是录音机或微信的"原型"了。

对于古代典籍，每个时代的人都有不同的关注点和审美取向。前人对于古代典籍，可能更多的是注重其教化作用和社会意义，而我现在读这些典籍，则更多关注古人大开的脑洞。古人留下来的这些精神财富，在不同的时代有不同的回响。今天，传统文化符号被用作各种科技事物的名称，这正体现了我们的传统文化强大的魅力和生命力。

天才与笨鸟

□刘道玉

天才并非天生的，绝大多数都是后天接受教育与个人勤奋而致。这里之所以将天才与笨鸟进行类比，是想引出人才成长的一条教育规律。

众所周知，华罗庚是从初中毕业生成长为国际顶尖数学家的。19岁时，他因伤寒左腿落下残疾，但他未气馁，而是更努力地学习数学知识。1930年，刚满20岁的他，就在上海《科学》杂志上发表了论文《苏家驹之代数的五次方程式解法不能成立的理由》。清华大学数学系主任熊庆来看完这篇论文后四处打听，华罗庚是哪个大学的教授？最后从清华的一位教员口中得知，他是一个只有初中学历的年轻人。熊庆来认为华罗庚是中国百年不遇的数学奇才，破格把他引进到清华大学。

1936年，由熊庆来教授推荐，他获得了中华文化教育基金的资助，被破格派往英国剑桥大学深造。国际著名数学家哈代对华罗庚说："你两年可以拿到博士学位。"华罗庚却回答："先生，我只求学问，不问学位。"在剑桥的两年中，他发表了18篇论文，有人评论说，他的每一篇论文都可以获得一个博士学位。1938年，他义无反顾地回到了西南联大，报效祖国。

鉴于华罗庚取得的巨大数学成就，他成为中国科学院最早的院士之一，第三世界科学院院士，美国科学院外籍院士，德国巴伐利亚科学院院士，被列为美国芝加哥科技博物馆88位伟大数学家之一。

一个初中生何以能取得如此大的成就？华罗庚无疑是数学天才，但同时他又是勤奋的典范。他自己总结说："聪明在于勤奋，天才在于积累。""在追求真理的长河中，唯有学习，不断地学习，勤奋地学习，有创造性地学习，才能越重山跨峻岭。"

天才与愚笨、聪明与平庸是辩证的。美国发明家爱迪生在小学只读了三个月，由于他在课堂上提出了一系列刁钻问题，被校长视为"愚蠢的学生"而开除。但他有一位当教师的妈妈，在她的教导下爱迪生成为最伟大的发明家之一。

笨鸟先飞是一个家喻户晓的俗语，教导人们要勤奋学习，它与"勤能补拙"道理相同。在中外历史上，有些人在少儿时期并非聪颖过人，甚至智力迟钝，但他们践行了"勤能补拙"和"笨鸟先飞"的成才路径，日后也成为杰出人才，有的甚至成为新学科的创立者。

例如，明朝中期的王守仁，幼年被认为是一个"笨鸟"。他五岁才会说话，乡邻认为他可能是一个哑巴，也有的说他是一个白痴。小守仁沮丧地跑到父亲的怀里哭诉道："父亲，别人都说我笨，我真的很笨吗？"其父是科举状元，理解孩子的委屈，安慰道："孩子，你不笨，为父一定要好好地教育你，你会有出息的。不要在乎别人的嘲笑，你自己发奋努力，争口气让那些人瞧瞧！"

父亲给他讲了笨鸟先飞的故事，亲自教育孩子，并四处寻医治好了王守仁的病。功夫不负有心人，王守仁于1499年考中进士，先后任知县、巡抚，直至南京兵部尚书、都察院左都御史等要职。同时，他在做学问上亦有非凡的建树，是著名的思想家、教育家、文学家、军事家。他被赞誉为明朝"第一牛人"，是继孔孟、朱熹之后的第四位圣贤，是心学集大成者，被哈佛大学教授杜维明称为"中国五百年来儒学的源头活水"。

实践证明，好的教育可以造就英才，而坏的教育将毁掉可造之材；好的学风，让人受益无穷，而坏的学风，将殃及几代人。

保持开放：有主见，但不要固执己见

雾取水

□沈 彦

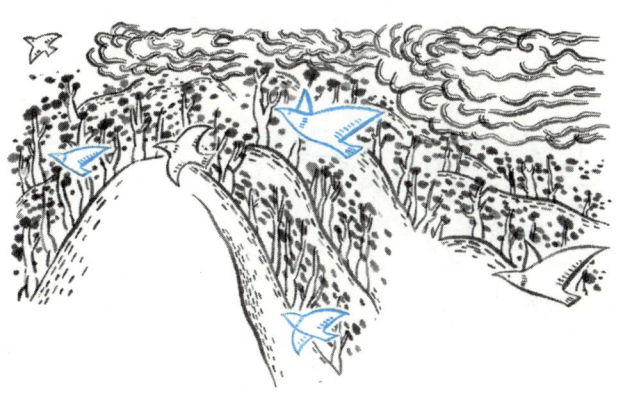

智利北部有一个叫丘恩贡果的小村子，这里西临太平洋，北靠阿塔卡马沙漠。特殊的地理环境，使太平洋冷湿气流与沙漠上的高温气流终年交融，形成了多雾的气候。可浓雾丝毫无益于这片干涸的土地，因为白天强烈的日晒会使浓雾很快蒸发殆尽。一直以来，在这片干涸的土地上看不到一点绿色。

加拿大一位名叫罗伯特的物理学家来到这里，除了村子里的人，他没有发现多少生命迹象。但他有一个重要发现——这里处处蛛网密布。这说明蜘蛛在这里繁衍得很好。为什么只有蜘蛛能在如此干旱的环境里生存下来呢？罗伯特把目光锁定在这些蜘蛛网上。借助电子显微镜，他发现这些蜘蛛丝具有很强的亲水性，极易吸收雾气中的水分。而这些水分，正是蜘蛛能在这里生生不息的根源。

人类为什么不能像蜘蛛织网那样截雾取水呢？在智利政府的支持下，罗伯特研制出一种人造纤维网，选择在当地雾气最浓的地段排成网阵。这样，穿行其间的雾气被反复拦截，形成大的水滴，这些水滴滴到网下的流槽里，就成了新的水源。

如今，罗伯特的人造蜘蛛网平均每天可截水10580升，不仅满足了当地居民的生活之需，还可以灌溉土地。现在这里已经长出了百年不见的鲜花和青绿的蔬菜。

在这个世界上，从来没有真正的绝境，有的只是绝望的思维。

狼狗时光

□骆以军

有一个词叫作"狼狗时光"，也有人称之为"魔术时刻"。所谓"狼狗时光"，是指凌晨四五点，天将明未明之际，或者黄昏六点左右，白日的光已逐渐撤退，而夜晚的黑尚未完全笼罩的时候。这个时候空气能见度比较低，所有的人和景物都看得不那么清楚、不那么分明，处于影影绰绰的状态，有一种暧昧感。

一个动物远远地走过来，你分不清那是狼还是狗，要靠得很近才能分辨。如果那是狼，你就被吃掉了；如果那是狗，以前的人可能会把它带回去吃掉。这种暧昧、神秘，事物看不分明，光与影交织的幻日景象，就是一个故事要跳出来的时刻。

故事可以用来呈现那些无法用你原本熟练掌握的语言去描述的惊奇、魔幻、诧异等，是我们"难以言喻""百感交集"的时刻与感觉。那些将梦未梦、人还半醒着的时刻，故事像一条银光闪闪的大鱼从海里被钓了起来。

这些神秘的、难以言喻的时刻，其实正是一个个极珍贵美丽的故事被孵育的时刻。生命中的这些时刻，就是故事的"狼狗时光"。

古代到底有没有"轻功"

□ 朝 文

比起武侠小说里那天马行空的"绝世轻功"场面，古代真实的"轻功"是啥样？这事儿，光耀中国书法史的大唐"名笔"颜真卿，就能现身说法。

《唐语林》中记载，大唐建中三年（782年），这位战功卓著的名臣遭奸臣卢杞"挖坑"，被派去出使正作乱的跋扈藩镇李希烈。

面对这趟必死的差事，七十五岁的颜真卿朗声大笑，命人"取席固围其身，挺立一跃而出"，以表达自己老当益壮，甘愿为国捐躯的壮烈情怀。这一幕景象，也叫多少后人啧啧称奇：用席子把自己围住，然后原地纵身一跳就跳出来。七十五岁的颜真卿，"轻功"都如此了得，年轻的时候该有多强？

其实，颜真卿这"轻功"，在中国古代也并非孤证。拥有一身强大的"轻功"本领，早早就是中国古人的追求。就连长沙马王堆汉墓里，都出土过"疾行方"，即吃了就让人拥有强大"轻功"的"方子"，里面既有各种"汤药""丸药"，也有许多"巫术""咒语"。叫多少"文物粉"大开眼界。

当然，这类"方子"的"提升功力效果"，基本也就止于"心理作用"。但中国古人"练轻功"的热情，是自古就高涨。《管子》里记载，春秋年间的齐国老百姓，就喜欢在大树下"戏笑超距，终日不归"。也就是在树下比跳跃，甚至为此赌斗争胜，以至于农业生产都一度荒废。

放在当时的军将身上，"轻功"更是硬核要求。晋国大将魏仇犯了死罪，为了保命求生欲大发，明明身受重伤，却咬牙当着晋文公使者的面"距跃三百，曲踊三百"。也就是向前跳跃三百下，原地纵身跳高三百下，硬是凭这强大的战斗力，叫晋文公熄了杀心，留他一条命继续去战斗。

而比起这满满求生欲的"轻功"表现来，如颜真卿一样拥有一身"轻功"的著名人物，历代都不缺，比如书写"明犯强汉者，虽远必诛"神话的甘延寿将军，就有一身"尝超逾羽林亭楼"的"轻功"本事。就凭着这强大的跑跳能力，他才带着汉军翻越气候险恶的中亚山地，一口气杀到康居境内的"单于城"，霸气砍下郅支单于的头颅。

南北朝时期的陈朝名将周文育，同样是位"跑跳强人"，他能做到"跳高六尺"，也就是跳到一米六。当然他的跳法还比较原始，大概与颜真卿一样，属于原地摸高。

同时代北朝的牛人们，更能"跳出花样"。比如东魏孝静帝元善见，别看一辈子都是个傀儡，最后还被人下毒害死，却也练了一身"轻功"：能够一只胳膊夹着石狮子，纵身跳过宫墙。可惜这么好的"轻功"本领，依然一辈子没能跳出森严的宫门。

而除了"跳"，"跑"也是野史里"轻功"的重要能力。比起武侠小说里高手们"踏雪无痕"的传奇来，古代真实的"跑步牛人"也很多。比如晋朝的唐彬就能"走及奔鹿"，也就是和野鹿比赛跑。有着"虎侯"绰号的陈安，则能身穿重甲扛着七尺刀，与飞驰的骏马不相上下。南北朝的豫章王萧琮，喜欢赤着脚在沙地里练习奔跑，双脚全练出厚厚的茧子，终于练出了"日行三百里"的强大功夫。

"踏雪无痕"可能夸张，"踏沙无痕"却是追求。不过这几位牛人跑得到底有多快？由于史料记载简略，后人也多是估算。

比较"直观"的，当数南北朝时期北魏名将杨大眼，他当场演示过"轻功神技"——找一根三丈长的绳子系在头发上，然后撒腿开跑，由于速度太快，绳子竟然在奔跑中成了一条直线，以至于"见者无不惊叹"。而在科技有限的古代社会里，拥有这样一身跑跳能力的"轻功强人"，同样是稀缺人才。甚至出现了专属于"轻功强人"的工作——急脚递。

沈括《梦溪笔谈》中记载，宋代的驿站，分为"步递"和"马递"，"步递"就是靠人奔跑。后来又有了要求更高的"急脚递"，必须日行四百里的"轻功强人"才能担当。到了北宋神宗年间，又出现了"金字急脚递"，即奔跑者手持红底金字木牌，跑起来更是如飞一般——能担任如此任务的，都是日行五百里的高手。

所以，在古代能做这种"快递小哥"的，基本都有一身"绝世轻功"。这种"绝世轻功"，究竟是靠修炼心法，还是靠天生"骨骼清奇"？当然都不是，大多数情况，就是靠练。特别是在古代军队里，对跑跳能力的训练，就是重中之重。

战国时代的精锐军队"魏武卒"，首先就要求是能背负十二石强弓长跑百里。而在更早的春秋晚期，当欧洲正上演"马拉松神话"时，纵横中国南北的吴国军队，就能够全副武装奔跑三百里后再宿营。而在汉唐宋等朝代，"走跃"能力都是对军队的硬核要求。

只有几位"轻功达人"是不够的，打造一支奔驰如电的铁军，才是战场上的制胜之道。典型的，就是戚继光的戚家军，这支抗倭英雄部队，其精华部分，大部分由义乌等地的朴实农民矿工组成，几乎没有一人是"武学奇才"。戚继光对他们的训练也"朴实"，就是平日里负重拉练，逐渐增加奔跑速度，做到"一气跑得一里，不气喘才好"。比起武侠小说里的各类"轻功心法""神行百变"，似乎平淡无奇。但就是这平淡无奇的训练，一次次成就着戚家军的"轻功"奇迹。

比如嘉靖年间的"横屿之战"。面对依托沼泽地负隅顽抗的"真倭"，戚家军的每个战士背着一捆干草，趁天亮发起攻击，冲锋时将干草铺在沼泽地上，然后负重快速通过，竟在倭寇的眼皮下，上演了"踏泥无痕"的奇迹。然后经过快速奔跑的戚家军，不顾体能疲劳，随即对倭寇发起歼灭战，终于以阵亡十三名战士的代价，取得了斩首三百四十八级的战果。

而万历年间的平壤之战里，戚家军更把"轻功"演绎到新高度：虎将骆尚志率领的新一代戚家军，面对平壤日军的凶狠弹雨，先趁着夜色把日军的尸首丢上去，制造"轻功爬城"的假象，然后悍勇的戚家军将士甩出钩梯，贴着城墙迅速爬上，将大明的战旗插上平壤城头。在这场"战胜之速，委前史所未有"的大捷里，精彩立下第一功。

这样的精彩表现，靠的哪里是"心法""内功"，却是靠着戚家军令行禁止的纪律，血战到底的铁血精神，忠勇许国的铮铮铁骨。一如在上演"跳高奇迹"后，慷慨为国捐躯的唐朝老英雄颜真卿。

责人易，非己难

□黄小平

主人喜欢猫，也喜欢鱼，于是在家里养了一只猫和几条鱼，并把它们养在同一个房间。一日，猫把鱼给吃了。主人十分恼火，把猫暴打了一顿。

猫被打得遍体鳞伤，蜷缩在墙角，主人见猫一副可怜的样子，心里又后悔起来。这时，他似乎听见猫在向他诉说着满腹的委屈："你只打我，怎么不打你自己呢？"

"鱼是你吃的，祸是你闯的，不打你打谁呢？"主人在心里对猫说。

"难道你就没有一点责任吗？"主人好像听见猫在发声，在对他发起责难，"你明知我爱吃鱼，禁不起来自鱼的诱惑，却把鱼和我养在了一起，是你疏于防范，纵容了我，加害了鱼。"

主人想想，也在理。但世间的人，总是"责人易，非己难"啊！

活了5400年，生命剩下28%

□ 罗宜淳

如果从现在往前追溯5400年，世界是什么样子？我们可以看到文字的发明、青铜时代的来临和一粒智利柏树种子的萌发。

得益于智利山区里凉爽湿润的峡谷环境，这棵小树避开了无数大火和砍伐，长成了一棵树干直径4米的"灰白巨人"，如今也被人们称为"曾祖父树"。中国最早的朝代夏朝距今不过三四千年，也就是说，这棵与所有帝王共存过的树，也许是地球上现存最长寿的生命个体。

树木没有出生证明，确定一棵树的年龄并非易事，尤其还是一棵超过千年的老树。通常情况下，人们可以用专业钻具从树皮钻入树心，取出样本薄片，观察树木的年轮从而确定树木的年龄，一环等于一年。但"曾祖父树"异常巨大，科学家无法根据年轮确定其确切的年龄。

智利环境科学家乔纳森·巴利奇维奇结合计算机模型和传统方法，并与附近树木进行反复比较，尝试计算它的树龄，最后估算出它已经5484岁了。智利柏树生长缓慢但寿命极长，在20世纪90年代就被科学家证明可以长到极端年龄。

但由于这一方法尚未在《科学》杂志上发表，也没有得到其他树木学者的审查，许多树木年代学家对这一说法表示怀疑，但也有专家认同这种可能性，"我完全相信乔纳森所做的分析，那听起来是一个非常聪明的方法"。

在这之前，"世界上最古老的活树"头衔一直属于美国加利福尼亚的一棵刺尾松"玛士撒拉"，其粗糙的树皮下有4853道年轮。2017年，它还顶住了一棵可能有5062岁古老荆棘的挑战，原因是相关的研究人员在树木年龄被证实前就去世了，而树木核心的样本也找不到了。

超过2000年的古树极少，全球只有30棵，且其中27棵分布在高海拔山区。通过建模分析，研究人员发现古树在干冷、土壤贫瘠的高海拔山区生长速率缓慢，会投入更多能量用以存活，进而使自己长寿，且高海拔区域人类干扰少，古树存留概率更大。

另外，考虑到约63%年龄大于500岁的古树都生活在保护区之外，研究人员建议，在未来气候变化与人类干扰加剧的情况下，采取专门的措施来保护古树。

这棵可能是世界上最古老的树的生命还可以延续多久？恐怕没人能笃定地回答这个问题，据数据显示，每6秒钟，就有一片与足球场大小相当的森林消失，虽然这棵树经历了人类文明的无数时代，看似不受时间的侵蚀，但实际上，它仍旧脆弱无比。

2021年，智利当地政府出资开发道路和各项旅游设施，如今，国家公园每年有超过10000名游客进入参观，森林不再安静，"曾祖父树"成了景点。

人并不满足于"远观"，总是试图"亵玩"。树的根部周围有一个平台，由于缺少保护标志，常有游客爬下观景台，踩着树根，甚至把树皮的碎片带回家留作"生命永恒"的纪念。巴利奇维奇对此感到非常担忧，"其实这棵树只有28%的部分是有生命的，而且大部分是在根部，所以当人们在根部走来走去时，他们正在破坏树木剩下的最后一部分"。

"这就像是用错误的方法展示一个标本,"他说,"对我来说,这棵树就像一个家庭成员,看到它这个样子我的心都要碎了,就像看到狮子被关在笼子里。"

巴利奇维奇的祖父在1972年左右发现了这棵"曾祖父树"。他的家族成员几代人都是国家公园的护林员。巴利奇维奇怀疑自己是最早看到这棵树的孩子之一,"这是一棵非常非常贴近我们心灵的树。"他说。

树木不会喊疼,但不代表它不会受伤。作为环境科学家,巴利奇维奇所能做的,就是尽力去证明这些古树的科学价值,告诉世人它们值得被保护。"我们的目的是保护这棵树,而不是上头条或打破纪录。"他希望人们可以花一小会儿想想活5000年意味着什么,并因此去关注未来的气候和环境变化。

如今"曾祖父树"的大部分树干已经枯死,部分树冠脱落,树上长满了绿茸茸的苔藓、地衣,甚至还有在树缝中扎根的新生树木。

它的生命寂寂无声,却比史诗更为浩瀚。它或许可以活得更久,这取决于我们如何对待它。

为何不去沙漠取沙

□鹤老师

同样是沙子,河沙的价格是每立方米100～300元,而且每年都在上涨。沙漠里的沙子却一文不值,白送都没人要,为什么没人找车拉去卖呢?

因为即使你拉过来也没人买,买家不是为了买而买,而是为了做什么事而买。

看上去都是沙子,但完完全全是两种东西。

河沙值钱,因为它是建筑材料,可以用来盖房子,但沙漠里的沙子是不能用来盖房子的。

为什么呢?

首先,沙漠里的沙子中有害物质含量太高。河沙是河水冲刷形成的,而沙漠沙是风化形成的。河水冲刷可以把有害的物质带走,但是风化不行,同时沙漠沙的含碱量非常高。而盐碱对钢筋具有腐蚀性,高含碱量的沙子会跟水泥产生化学反应,导致混凝土的强度不够。

其次,尺寸不合格。建筑用沙的直径要大于1毫米,而沙漠沙的直径一般在0.25毫米以下,它太细了,缺乏中沙和粗沙来调节,会影响混凝土的强度,不符合建筑标准。

再次,可塑性差。河沙大多为立方体,表面积大、受力均匀、易成形。但是沙漠沙比较光滑,不适合用于搅拌混凝土。

最后,就算解决了沙漠沙以上的问题,还有一个更现实的问题:从沙漠取沙的成本太高。这包括人工成本和运输成本。

一个建筑工人一天的人工成本为300多元,在沙漠里工作的人工成本还可能要翻倍,而且沙漠往往离建筑工地很远,运输成本又高得惊人。

所有因素加起来,使得沙漠里的沙子一文不值,尽管它也是沙子。所以,在现实中,哪怕是河沙的替代品,首选也不是沙漠沙。不过,没准儿哪天我们会发明一项新技术,使沙漠沙的利用价值飙升。

商品本身永远不重要,商品对我们有什么用,才重要。

渐行渐远的绝妙比喻

□张天骄

我妈年轻时在铸造机械厂上班，天天和车床、压模、配件打交道。有的工友很调皮，喜欢给别人起外号，所起的外号大都和工作有关：黑不溜秋的叫"铸件"，敦敦实实的叫"锻件"，而长得端正的被称作"标准件"。这种无伤大雅的外号总是让人会心一笑，被叫的人也不会恼。

来源于生活的比喻都是非常生动的，而且常带有强烈的时代和环境特征。比如，形容不让人睡觉的"熬鹰"、形容残酷搜刮的"榨取"，都是来自生活的语言，显得鲜活且贴切。明朝的宣德炉色泽多样，古人形容它的颜色时，常会调用动植物或生活用品之名：朱砂斑、葡萄斑、蟹甲青、鳝鱼黄。一说这类词语，你立刻就能想象出宣德炉的大致颜色了。形容玉石的"羊脂"也很传神，让人一下子就能联想到它洁白的颜色和温润的质地。

明朝是昆曲的鼎盛时期，其作者都是文人雅士。但随着观众阶层和欣赏水平的变化，昆曲开始走下坡路。到了清乾隆年间，徽班进京，这种更接地气的戏曲形式让京城人民大开眼界。昆曲变得小众起来，后来干脆成为两部京剧剧目之间的串场戏。观众一看要演昆曲，纷纷起身去买零食、上厕所。此时，昆曲被人戏称为"车前子"——车前子本是一味中草药，主治小便不利、目赤肿痛等症，利尿功效显著。这个比喻确实有些刻薄，但也很形象，让人忍不住发笑。昆曲有"百戏之祖"之称，当年也有人拿清香、淡雅的兰花比喻昆曲，从"兰花"最终沦落为"车前子"，真是让人唏嘘不已。

可能是每天都和传统文化打交道的缘故，京剧演员们所做的很多比喻都很贴切。《旧京伶界漫谈》中就提过这样一个比喻：主角、配角和相关人员配合得好，有一个比喻叫"红花绿叶"，而京剧演员则单独有一句行话，叫"一棵菜"，就是要所有参演人员像一棵大白菜那样一层一层抱得紧紧的，演员之间协调配合得滴水不漏。所以，大角儿都很在意底包（配合名角的参演演员），他们通常都有自己的固定班底，人员的挑选和要求也非常严格。京剧还有"洒狗血"之说，这是形容戏演得过火。"洒狗血"是道士们除妖时的把戏，演戏演到这份儿上自然显得矫揉造作了。

有一些比喻至今还在沿用，比如"赛貂蝉""小诸葛"。但形容心境慌乱的"十五个吊桶打水——七上八下"，形容热情过度的"剃头挑子——一头热"，这些冷门的比喻都不大被人提起了。木心曾经说《红楼梦》中的诗"如水草。取出水，即不好。放在水中，好看"。很多比喻也是这样，脱离了原有的时代和环境，听起来就会让人一头雾水，解释起来还得大费周章，已很难与现代人产生太多的共鸣了。

5 坚定信念：
只要热爱，前路终有坦途

市场街的阁楼

□ 周春梅

1978年，诺贝尔文学奖被授予美国犹太裔作家艾萨克·巴什维斯·辛格。作家苏童曾这样谈及辛格："我真正看到的第一片世界文学风景，是在上海译文出版社出版的《当代美国短篇小说集》中。辛格的《市场街的斯宾诺莎》中那个迂腐、充满学究气的老光棍的形象，让我念念不忘。"

这位"市场街的斯宾诺莎"，本名内厄姆·菲谢尔森，是一位专门研究哲学家斯宾诺莎的老学究。这位满腹经纶的博士，因为要像斯宾诺莎一样做一个无拘无束的人，所以不肯把自己的命运与那些富家小姐联系在一起，也不愿因某个职位而放弃自己种种离经叛道的想法，因此只能靠一笔微薄的津贴度日。他住在华沙市场街一间小小的阁楼中，周围的邻居都是穷苦人，他逐渐成了一个被大家遗忘的人。

多年来，菲谢尔森博士的世界里只有两样东西：一部斯宾诺莎的《伦理学》和一架小小的望远镜。他的桌上放着一部拉丁文版的《伦理学》，页边留着宽阔的空白，他用印刷体小字在上面写满了注解和批语。他研究这部著作30年了，每一个命题、每一个论证、每一个推论、每一个注解，他都能背出来；对书中的某段话在哪一页，他都了如指掌。然而他依然每天都有新的感受，每次研究都有新的理性发现。当他出于身体原因不得不暂时离开斯宾诺莎的世界而休息片刻时，他允许自己上几级台阶，到高高地开在屋顶斜面上的"老虎窗"下，用望远镜眺望天空。因为按照斯宾诺莎的哲学，一个人最符合道德的行为，就是尽情享受并不违反理性的乐事。仰望苍穹，他感受到那种无限的延伸，尽管他只是一个瘦小衰弱的人，可他仍然是宇宙的一个组成部分，是由跟天体相同的物质构成的；既然他是"神性"的一部分，那他也是不可毁灭的。每逢这样的时刻，他都能体会到一种"理性之爱"，一种斯宾诺莎所说的心灵的最高度的完美。

对于菲谢尔森博士来说，《伦理学》和望远镜所代表的世界，意味着同样的超越性与永恒性。他窗下那条熙熙攘攘的市场街，则代表着七情六欲与非理性，世俗的人们追求的是欢乐，得到的却只是疾病、监禁、羞辱以及无知带来的苦难。夏夜的市场街，在博士的眼里成了半明半暗的疯人院，而那些平常的叫卖声则有了某种荒诞甚至醒世的意味："黄金，黄金，赛黄金哟！"一个卖烂橘子的妇女喊道。"甜啊，甜啊，甜啊！"一个卖熟透的李子的小贩叫道。"头哪，头哪，谁要头哪？"一个卖鱼头的孩子嚷道。

每隔3个月，就有一个专送汇款的邮差给菲谢尔森博士送来80卢布，博士就靠这笔小小的津贴度过漫长而清苦的岁月。然而从某一天开始，不知道是什么原因，邮差再也没有按时出现。博士的口袋里只剩最后几卢布了，贫病交加，他觉得自己就要死了，那个"永恒的世界"正在召唤他。

同样具有荒诞甚至醒世意味的是，拯救博士的，并非《伦理学》与望远镜所代表的"永恒神性"，而是市场街的一位"黑多比"。对着菲谢尔森博士的阁楼房间的左面有一扇门，通向一条黑暗的走廊，那儿乱七八糟地堆放着箱子与篮子，充斥着煎洋葱与肥皂的气味。门里边住着一个"老姑娘"，邻居们都管她叫"黑多比"。以卖面包为生的多比又高又瘦，黑得就像面包房里的那把铁铲，说话则粗声粗气，像个男人。就是这位"黑多比"，由于命运偶然的安排，推开了垂死的博士家的门，给他带来了牛奶和麦糊。之后她每天都来看望他，带来浓汤和茶，跟他谈天。富有戏剧性的是，这两个有着天壤之别的人，竟然从各自的世界里伸出手来，组成了一个温暖的家庭。温暖的食物、身体和心灵，超越了理性，让博士感受到了实实在在的幸福。

非理性与理性、大地与苍穹，就这样在一间小小的阁楼中完美地结合了。当然，前提是"市场街的斯宾诺莎"和多比都有着一颗善良而真诚的心。

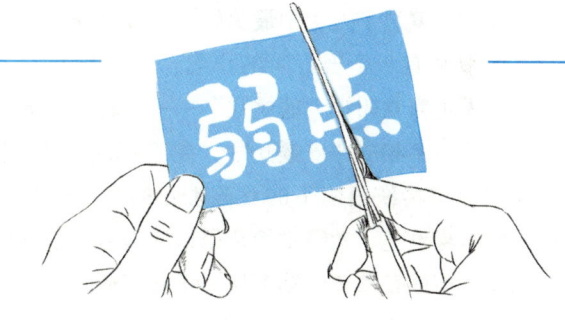

30秒说出关键点

□ [美] 米罗·弗兰克 译/黄 蔚

亨弗莱·鲍嘉被誉为"百年来最伟大的男演员第一名"，在其去世之前的几年，始终拒绝上电视。而我作为哥伦比亚广播公司电视部门选角主管，非常希望说服他。我知道肯定会有好方法。

鲍嘉因为在话剧《石化森林》中扮演曼迪公爵而声名鹊起，之后，该剧的电影版上映又奠定了其电影事业的根基。我向广播公司的高层提议，如果公司制作《石化森林》的电视特别版，就有可能请到鲍嘉出山。他们同意了，但前提是必须请到鲍嘉。

我决定给鲍嘉打一通电话，30秒之内，我必须说服他，否则很可能功亏一篑。我左思右想，准备好自己的30秒。

拨通鲍嘉的电话，我介绍了自己的身份之后说道："鲍嘉先生，在您的整个职业生涯中，哪部作品最令您有成就感呢？是《石化森林》吗？"

我吸引了他的注意力，他答道："当然是。"

我能够感到他声音中所蕴含的热情。"我们公司计划制作这部话剧的电视特别版，"我说，"这将是一个大项目，我们会确保其拥有应得的重视与品质。没有您的演出，它就无法与旧版比肩。"

我暂停了一会儿，几乎能够听到鲍嘉在想："他们想要让我出马，不过即使没有我，他们还是会制作这部剧。"

我本来就知道，或者本来就希望他这样想，他无法忍受由其他人来扮演这个令自己一举成名的角色。我不敢跟他说，如果他拒绝，这部剧就无法制作了，这样一来他就会迅速"逃脱"。

"我们迫切地希望由您扮演曼迪公爵，"我继续说道，"您愿意拨冗参演吗？"

当时，我的的确确是屏住了呼吸。

"米罗，"他说道，"你知道我不上电视，至少目前是。"

"鲍嘉先生，"我说，"只有您出演这个角色，这出戏才能达到其应有的艺术水平。我们会为它感到骄傲，您也会为它感到自豪的。"

电话那头的声音消失了很久，之后，**鲍嘉**说道："你的确了解我的弱点在哪里，是吧？我会出演的。"

剪花娘子

□ 三 伏

1920年,库淑兰出生在陕西省旬邑县王村。彼时恰逢大灾荒年,在库淑兰出生40天后,父母带着她迁居到100千米之外的南洪柳渠村。在那里,库淑兰度过了人生中最美好的一段时光。

库淑兰有一个很好听的小名,叫"桃儿",但村里人更喜欢叫她"猴桃儿"——儿时的库淑兰是一个不折不扣的"皮猴儿"。在那时的库淑兰看来,自己与传统语境下的女孩唯一的相同之处,就是她也喜欢花。她经常偷拿母亲的剪刀,把搜集到的树叶剪成花草鱼虫的形状,乐此不疲。

直到1929年,库淑兰9岁时,传统陋习开始折磨她——她被迫缠足。等脚定型的日子里,库淑兰多次偷偷将布条拆开,被发现后再被母亲强硬地缠上,一来二去,她受的苦楚更多了。

在库淑兰三四岁时,按照当地旧俗,家人在老家给她订了一门娃娃亲。库淑兰15岁时,男方家长多次上门催婚。

此时,库淑兰正在三原县城读书,自11岁入学算起,这是她读书的第5个年头。她在学校里识字、绘画,甚至学了口琴。在这座曾走出教育家于右任的县城,这种新式学堂并不罕见。直到男方家的催婚信又一次传来,库淑兰离开了学校,回家待嫁。

1937年,库淑兰17岁,她出嫁的日子到了。临出嫁前,库淑兰张罗着带上自己的书和砚台,连口琴也要收拾到嫁妆里——她是准备继续看书写字的。

启程的日子如约而至,库淑兰在父亲与未来公公的护送下,前往婆家旬邑县。她骑着毛驴,辞别自己生活了17年的家。

现实中库淑兰的婚姻生活,用她自己的话说就是:"我自从到这个家里以后,就把苦下完了。"

库淑兰的婆家姓孙,住在旬邑县孙家台子村。孙家祖上曾是富户,但到了库淑兰公公这一代,家境已经败落,而且家里有6个儿子和1个女儿。

库淑兰的丈夫孙保印是家中的老大,17岁的库淑兰就成了长媳。因为库淑兰上过新式学堂,性格又活泛,在封建思想根深蒂固的农村,这是一件"出格"的事情。孙家为了规训库淑兰,对她的态度格外严厉。从起床开始,库淑兰就要到婆婆和公公面前,被立规矩。侍候完二老起床后,她要马上赶到厨房做一家人的早餐。每天做什么饭、用多少面,都要一一问过婆婆才可以动手。有时候婆婆故意搓磨她,就会一直等到家里的男人们快要从地里回来时,才开口告诉她。时间不够,库淑兰做不出饭,就要遭受拳打脚踢。有时候是公公打,有时候是婆婆掐,动手最多的,还是丈夫孙保印。有一次,库淑兰只是在晒谷子时不会使用工具,孙保印直接拿着手里的铁叉,朝库淑兰的小腿肚扎了过来。

经久的暴力终于消磨掉库淑兰的勇气,她烧掉书,砸烂心爱的砚台,再也不提"读书"二字。遍体鳞伤成了库淑兰的常态,无依无靠是她婚姻生活的底色。

那些年,为了尽可能地避开丈夫的暴力,库淑兰晚上不敢进卧室睡觉,只能躲在院子里的柴火堆或稻草垛中。好在生活中并不只有绝望。因为绣花手艺好,渐渐地,她开始帮别人绣花赚钱。每到别人请她去家里绣花的日子,库淑兰就格外期待。此后,她的绣活越发精美,绣得也越来越快,她的名字被越来越多的人知道。

在那片夯土墙下、白杨树旁，像这样充斥着暴力与无助的生活，一直到库淑兰生了儿子，才有所改善。实际上，库淑兰一共生了13个儿女，因为贫苦和疾病，最终只成活了两儿一女。

1948年3月，分家后，两个人带着儿女，搬到了库淑兰的老家——王村。这一年，库淑兰28岁。成婚11年，她终于熬成了"当家娘子"。不过库淑兰一家只能住在和王村有些距离的窑洞里。自此，管家的重担就落在了库淑兰的肩上。经历十余年的婚姻生活，库淑兰早已"上得厅堂，下得厨房"。她忙里忙外地操持家务、干农活，闲暇时还要去山上采草药补贴家用。

在王村，库淑兰也感到了久违的温暖。她总是想着回报那些对她表达善意的人：她会剪纸，村里人只要来向她请教如何剪纸，她必毫无保留，倾囊相授，甚至直接帮人将窗花剪好；她也懂一点儿中医知识，村里但凡有哪家的孩子头疼脑热，只要来叫"桃儿姑姑"，库淑兰拔腿就去。

1985年，一次外出的经历，改变了她的人生。那年初春的一个晚上，村里有个小孩身体不舒服，库淑兰前去帮忙。谁知在回家的途中，库淑兰突然脚底打滑，不慎从一个陡坡上摔落。这时她已经65岁，尽管被及时送去医治，但她还是昏迷了40多天。醒来之后，躺在炕上休养时，库淑兰就开始剪纸。到了能下地走动时，她已经剪出了一纸箱的作品。

库淑兰剪了一个女娃娃像，身披霞帔，头戴凤冠，周围被各色配饰环绕，有一种与生俱来的高贵与悲悯。她把这个小像贴在自家窑洞的窗户上，每天看着，不胜欣喜。

有人问库淑兰："你这剪的是谁？"库淑兰就答："剪花娘子，就是我！"语气中带着真切的快乐。自此，年过六旬的库淑兰迎来了创作的高峰期。她剪花草、剪民俗、剪童谣……天地万物在她的剪刀下都有了生命。

哪怕她在剪纸时，丈夫还在一边泼冷水："你剪这些又没有用，也卖不了多少钱，你快去挖些药，回来还能多卖些钱。"库淑兰随他打骂，白天出去挖药材，晚上就回来偷着剪纸。

旬邑县文化馆的文为群在文章里写道："尽管一切都是苦的，带着某些茫然、愚昧的色彩，但库淑兰享受着一种创作的幸福，一种内心的震撼。"库淑兰自己也说："花剪好了，喝凉水吃冷馍也高兴；花剪不好，两三天吃不下，黑天睡在炕上，一夜起来几回，趴在窗边往外看，心里想，明天到底剪啥嘛！"

她把自己的每幅剪纸作品都用旧报纸包起来，为了防止窑洞潮湿使剪纸褪色，她还从自己过冬穿的棉衣中抽出棉絮铺垫在剪纸下，在一张剪纸上叠放一张废报纸，如此一层一层铺好、压平，妥善保存。

从拿起剪刀的那一刻起，库淑兰就感到了前所未有的快乐。在剪纸的世界里，库淑兰是自由的。1996年，库淑兰被联合国教科文组织授予"杰出民间艺术大师"称号，以她的作品为代表的彩贴剪纸被列入国家级非物质文化遗产名录。成名之后，她的作品被许多专家争相研究。有人统计过，在库淑兰现存的175幅作品中，就可归纳出5大类、50种元素，包罗了503个图像，使用的纹样符号就有近20种。甚至一幅剪纸中的小圆点，就有2000多个。一朵梅花，从花蕊到花瓣，库淑兰能剪四五层。

库淑兰剪纸时从不打草稿，也不会借鉴别人的图样，所有的图案与色彩都在她的心中，随着剪刀的舞动，一一成形。她的剪纸作品，其色彩搭配让人惊艳，作品质量让人叹为观止。

在某本研究库淑兰的剪纸作品如何进行色彩搭配的书中，作者从光影与艺术的角度，对她的剪纸作品大加赞美。但把如何进行色彩搭配的问题抛给库淑兰，她只说："鲜亮的是上色，不鲜亮的是下色。"

在库淑兰看来，剪纸就是世间的万物，色彩就是眼前的景色。她生活在这热腾腾的人间，绿树、红花、太阳、黄土教会了她这一切。

只要给库淑兰一把剪刀、一些彩纸，她就能对抗生活中所有的不如意。她没有被苦难压垮，这在她的作品中也可见一斑。她的剪纸作品永远以喜庆为底色，以热闹为表象，让人一看就能感受到蒸腾向上的蓬勃之气，"她深切地理解人们受的苦太多了，而剪出来的画是要让人看了之后高兴的"。

2004年冬天，在一个白茫茫的清晨，84岁的库淑兰走完了她苦难又浪漫的一生。岁月正在逐渐抹去她生活过的痕迹，但她那热烈又绚烂的剪纸艺术不会消散。

起初，我只想拥有一本作文书

□李柏林

多年前，我在家乡的小镇读书。那时，阅读资源匮乏，为了应付考试作文，老师早早地就开始教写作的套路了。她要求我们买一本作文书，每个星期都会抽出一节课让我们背作文，这样到期末考试的时候就不会对作文题束手无策了。

可是，每次我跟父母提起买作文书的时候，他们总说没有用。家里有很多名著，大人看小孩也可以看，还可以重复看。作文书太浅显了，只适合小学生看，还要去几十公里外的县城购买，他们觉得性价比太低了。

那个时候的我，并不会考虑这么多，只是觉得大家都有，而我没有，好像在起跑线上就输给了大家。下课的时候，听到班里同学谈论到作文书，我就很怕别人提到我，毕竟班上只有我没有作文书。

同桌好几次在作文课上有意把他的书放在中间，说："我们一起背吧？"我都倔强地说"不"。我觉得那好像是在求他，以后若有了矛盾，还要因为这件事让着他，我就低人一等了。

恰巧那个时候班里有个女生，每次作文课她都在那儿声情并茂地大声朗读着、背诵着。那种从骨子里透出的自信，就像在说，我作文书里的作文是最好的。她不知道，正是她一次次大声背诵，解救了我。她那么大声，我不想听都不行。在那种极其渴求的状态下，她的言语就是救命稻草。我不可能下课去找她借书，所以我恨不得在上课的时候脑口心都记住她说出来的句子。

我不想让别人知道，我想拥有一本作文书。我只是想让人感觉，我天赋异禀，我不需要作文书，我就是一本作文书。我竖着耳朵听她朗读，琢磨作文的构架，再听我同桌的，还有那些大嗓门同学的。最后甲的开头、乙的中间、丙的结尾，自己再加上一些过渡的句子，这样一篇作文就出来了。

早自习的时候，老师一般都会让大家背诵课文，背完后可以读读课外书或者作文书，可是我除了课本也没有别的书可以看。每次早自习我都用余光看老师走到哪儿了，我甚至在心里已经想好了答案，只要她问我，我就说课文写得好，想多背一点儿。

就这样，小学语文课本上的课文，我基本都会背诵。直到现在我看见一些课文，还能立马背出里面的句子和经典段落，我想这得感谢那段战战兢兢的岁月。

后来，我发现家里有很多废报纸，我把上面认为好的文章剪下来，贴在日记本上，然后拿挂历的背面叠了一个书皮，在上面写上"作文书"三个大字。老师夸我不仅背了作文，还背了课文，这么小就会做摘抄了。她不知道，这些优秀都源自自卑，源自我想掩盖没有作文书的事实。

我还记得小学高年级一直在二楼，下雨的时候，我们统一把雨伞挂在走廊的玻璃窗下，一排排的折叠伞，不同的花色。我旁边的男生每到雨天就迟到，他穿一件改过的西装，带着一把竹子做的大黄伞，那种伞又大又笨重，而每次他都不敢把伞倚靠在走廊边上。他把伞倚靠在座位中间，他的同桌多次抱怨，说要去告老师，他还理直气壮地说："你去告啊。"

如今，我依旧记得那把黄色的雨伞。因为我觉得我和那把伞很像，它不敢站在走廊上，就像我不敢站在人群中，生怕被别人看到。

我想起那个同学，他在听课的时候要忍受同桌的抱怨，要腾出一只手扶住雨伞，要理直气壮地反驳同桌，不过是想掩盖和别人的不同罢了，可那个时候我们都不具备承受独特的能力。

起初，我只想拥有一本作文书而已，想变得和大家一样。后来，为了弥补这个遗憾，我做了太多的努力，才慢慢走上了写作的道路。我有时候想，如果那个时候，我拥有一本作文书，是不是如今也只会背两篇应付考试的作文而已？这就如同，我看见别人收到花，遗憾自己一朵也没有，只得灰溜溜地回家偷偷地种。我刨土、浇水、修剪，不过是想让自己也有一束花。最后，我却拥有了一个花园。

所谓"失之东隅，收之桑榆"，好像在意料之外，又在情理之中，也许这就是成长的魅力吧。那时候，我每堂作文课都过得胆战心惊，害怕被老师批评，害怕被同学嘲笑，而那些敏感脆弱，都成了独一无二的体验。我也渐渐理解，生命中的那些不及，才让人有了独特的机会。我们只有熬过那些不及旁人的岁月，才能自信地立于人前吧。

区别对待的善良

□俊 彦

一次，章太炎与众人闲谈，提到一个学生的名字时，大家言辞有些闪烁，似乎对他有一些非议。细问后得知，众人觉得这个学生为人倒是不错，但性情颇为吝啬，有次为一项慈善活动募捐，其他同学都**慷慨解囊**，只有他未曾拿出分文。章太炎摆手道："此一项不足以论吝啬。"

之后，谈到另外一名学生时，众人摇头，声称此人生活过于铺张，未免太奢侈。章太炎追问："如何铺张？"众人回答："每日衣着与餐食都好过别人数倍。"章太炎听后又一次摆手道："此一项不足以论奢侈。"

见众人疑惑，章太炎解释说："没有捐赠的学生可能只是因为困窘，自己过得捉襟见肘，如何给别人施与援手？而每日着华服之人，大概家境富有，众人眼里的奢侈在他看来只是寻常生活而已。这些不应该成为评判他人的依据。"

后来众人得知，事实果然如章太炎所料，遂反思自身的成见之深。其实，这是与人交往中很多人的通病：喜欢用统一的标准来评判人。但很多时候，区别对待才更为合理，这样才能让我们更客观地认识他人、发现他人的优点和长处，而不是被偏见所蒙蔽。这不仅是一种善良，更是一种睿智。

收字纸的老人

□汪曾祺

中国人对于字有一种特殊的崇拜心理，认为字是神圣的。有字的纸是不能随便抛掷的。亵渎了字纸，会遭到天谴。因此，家家都有一个字纸篓。这是一个小口、宽肩的扁篓子，竹篾为胎，外糊白纸，正面竖贴着一条二寸来宽的红纸，写着四个正楷的黑字："敬惜字纸。"字纸篓都挂在一个尊贵的地方，一般都在堂屋里家神菩萨的神案的一侧。隔十天半月，字纸篓快满了，就由收字纸的收去。这个收字纸的姓白，大人小孩都叫他老白。他上岁数了，身体却很好。满腮的白胡子楂，衬得他的脸色异常红润。他眼不花，耳不聋，走起路来，腿脚还很轻快。他背着一个大竹筐，推门走进相熟的人家，到堂屋里把字纸倒在竹筐里，转身就走，并不惊动主人。有时遇见主人正在堂屋里，也说说话，问问老太爷的病好些了没有，小少爷快该上学了吧……

他把这些字纸背到文昌阁去，烧掉。

文昌阁很偏僻，在东郊，一条小河的旁边，是一座比较大的灰黑色的四合院。正面三间朝北的平房，砖墙瓦顶，北墙上挂了一幅大立轴，上书"文昌帝君之神位"。这文昌帝君不知算是什么神，只知道他原先也是人，读书人，曾经连续做过十七世士大夫，不知道怎么又变成了"帝君"。他是司文运的。更具体地说，是掌握读书人的功名的。谁该有什么功名，都由他决定。因此，读书人对他很崇敬。过去，每逢初一、十五，总有一些秀才或候补秀才到阁里来磕头。要是得了较高的功名，中了举，中了进士，就更得到文昌阁来拈香上供，感谢"帝君"恩德。科举时期，文昌阁在一县士人的心目中是占据很重要的位置的，后来，就冷落下来了。

正房两侧，各有两间厢房。西厢房是老白住的。他是看守文昌阁的，也可以说是一个庙祝。东厢房存着一副《文昌帝君阴骘文》的书版。当中是一个颇大的院子，种着两棵柿子树。柿树之前，有一座一人多高的砖砌方亭子，亭子的四壁各有一个脸盆大的圆洞。这便是烧化字纸的化纸炉。化纸炉设在文昌阁，顺理成章。老白收了字纸，便投进化纸炉里，点火焚烧。化纸炉四面通风，不大一会儿，就烧尽了。

老白孤身一人，日子好过。早先有人拈香上供，他可以得到赏钱。有时有人家拿几刀纸让老白代印《阴骘文》（印了送人，是一种积德的善举），也会送老白一点工钱。老白印了多次《阴骘文》，几乎能背下来了（他是识字的）。后来，也没有人来印《阴骘文》了，这副版子就闲在那里，落满了灰尘。不过老白还是饿不着。他挨家收字纸，逢年过节，大家小户都会送他一点钱。端午节，有人家送他几个粽子；八月节，几个月饼；年下，给他二升米、一方咸肉。老白粗茶淡饭，怡然自得。化纸之后，关门独坐。门外长流水，日长如小年。他有时也会想想县里的几个举人、进士到阁里来上供谢神的盛况。往事历历，如在目前。

老白收了字纸，有时要抹平了看看（他怕万一有人家把房地契当字纸扔了），这种事曾经发生过。近几年他收了一些字纸，却一个字都不认得。字横行如蚯蚓，还有些三角、圆圈、四方块。那是中学生的英文和几何的习题。他摇摇头，把这些练习本和别的字纸一同填进化纸炉烧了。孔夫子和欧几里得、纳斯菲尔于是同归于尽。

老白活到九十七岁，无疾而终。

芳香行走野水芹

口 冷 莹

"野芹菜"有两种，一种有毒，一种无毒。有毒的那位学名钩吻叶芹，脾气大，不消一株的毒性就可以毒死一条蛇。可食用的那位是水芹。两种野芹长相非常相似，只有相当熟悉水芹的人才敢去采食。

作为"吃货"，我爸就是相当熟悉它的人。

野水芹和家芹其实多少是有些像的，个头要矮小些，叶子也更细密一些，挤在一起，像一群没有大人的小孩簇拥起来，就多一点面向外面世界的勇气。秆是光滑的，不似钩吻叶芹长满细小的茸毛。它有大多芹属植物具有的那类芳香，掐一把，手上的香气很久都挥散不去。

我很爱吃爸爸炒的野水芹，而凡我喜欢吃的，我爸总惦记着隔三岔五弄上桌来。看我眉飞色舞，他也跟着笑起来。

从我有记忆以来，老爸一生的志向就在餐桌上了。后来很多年里听亲戚闲聊，我才陆续拼凑出，爸爸年少的时候也曾是个心高气傲、算得年少得志的人。我爸是农村出身的泥娃子，念书和胆识都数一数二，写得一手好字，14岁就做了村上的会计，后来进城进国企都极其顺利。只是命运让他娶了个比他更能干的、同样是从农村里飞出来的凤凰老婆，在老婆年复一年的指责里，那点年轻时的志气一点点湮灭殆尽，剩下的，只有一个守住一张餐桌，希望圈住一家人的胃的敦厚男人。所幸，他在厨房里找到了另一片小天地。他最爱各种野菜，田间地头的野物，多半入得他的碗盏。

我印象里很深刻的一幕，是小时候有次考得不好，刚好妈妈在家。她拧着我的耳朵怒斥我的时候，我爸在后面端着一盘刚出锅的野水芹对我挤眉弄眼，那表情背后的语言大概是：为了那样一盘好吃的菜，眼前的不如意就忍忍吧，熬过去就是享受的时光啦。那太是我爸的原则了，他自己受用一生，希望我也能借用几分。

我有时很替我父母遗憾他们的人生。他们年轻时在小地方都算得上优秀，也是曾拥有一些恢宏志气的人，却并未拥有令自己满意的人生。错的并不是彼此。人各有志，造化弄人，他们不过匹配错了路和人，在年轻时也缺乏一些洗牌的勇气。

有次陪爸爸喝了几杯酒，聊起这个从未聊过的话题，爸爸沉默了很久，然后说："人生嘛！都是第一次做人，哪有活得那么圆满的。能及格，不错了！"

我这个一辈子没什么大出息，有一把鲜美野蔬、一盅烧酒就可以乐上一整天的爸爸，对我的人生基本没怎么干预过。我报什么学校，留在哪个城市工作，他都让我自己做决定。我这个不孝女选择了离家千里外的城市做自己人生的第二故乡，爸爸还和朋友们夸他的女儿有出息。"有出息的孩子才往外走"，他说。

爸爸退休后，一有时间就往我这边跑，一把年纪的人，每次都大包小包地扛来家乡特产。我印象最深的就是那野水芹。每年开春，总有一把把沾着江西渠间水汽的野水芹，乘着一个父亲的背包，千里迢迢地赶到我这里。

我在和爸爸一起往外掏着那些野水芹、栀子花干、南瓜花干、笋干、蕨菜芽的时候，不止一次地想：我的爸爸是没有气势的黄药师，到底给了我一个欢庆无忧的桃花岛。

画 心

□ 胡 烟

田园生活的扉页展开。顶着清晨的薄雾，披着黄昏的粉霞，每当王维抬头仰望不远处的山川，便能意会"苍茫"一词。山顶或山间蒸腾的水汽，群山之间的连绵，将所有的树、林裹挟成一团——它们紧紧拥抱，浑然一体。王维的心中，既宁静，又兴奋。吸一口天地真气，他试着闭目冥想，惊觉眼前并不见一棵树，显现的只是一层层的绿色，抑或浓黑的山川轮廓。

这一发现，在王维的心里盘旋了许久，终于有一天，他灵光一闪。

那天，他试着用一个点，一个竖起来的米粒状的墨点，来表现一棵树。一个点，又一个点，或相叠，或错落，或疏离。山川下，是一群不规则的墨点，不见一截树枝，不见一片叶子，却成一片苍郁的林。终南山麓，多种类的树，柏树、槐树、银杏，王维从中抽取其本质的属性，即一个墨点。程邃题王维《辋川图》说，"作树头如撮米"。

关键的感悟，来自雪。

终南山的大雪，为了令隐者悟道翩翩而至。是夜，王维在灯烛下，专心诵读经文，内心极为寂静。他读到"一切诸相，即是非相""不取于相，如如不动"，生出莫名的欢喜。

清晨，一推开门，洁白的雪，掩盖住纷繁细节，山、石、树木、溪水，千千万万的"相"，离开了。天地一白，剩下轮廓，凝为墨色。王维感到，眼前的黑白世界，是阴阳相合，产生了强大的宇宙气场，已经不局限于视觉美感，而是直击心灵。

彼时的他，胸中涌动山川的起伏，一种喜悦不能平复。笔下，竟呈现墨色的杂耍。笔尖跳起戏谑的舞步，形成墨色的皴擦。王维对这种新鲜技巧的应用毫无觉知。只顾还原胸中的雪景。背阴处的积雪，呈现冷冷的深灰，只需横笔扫几撇淡墨，便是山的轻盈、静谧、沉穆。

浓墨，淡墨，干墨，湿墨，枯墨。墨与水的游戏，衍生出层层山水。一抹浅淡的灰，将山川推至平远。这抹灰的情绪，可以是淡泊，可以是清寂，可以是闲适，可以是荒寒的野逸，可以是隐遁的气息。

当后世的文人邂逅王维的水墨，便从这种无彩的画里，见到诗人被田园山水滋养的禅心，并为之深深着迷。

王维画自己的心境，恰是所有士子的心。

王维在无意间运用水墨这种画法的时候，没料到，自己正在熬制一味药。这味药，让无数文人的抑郁情绪有了宣泄的出口。

比如，南宋的梁楷，皇家画院的高级画师，常常要奉皇帝的"诏令"画画。这种把绘画当成作业来完成的方式，让他觉得刻板、厌烦。据说，皇帝看重他的才华，特赐金带，象征着最高荣誉，但梁楷把金带挂在院子里的树枝上，不管不顾地飘然而去。

幸好有水墨。梁楷把一颗真心施展在水墨里，无须繁复的描摹，无须构思色彩，随了自己的心绪，要简则简，想狂便狂。遂有了《泼墨仙人图》《李白行吟图》……寥寥几笔，人物像在云中飘。梁楷的心思，本就在云端。随心而画，梁楷终于活得舒展了……

苏东坡也是如此，靠着《枯木竹石图》疏解情绪。能说的话，他都写在诗文里，"乌台诗案"的伤痛，时常提醒他，有些话，不能说、不敢说；有些话，说不出。嶙峋的怪石，瘦瘪的竹，枯槁的木，是他困顿的心。

生不逢时的黄公望，眼看着入仕的希望如微弱的炉火，在他面前耗尽最后的余温。他干脆转身扎进富春江那捧缥缈的雾气里隐居。靠着天地山水和道家学说颐养真气，他把笔墨淬炼得纯净、松弛。一卷山水，尽显富春江畔的秋色。不单是美，更是心境的提纯。

徐渭被无常的命运激怒，一抬笔，抛出一连串愤怒的藤。一颗颗葡萄，任意浓淡，是辛酸的泪，一滴滴稀释了墨色。

这些通透的表达，是从王维开始的。虽然王维的画作鲜有真迹留传，但水墨的精神一直在流淌。赏画，亦是赏一颗文心。

久远以来，文人的心沉醉于墨。那是最浓的夜色，是千钧的沉默。墨的黑，是从黑夜里提炼出的最纯正的颜色。与文人上下求索的苦涩，完全妥帖。

墨色之外的白，是雪，是盐，是太阳，是大光明，是天地间的空。一芥子的空，装得下所有玄想。

与水墨相克相生的，是文人的心。虚伪的人，始终不得其医治。而一个真诚的人，面对一张洁白的宣纸，像站在雪后的大地上，谎言无处藏身，甚至失语。一股脑儿的泪，热烈的或者凝涩的情绪，涌向笔端。每一缕墨色，都是心跳。

晚　成

□草　予

时值尾秋，怡红院里，已然枯萎的几株海棠，竟然开花了。先是枝头有了骨朵儿，一夜之间，便开得很好了。这一下惊动不小，阖府上下，纷纷赶来看花。

必有个缘故！贾母替众人解惑：这花儿应是在三月里开的，如今虽是十一月，因节气迟，还算十月，应着小阳春的天气。因为暖和，开花也是有的。

说的虽是，可众人到底觉得这花开得古怪。毕竟接下来，宝玉失玉，贾府衰败，动荡就要发端了。这"古怪"，究竟是《红楼梦》里的隐喻，还是伏谶，先不论。只说海棠秋开，实在不古怪。

去岁深秋，路过一片海棠林。几束垂丝海棠，迎风初绽。有趣的事发生了，一树海棠，既有春花谢了，结出的海棠果，又有秋花新开。老果新花，竟然撞在同一枝头，像是一对童叟，等足了春夏，终于说上了话。

此景，叫人忍不住挂念。于是拍下照片，留下一行小字：莫道桑榆晚，海棠也秋开。

又一个秋日，这恰是看叶落染林的季节。不想，散步白梅园中，却意外遇上几朵白梅正开，仅仅那么几朵。凌寒独自开，梅花，是要开在严寒之中的。冬梅秋开，未免太急切了。一园萧瑟，几朵脚步错乱的白梅，还是让人欣喜的。拍照存图，备注：千山鸟飞绝，惊遇一孤鸿。

不按时令出牌，并非植物任性。自然，总是有理可循的。你会发现：原来，花开花谢，并不完全参照时间与季节，温度、湿度、光照，植物生长所需的这些条件，生命的成长规律，才是真正的依凭。明白了这些，就会惊醒：姹紫嫣红，那是幸遇了一个好春；若是五谷歉收，那是不巧赶上了一个坏夏。风调雨顺，有耕有耘，万事俱备，自有收成。

人生也是如此。担当有余，自会茁壮；努力到位，也能晚成。

生命是细节的长河

□赵 丰

丢弃了细节,生活就成了空洞的概念。我所认识的生活,就如父亲搭在墙根下的柴堆,由一根根用斧头劈开的木头码起来。父亲一生都在劈柴,那是他基本的生活,他生命的细节。生命是细节的长河。对于人生,细节可以诠释它的全部。

既然挂念着细节,我的心灵就常常越过全局,驻留在细微之处。捕捉细节,是我旅途中的一个习惯。对旅游者来说,每个目标通常都首先是一个个细节。能够欣赏细节,解读细节,就是一个出色的旅游者。走马观花,是旅游的大忌。访问一座旧址、一处绝妙的风景地,你首先要放低目光的姿态,摈弃好高骛远的心态,一个一个地寻找并琢磨它的细节,将每次寻找和琢磨都作为自己精神的一次占有。

旅途中,我习惯将笔记本铺在眼前,用笔将沿途铺天盖地的风景碎片复制在纸上。晃动的火车或汽车,让我的字迹东倒西歪。但这并不影响那些纸页的重量,里边有山的厚实和水的凝重,石头不会空心,黑云中能飞出雨珠,即使一棵枯树,也会在倒下的刹那间让大地轻轻呻吟。

一处风景地,在游者的视野里,有可能是一幅全景图像,可于瞬息之间将一幅鸟瞰图景尽收眼底。然而这幅图景,向游者呈现的只是它的外貌,而非它的内心。因此,它只是图像感觉,而非审美愉悦。而我们注意了细节时,它就会成为具备美学意义的物,让我们洞察到自然哲学的奥秘。随旅行团出行,导游在一处景区大门前,总是限定在此处游览的时间,有时甚至短到半个小时。再不起眼的景区,也不可能在如此短的时间里欣赏到它的细微妙处,可能连"走马观花"的感觉也达不到。因此,我从不随团旅行。

观山,就要观一草一木,一石一鸟;看河,就要看滴滴水流,朵朵涟漪。秦国丞相李斯的《谏逐客书》有言:"泰山不让土壤,故能成其大;河海不择细流,故能就其深。"在山河面前,只是扫了一眼便大呼小叫:我见过它了,那个美啊!人若问之:美在何处?便搔头捉耳,不知所答了。

不去旅游,也会发现精致的细节。静静地坐着,读着书页中的一些风景。"明月松间照,清泉石上流。竹喧归浣女,莲动下渔舟。"王维诗中的每一句,独立看来都是风景的细节。柳永的伤感交织在诗的细节中。"倚栏杆处,正恁凝愁。"而辛弃疾的豪放却用"醉里挑灯看剑"这样的细节一笔带过。我在阅读一幅画、一首诗时总是习惯割裂开它们的细节。比如一棵歪脖树上的一只小鸟,小鸟的翅膀在受惊时的开合。那个王维所钟情的浣女,一双脚丫踩倒了几棵小草?

不要忽视,你的身边可能也有被你忽视了的细节。农历正月十五,我在渼陂湖畔观赏锣鼓大赛,聆听锣鼓音调的雄浑和细碎。我坐在湖东边的土丘上,看见一个女孩,吸引我目光的是她脑后的天蓝色蝴蝶结。那是她身上闪光的细节。随着女孩躯体的晃动,蝴蝶结上下左右飘舞。女孩在土丘和湖相连之处捡拾小石子。不远处,一位穿黑色棉袄的老人坐在石椅上睡着了。吹过一阵风,他头上的帽子掉落在石椅旁。那个捡石子的女孩跑过去捡起帽子戴在老人头上。这当儿,一个让我惊异的细节出现了——老人睁开眼,手捂着帽子，看着跑走的小女孩，褶皱如荒原沟壑的脸庞，瞬间像波斯菊一样盛开。笑容里含着羞涩。那个叫羞涩的词，被一位饱经风霜的老人打动了。

祖母养过一只猫，雪白。祖母和猫睡觉时达成了一个默契：猫的一只爪子被祖母握在手心，温情脉脉，无论冬夏。那是祖母生命中柔软、鲜活的细节，我现在依然刻骨铭心。猫睡态安详，祖母拥抱着猫在梦中微笑。那猫很警觉，一听见老鼠在屋里哪个角落响动，便抽出被祖母握着的爪子，箭一般闪过一道弧线。那弧线雕刻在了我记忆的壁上，永远。

谁或谁的指纹，谁或谁的皱褶，谁或谁的眼神。这些，都属于生活。

什么情况下，人们更愿意冒险

□张 兵

我们通常认为，一个人爱不爱冒险，基本上是天生的。比如你去买基金的时候，基金公司会要求你填写一个关于风险偏好的测评，看你的风险偏好是什么水平，低风险偏好的投资者就不能购买高风险的基金。你看，这种测评的假设前提，就是我们每个人的风险偏好水平是比较固定的，短时间内不会有太大的波动。

这种假设对不对呢？根据最新的心理学研究，我们的风险偏好水平其实并不是一个固定值，它非常容易受身体状态和环境因素影响。美国著名作家、政策分析师米歇尔·渥克就提到了至少这样四个因素：

第一，味觉因素。心理学家早就发现，喜欢吃辣的人在冒险行为中得分较高，这至少说明，吃辣和冒险行为之间有很强的相关性。而喜欢吃甜、酸和苦味食物的人却没有显示出这种相关性。有一种假说是，喜欢吃辣和喜欢冒险，背后的共同原因是肾上腺素的缺乏，这类人需要以吃辣或者冒险的方式来获得肾上腺素。

不过，根据米歇尔·渥克说法，最新研究发现，吃辣和冒险行为不仅是相关关系，而且有更直接的因果关系，在你吃完之后的几个小时之内，风险偏好水平都会明显升高。

第二，听觉因素。你听的音乐节奏越快，你的决策门槛也就越低，决策风险也就越大。你要是在开车时听歌，那么，节奏越快、音量越大，你变道、超车的次数就会越多，闯红灯和超速的风险就会越大。

第三，触觉因素。你猜一下，炎热和寒冷，哪种环境会让人更愿意冒险呢？答案是寒冷。研究发现，当人暴露在寒冷的环境中时，大脑会释放大麻素和阿片类物质。这类物质可以帮助人体减轻疼痛、减缓焦虑，但同时会激活神经递质血清素和多巴胺，让人更容易做出高风险决策。

第四，血糖水平。当你饿的时候，比较容易做出高风险行为，脾气也会变差。说个有趣的小案例。有人对一个法庭的卷宗进行了研究，发现有个奇怪的规律：上午9点半到10点审的案子，量刑会比较轻，接近中午12点，量刑一般都偏重，获得假释的量明显减少。这是为啥呢？原来，上午9点半到10点，法官们刚吃完饭，血糖比较高，就相对平和宽容；血糖随着时间逐渐下降，到中午时，包容性就会明显降低。

好，咱们用一句话来概括知识点：如果你想让你的老板同意一个高风险项目，那就带他去一家川菜馆，把空调调低，放周杰伦的《双截棍》当背景音乐，再点一份特辣的毛血旺，说不定会有奇效哦。

且将一生草木染

□ 方 蕾

喜欢一种颜色久了，便自然而然想穿上这般颜色的衣裳。就如我，总觉得青色是大自然里最超脱飘逸的颜色，每见绿竹猗猗、群松春睡，就想将这松竹之色，染一点在自己的衣袖间。

我对青色的喜欢，源自一句诗："青青子衿，悠悠我心。"青青子衿指的是青色的衣领，这青色从何而来呢？也许是源自《诗经》里的另一首诗："终朝采蓝，不盈一襜。"丰饶的大地上，妇人采了一天的蓼蓝，却连一衣兜也没采满。

采蓼蓝是为了染色。古时，人们会从花、叶、根、茎中提取染液，为织物染色，称为"草木染"。

仁厚的蓝，是草木染最质朴的颜色。是谁在千年以前，染了第一片蓝？那一定是惊艳的一天。从此，日子里的万般颜色，竟都可以从自然中来。

蓝草染蓝色，茜草、红花染红色，栀子、柘树染黄色，乌桕叶染冷冷清清的灰色……草木如地母一般，将能量与心意馈赠于人。细心的妇人懂得这般馈赠，采摘、调配、浸染、冲洗、晾晒……多少次反复，终于沉淀出古代中国特有的草木染。草木染丝线，织绣的山河便在春天里绵延；草木染布匹，四季原野就做成了衣裳。

在辽远的时代，你想要染得一个颜色，可能要等。

等一个季节，等一株花草长成。春有春的风物，冬有冬的清绝，等待一次恰逢其时的相遇，急不得——自然的时令从来都使人敬畏，最早的草木染，像极了长久的情感，捺得住性子，守得住静谧。

这长情里又藏着不期而遇的惊喜。栀子花净白，却能染出黄色；石榴花如烈焰，染出的却不是火热的红；蓝靛水薄薄地浸过白纱，微风拂过，颜色竟似凌晨的月光。

《红楼梦》里的色彩美学和情感，在大观园的草木染里藏着线索。读到第四十回，我们感叹，原来还有这样一种软烟罗，"那个软烟罗只有四样颜色：一样雨过天晴，一样秋香色，一样是松绿的，一样就是银红的"。四样颜色皆是草木染所得，又各有一种天然气息。宝玉撰写了一篇祭文，其中有一句"茜纱窗下，我本无缘"，那茜纱便是银红的软烟罗，是用茜草染的，独给黛玉做了窗纱。潇湘馆的绿竹衬着茜色窗纱，是《红楼梦》的色彩美学，鲜明生动的青春爱意，也是宝黛悲剧的草蛇灰线。

草木染颜色，贴合着自然，也投射着人物的气质。即使都是草木染的红，杏子红与石榴红的意蕴也不尽相同。杨贵妃的裙是红花染的，张扬、热烈的红，力证着她的美艳与喜悦；黛玉是茜色；更民间一点的女孩儿，是杏子红。

还记得那个"单衫杏子红，双鬓鸦雏色"的女孩儿吗？她在《西洲曲》的江畔，遥遥一望，江南水乡的青春光彩，瞬间便让人觉得亲切了。《捣练图》里，穿着杏子红上襦的女子倚着木杵偷闲，寻常女子的生活便声色热闹，栩栩如生。

人生若如草木染，杏子红该是多么从容喜悦的一生。"那林黛玉严严密密裹着一幅杏子红绫被，安稳合目而睡。"读到此处，我不由得希望，灵巧脆弱的林妹妹，能夜夜在一席杏子红绫被的环拥中安稳休憩，仿佛茜草沾着泥土的香气，能妥帖地包裹她的一生。

在广阔、丰饶的自然草木间，我愿意做一个"终朝采蓝"的人，把一生悠悠又专注地浸染，染出青青的衣领，染出美好的月白，染出喜悦的杏子红，染出妥帖的草木香气。

观察一棵树

□ 简 平

我家窗外的一棵大树被砍掉了一大半,听说有人称它挡住了日照。我是很喜欢那棵树的,因为在它繁茂的枝叶里躲藏着不少的鸟儿,这些看不见身影的鸟儿天不亮就开始鸣叫,生生地把一天天的日子叫醒了。

那是一棵杉树,在我家的窗外整整矗立了20年。我只记得最早的时候,它是一棵小小的树,小到仿佛只有枝条而没有主干。但是,这些年来它是如何成长为一棵参天大树的,我一无所知,换句话说,我错过了它的成长。20年是个漫长的过程,它从低矮的小树长到有五层楼高,辐射伸展的枝叶常轻轻拂过我家的窗沿,我想它很可能是看到过我这么多年来的人生的,看到我所经历过的喜怒哀乐。但是,我没有给到过它多少注目,可以说我都不曾陪伴过它,我不知道它是不是受到过暴风雨的袭击,狂风骤雨曾将它打得沉沉地弯下腰去,可它却又不断地挺起身来;我也不知道它有没有得到过与它相处的鸟类们的关爱,在它孤独寂寞的时候,鸟儿们用清丽婉转的歌声给它送去宽慰。

听到杉树被砍的缘由,我想为它辩护一下,或许它的树冠遮住了一些阳光,但这总比光秃秃的看不到养眼的绿色要好,我乐意见到它枝繁叶茂,哪怕占去一方天空;我乐意它洒下一片片的绿荫,因为里面有着冬日里的清新和盛夏时的凉爽。可我发现我的说辞太过粗略,全然没有说服力——我不曾细致地观察过它,不知道它的前世今生,不知道它的整体形态、枝干结构、它的伴生动物和生境,不知道它的芽、它的皮、它的叶、它的花、它的种子、它的果实,乃至它投射在地上的影子。我觉得要是我能说出它的生长状况,它绿色的枝丫、披针形的叶子、扁平的种子、模样可爱的球花,那我就会说得言之恳切,甚至能让提议砍树的人也为之心软。

于是,我想,如果一切可以重来,我会决定做一件事,那就是每一天都去观察一棵树,并将这棵树所有的情况都记录下来。

为什么要去观察一棵树呢?因为观察一棵树,是观察细节,只有讲得清每一个细节,才算得上对一件事物有所了解。就说树皮吧,通过观察,才能掌握许多的细节:比如它的条纹、颜色、质地、形态;比如它保持光滑或变得粗糙的原因;比如它的外皮开裂和剥落的方式;比如那些犹如破折号的裂缝如何让外部的气体通过它们进入树木内部……事实证明,许多东西无须宏阔争辩,只消用细节就能明了是非。细节太重要了,重要到植物学家们认为只有凭借细节才能辨别全世界的每种树木;重要到我们可以凭借你所知晓的细节来判断你对事物的了解程度,由此明白你所说的话靠不靠谱。观察一棵树,也是对事物的亲近、对自然的亲近。就像树上的那些裂缝其实是树皮的皮孔,通过观察才能由衷地感受到树木是会呼吸的,所以树木是有生命的生物体。

好在那棵杉树还保留了一段主干。它被砍时,是把所有的枝杈和树叶全部砍去的,孤零零的那段树干显出蔫蔫的样子,毫无生气,当然树上连麻雀都不会停留。前些天,有几个孩子在用皮尺丈量它的高度和胸径,说是要写观察日志,我觉得他们若能与一棵树共同陪伴、一起成长,该是多么有意义。我也细致地做了观察,发现那棵杉树在不动声色中已伸出许许多多的小枝,这些枝条多为对生,呈二列状,还形成了圆锥形的树冠雏形,可以预料,要不了多久,那些细细弱弱的幼枝一定会绽出绿色来。

杨凝式之疯

□米 舒

杨凝式(873—954年),字景度,陕西华阴人。据传是隋朝越国公杨素之后裔,其祖辈皆为唐朝重臣,父亲杨涉官至宰相。

他自幼聪颖,富有文才,但其貌"矬眇","矬",个子矮小;"眇"指眼睛瞎。杨虽非瞎子,却目力不济。总之,外形长得很不如人意。

但其貌不扬的杨凝式于天祐二年(905年)登进士,迁秘书郎、直史馆。他在晚唐政坛崭露头角时,宦官专权与藩镇割据日益激烈,凶残霸道的朱温拥兵攻入凤翔,把持朝政,后逼唐昭宗退位,朱温自立为帝,称后梁。

朱温将胆小谨慎的杨涉留任宰相。杨凝式耳闻,对杨涉说:"父亲,您为保全自己,把传国八宝拱手献给他人,这样做是不对的!后人会怎么议论您呢?"杨涉赶紧用手捂住儿子的嘴巴,指指外边,压低声音说:"说不定隔墙有耳,你要害死我们全家?"一生"俯首无所作为"的杨涉苦着脸奉命照办。杨凝式从此提心吊胆地过日子,他知道朱温派出大量暗探,搜集朝臣言论,谁也不知道说了哪句话会引起灭门之灾。杨凝式"恐事泄,即日遂佯狂",开始胡言乱语,疯疯癫癫,众人称其"杨疯子"。

杨凝式以装疯避祸,躲过朱温的迫害,后来任殿中侍御史、礼部员外郎,因其才华出众升集贤殿直学士。

公元923年,李存勖称帝灭后梁,建后唐政权。杨凝式因书法了得,任后唐知制诰,主管皇帝起草文书。杨凝式初学欧阳询、颜真卿,后学"二王",他在行书与楷书之间寻求变化,其字错落有致,气势开张,形成古朴雄浑的风格。他自忖,自己官做大了,又管不住嘴,很容易直言招致杀身之祸,辞官又怕引起怀疑,便又装疯卖傻,结果降职改任史馆修撰。后唐明宗李嗣源爱其才,封他为中书舍人,杨凝式装疯不上任。后唐末帝李从珂即位,封杨凝式为兵部侍郎,在一次阅兵时,杨凝式突然"疯病"发作,大喊大叫,阅兵泡汤。李从珂没处罚他,让他回洛阳静养。

后晋灭后唐,杨凝式被迫做了太子宾客、礼部尚书,杨凝式似疯非疯,常说些过分的话,因皇帝与朝臣知其有疯病,也不计较。他直言议政,也视其说疯话,没加罪于他。杨凝式退休后,生活拮据,宰相桑维翰面奏,请皇帝封其太子少保的荣誉职衔,给一份俸禄让他糊口。

后汉灭后晋,杨凝式因其才名,任太子少师。郭威起兵称帝,杨凝式以年事已高为由,提出致仕还乡,郭威赐以右仆射。郭威死后,后周柴荣继位,杨凝式再次被起用,任左仆射兼太子太保。

从唐朝至五代,杨凝式历经六个朝代,虽无大政绩,但他以"疯"应付了自朱温至五代皇帝的统治。开始他是装疯卖傻,久而久之,精神也变得不正常了,而其直言居然未成灾祸。显德元年(954年),82岁的杨凝式病故于故乡。

杨凝式一生最大的成就是他的书法,他用行书写的信札《韭花帖》布局舒朗,清秀洒脱,深得王羲之《兰亭集序》的笔意。他写的《卢鸿草堂十志图跋》，其字有颜真卿《祭侄稿》之神髓。而其狂草《神仙起居法》与《夏热帖》恣肆纵横，草书中夹入行书，后人谓之"雨夹雪"。由于杨凝式书法奔放奇逸、出神入化，被后人誉为承唐启宋的书坛重要人物，系五代书法大名家。"宋四家"（苏轼、黄庭坚、米芾、蔡襄）深受其影响。苏轼曰"自颜柳氏没，笔法衰绝，加以唐末丧乱，人物凋落，文采风流扫地尽矣。独杨公凝式，笔迹雄杰，有二王颜柳之余，此真可谓书之豪杰"，米芾赞："杨凝式如横风斜雨，落纸云烟，淋漓快目。"

在乱世中得善终不易，杨凝式以"疯"避祸，成书法名家，亦书坛之逸事也。

业余爱好者的胜利

□ 郁喆隽

　　进入一个阴暗、潮湿、逼仄的洞穴后，返回的通道被不断上涨的水淹没——很多人光想象这样的场景就会幽闭恐惧症发作。

　　2018年6月的一个周六，一支名叫"野猪"的泰国少年足球队在训练后，进入湄赛（泰国最北端的城镇，位于泰国和缅甸边境的清莱府内）的睡美人洞游玩。它是泰国第四大洞穴，是由一系列洞穴和地下暗河组成的洞穴体系，内部长达10公里，情况异常复杂。这群少年一共13人，年龄从11岁到16岁。然而，就在他们进入该洞后不久，当地突降大雨，洞内水位迅速上升，阻断了他们返回的所有通道。在当时，这是牵动全世界的突发事件。导演金国威和伊丽莎白·柴·瓦沙瑞莉夫妇以此为素材，拍摄了纪录片《洞穴营救》。

　　泰国军方第一时间派出了海豹突击队的潜水员赶到当地组织营救。但是很快，一名潜水员意外死亡，他们不得不中止营救行动……好在孩子们被困的位置已经被确定，他们也收到了充足的食物和药品。当时，一位英国洞穴潜水爱好者正好在当地。洞穴潜水不同于一般的潜水，它需要特殊的技能和设备，而除了营救被困人员，似乎并没有什么直接的应用场景。因此，只有一些业余爱好者才会将洞穴潜水"玩"到极致。他们中有的人是退休消防员，有的是IT工程师……这是一个彼此了解的"小圈子"。听闻这个消息后，他们纷纷从世界各地聚集到了清莱。

　　当地长达4个月的季风季节即将来临，更大的降雨将要到来，届时，洞穴会被彻底淹没……考虑到时间的紧迫性，这群人决定铤而走险——给被困的孩子注射镇静剂，然后为他们穿上潜水装备，将他们在"睡眠"中拖出几公里长的地下水道。人类历史上从未有过这样的先例。很多人甚至做好了准备，如果营救失败，他们将面临泰国政府的指控……

　　幸运的是，在被困18天后，所有的孩子都被毫发无损地救出了洞穴。

　　有人问一个参与救援的人："你为什么要从事洞穴潜水呢？"他露出了大男孩般的微笑，回答道："我要回到穴居人的时代。"

害怕后悔

□岑 嵘

布洛尼·韦尔是一名临终关怀工作者,在临终安养院有着多年照顾绝症患者的经验。后来她写了一本书,谈到将死之人在生命最后几周向她讲述的最常见、感受最强烈的憾事。她说,男人一般后悔的是一生工作太操劳以及多年来失去的故交,女人则后悔没有纵容自己更开心一些,只是太卖力地讨人欢心。无论男人还是女人,都后悔没有敞开心扉向别人表达自己的情感。

其实我们每个人或多或少都假想过自己临终前的感想。临终感怀这件事对我们的生活也产生了强烈的影响。这样的心理被称为"后悔效应",也就是害怕后悔。我们害怕回首人生时觉得自己虚度了光阴,所以才会拼命学习和工作;我们也会害怕没有好好陪家人,所以才一有时间就和家人在一起。

临终那一刻虽然从时间上说非常短暂,但对我们实实在在产生影响。

南加州大学的研究者乔吉奥·科里切利和几名合作者一起对与悔恨感有关的大脑活动进行了一项全面的研究。他们发现,我们设法尽量减少因自己的决定在日后造成的悔恨感时,大脑会有类似于实际感到悔恨时的活动。也就是说,我们的大脑能够真实地感受到想象中的那些悔恨感。

不想后悔的观念,对于人的决策影响甚大,例如你想从股市取出一笔资金,那么你是会卖掉赚钱的股票还是亏钱的股票?有过类似经历的股民,答案大多是抛售那些已经赚钱的股票,仍然持有那些亏损的股票。其原因就是人们总是害怕后悔,一旦亏损的股票抛售后上涨,人们会感到极度后悔,而上涨的股票即使抛售后继续上涨,后悔的感觉也没那么强烈,因为这只是赚多赚少的区别。

害怕后悔影响着我们生活的方方面面,人们懊悔的事情也随着时间的流逝会有很大的不同。人在短期内对于自己的失败会有强烈的懊悔感,可是从长期来看,却经常懊悔自己没有做某件事。在短时间内(几天或几星期),人总会深深后悔自己做出的错误选择,做了不该做的事。可是经过长时间之后(几年甚至十几年),人们反而会比较后悔自己"错失良机",后悔当初怎么没有做自己该做或想做的事。

如果有人问你,最近几个月内最令你感到后悔的是什么事情,你可能会回答自己做了结果不如预期的某件事,比如你去了一个门票昂贵没什么特色的景点;但如果有人问你,人生中最让你感到后悔的是什么事,你应该会遗憾自己当初没有做的某件事,例如没有在身体好的时候去多看看这个世界。

短期内我们会后悔选择了一个自己不喜欢的兴趣班,但长远来看我们更后悔没有为自己当初的爱好去坚持和努力;短期内我们会后悔刚买的房子物业不好、环境太吵,长期看,我们会更后悔十多年前没有在价格更低的时候买房;短期内令我们感到心痛的是被喜欢的人拒绝了,可是回首人生,我们会更懊悔当初没有尽力去追求自己爱的人。

我们会对自己已经做的事情敞开心扉，慢慢释怀，但是随着时间的推移，没做成或没去做的事造成的悔意，会像雪球一样越变越大。

因此，年轻人在遇到自己真正喜爱的人时，无论觉得自己配不配得上对方，至少表白一下，争取一下，以免余生沉浸在后悔中——我当初应该告诉她（他）我爱她（他）。

医学专家告诉我们，我们在临终那一刻可能并不会后悔什么。大多数人在临终时并没有机会进行哲学思考，药物的使用会影响患者思维的清晰度。还有慢性痴呆和阿尔茨海默病患者，他们同样不会在临终时再有什么新想法。同时，我们的回忆在那时可能毫无真实性可言，其中夹杂着大量的想象。

尽管如此，只要想到这一刻，想起那种虚度一生无比懊悔的心情，我们还是会打起精神来。害怕在回首人生时感到碌碌无为，恐怕是人类特有的思维。人生不易，我们还是要努力让自己活得更主动、更精彩，敞开心扉对待家人和朋友，这样在回首整个人生时，才不会感到后悔。

生生之船

□郁喆隽

有一艘木板建造的船退休了，人们把它拖到岸上用作纪念。日晒雨淋之后，船上的木板不断腐烂。于是每坏掉一块，人们就用新木板替换。直到有一天，原来船上的每一块木板都被换掉了。那么这艘船还是原来的那艘船吗？如果不是，那么它是什么呢？在哲学史上这个问题被叫作"忒修斯之船"，是对"同一性"标准的探究——一样东西何以保持为它自身。古希腊人把这艘船的问题和雅典城传说中的国王忒修斯联系起来，不过其实这也是地中海沿岸广为流传的一个故事，未必是希腊人独有的。

马耳他电影《沧海渔生》中的渔夫杰斯马克提出了同样的问题。电影原标题中的"鲁祖"就是马耳他当地渔船的名称。千百年来，当地人就是用它来捕鱼的，据说可以追溯到腓尼基文明时代。当地的鲁祖外表都差不多，船舷以上用蔚蓝、黄色和红色的油漆画出弧形的条纹；船长们都会在自己鲁祖的首部画上两只眼睛，据说这对"荷鲁斯之目"可以保佑渔民出入平安。现在的鲁祖大多没了风帆，因为用上了柴油发动机，但鲁祖依然是鲁祖。不过因为环境变化，马耳他附近的海域能够捕到的鱼越来越少了……一艘鲁祖不再能够养活渔夫和他的家庭。杰斯马克的鲁祖漏水了，需要更换船首的一块木板。他的父亲用这条鲁祖捕鱼，他的祖父也用这条鲁祖捕鱼，但如今，他不知道更换了这块木板后，它还能不能熬过漫长的禁渔期。有老渔民告诉他，船上的木头是活的，在不同的季节、不同的天气和不同的海域会有变化。

哲学家们在处理忒修斯之船的时候，总是把那条船当作物，一个没有生命的东西，因而只谈论其属性。于是阐发出一大堆形而上学的问题，两千年来并没有太大的进展。而在渔夫眼中，他的鲁祖是活的，是有生命的，而且他们的生命是联系在一起、不可分割的。但眼下他要思考的是一辈子乃至世世代代的生计。

杰斯马克望着襁褓中的儿子，知道自己没法教他用鲁祖捕鱼了。其实人类何尝不是一条忒修斯之船呢？每一代人甚至每一个人都是这条忒修斯之船上的一块木板。没有哪一块木板可以"永垂不朽"，但正是在每一块木板的坚守和老去中，在新木板的到来和更替中，人类之船才能长久远航。这大概就是生生不息吧。

宋代饮食烹饪哲学

□ 孙晓明

"竹外桃花三两枝，春江水暖鸭先知。蒌蒿满地芦芽短，正是河豚欲上时。"据说苏轼在常州居住时，酷爱吃河豚，当地有个乡绅仰慕苏轼，常常请苏轼吃河豚，一次吃得得意，苏轼大呼"也值一死"，可见苏轼是大性情家、大美食家，"人间有味是清欢"，他既吃得山珍野味，也吃得粗茶淡饭。

宋朝的饮食业异常繁荣，文人学者对饮食的著述也很庞杂，大致可分为食经、茶学和酒学三大类。而宋人林洪的《山家清供》从中脱颖而出，不仅是菜谱，还有掌故；既有朴素的饮食美学，又有清雅脱俗的诗词，还有各种食疗养生。唐朝以前，中国人喜欢肉食，蔬菜是佐菜，或叫配菜。到了宋代，蔬菜终于以素菜的名目出现，《山家清供》分为两卷，一共写了104道菜，"山家"即山野人家，"清供"即清淡简雅的食物，其中涉及苏东坡的就有12道菜，有渊源掌故，也有诗词句涉及。

"碧筒酒"也叫荷叶酒，用荷叶柄当作吸管喝酒，因这根纯天然的吸管是碧绿色的，故称"碧筒酒"。这源于苏东坡《泛舟城南会者五人分韵赋诗得人皆苦炎字四首》中第三首："碧筒时作象鼻弯，白酒微带荷心苦。"元丰二年（1079年）的夏天，苏东坡在湖州当太守，有一天和朋友到苕溪游玩，到处是荷花盛开，湖上泛舟一直到夜间，月光皎洁，大家不免写诗助兴。苏东坡想起弟弟苏辙，又感叹朝中权力斗争的复杂，有了隐逸的念头，才有了上述诗句。

再说"骊塘羹"，就是萝卜青菜汤，和东坡羹的做法相似，苏东坡的《狄韶州煮蔓菁芦菔羹》中说："我昔在田间，寒疱有珍烹。常支折脚鼎，自煮花蔓菁。中年失此味，想象如隔生。谁知南岳老，解作东坡羹。中有芦菔根，尚含晓露清。勿语贵公子，从渠嗜膻腥。"苏东坡在诗的前半部分说，他早年经常支起一个折脚鼎，用蔓菁、萝卜做东坡羹吃。后来人到中年，失掉了这个味道，想起来恍如隔世。谁承想南岳狄长劳亲手做了东坡羹，里面的白萝卜还沾着清晨露水呢？千万不要告诉那些富贵公子哥，那些人只知道大鱼大肉。苏东坡很喜欢吃白萝卜、白菜，这些看似普通的时蔬在平常中孕育着最朴素的美。

"傍林鲜"即煨竹笋。在春末夏初，林中的竹笋长得正好，人们就在竹笋旁边扫起竹叶点火，煨熟竹笋，因此叫"傍林鲜"。文同做临川太守时，有一天中午正和家人吃煨笋，忽然收到苏东坡的书信，信中附了一首诗："相见清贫馋太守，渭川千亩在胃中。"文同看到这里，笑得把米饭喷了一桌子。文同是北宋梓州梓潼郡人，擅长诗书画，深受北宋文学家司马光赞许，和苏轼是表兄弟，两人关系特好。据考证，原诗是苏轼的《和文与可洋川园池三十首·筼筜》："汉川修竹贱如蓬，斤斧何曾赦箨龙。料得清贫馋太守，渭滨千亩在胸中。""相见清贫馋太守，渭川千亩在胃中"一句，可能是《山家清供》的作者林洪在引用时进行了修改，我们已不得而知。苏轼打诨取笑文同吃了很多竹笋，文同正好吃着煨竹笋，因此正当其时笑喷了，这是多么接地气的生活场景啊！

林洪认为，笋贵在鲜美甘甜，不必和肉一块吃，否则败坏了君子的口味，并引用了苏东坡《于潜僧绿筠轩》中"若对此君仍大嚼，世间哪有扬州鹤"的诗句，来说明吃笋是一件特别美好的事情。"大嚼"出自三国时期魏国曹丕的《与吴质书》："过屠门而大嚼，虽不得肉，贵且快意"，意思是不顾一切狂吃。"扬州鹤"源自一个古代传说，代指十全十美的事物。相传古时有几个人聚在一起，各自诉说自己的愿望：一个说愿做扬州刺史；一个说想当万贯富翁；一个说愿骑仙鹤游天做仙；最后一个说愿意腰缠万贯，骑鹤上扬州。最后这个人同时拥有了前三个人的愿望，后来人们用"扬州鹤"比喻完美的事物。

"元修菜"就是豌豆苗。苏东坡给故人巢元修写了《元修菜》一诗，林洪读到其中"豆荚圆而小，槐芽细而丰"一句，想弄明白这到底是什么菜，也曾多次向老菜农询问，结果没人知道。一次，永嘉郑文干从蜀地回来，林洪向他请教，才知道苏轼所说的就是蚕豆，也叫豌豆，四川人叫作巢菜。豆苗嫩时，采来做菜。苏轼诗中所说"点酒下盐豉，缕橙芼姜葱"，讲的正是烹调的方法。

"玉糁羹"就是用米粉和萝卜熬成的粥，这道菜与苏轼和苏辙两兄弟有关。有天晚上，两兄弟一起喝酒，酒酣耳热之际，把萝卜捣烂用水煮，不放其他佐料，只将白米研碎做成粥，苏轼发现特别好吃，于是这道玉糁羹就诞生了。不过虽然叫玉糁羹，也可用其他食材代替萝卜，譬如芋头，这是苏轼的儿子苏过发明的，"过子忽出新意，以山芋作玉糁羹，色香味皆奇绝。天上酥酏则不可知，人间决无此味也"，诗云："香似龙涎仍酽白，味如牛乳更全清。莫将北海金齑鲙，轻比东坡玉糁羹。"

在众多素菜中，苏轼很喜欢吃豆腐，认为豆腐对身体大有益处。他在黄州做官时，经常亲自做豆腐招待客人，朋友们高兴地称之为东坡豆腐。苏东坡《蜜酒歌》："脯青苔，炙青莆，烂蒸鹅鸭乃瓠壶。煮豆作乳脂为酥，高烧油烛斟蜜酒。"其中煮豆作乳脂为酥描绘的正是制作水豆腐的情形。林语堂说："苏东坡自己善于做菜，也乐意自己做菜吃，他太太一定颇为高兴。"譬如，林语堂介绍东坡鱼的做法："选一条鲤鱼，用冷水洗，抹上点盐，里面塞上白菜心。然后放在煎锅里，放几根小葱白，不用翻动，一直煎。半熟时，放几片生姜，再浇上一点咸萝卜汁和一点儿酒，快要好时，放上几片橘子皮，趁热端上桌子吃。"

以东坡命名的菜，除了东坡鱼、东坡豆腐，还有东坡肉、东坡羹、东坡肘子、东坡饼。苏东坡被贬官黄州，吃不起羊肉，当时猪肉没人吃，于是他发明了"东坡肉"的吃法。他在《食猪肉》中说："黄州好猪肉，价贱如粪土，富者不肯吃，贫者不解煮。慢着火，少着水，火候足时他自美。每日早来打一碗，饱得自家君莫管。"

苏东坡是真正的美食家，他对食物的喜好所折射出来的是他对人生的态度，足以流传千古，惠及当代和未来。

画家眼中的瓶子

□李 更

　　好像在哪本书里看到过，乔治·莫兰迪一辈子没离开过博洛尼亚小镇，一辈子没有结婚，一辈子画得最多的就是瓶子，却洞悉世界之美。他通过瓶子了解到艺术的绚丽和人类审美的本质。对于天才来说，他不需要走万里路，不需要博览群书，也不需要阅尽人间春色。他甚至不需要走动，只是安静地坐在那里盯住一个瓶子，一朵花，一棵树，世界就裂开一道缝隙，把真相展示给他。所以说，他是天才，我们是聒噪的众生。

　　就像福克纳，一辈子就写邮票大那点儿地方——那是他的家乡。他把家乡贴上邮票，寄往全世界。

栖息的树

□朱艾萨克

院子后面是一座小山，林木葱郁。到了余晖斜照时，林子里便闹腾起来。用望远镜看去，这些品类不同的树木各呈其形，各尽其神，归巢的鸟雀相继到来。又是一年仲春，一座山的生机被不同层次的色泽、不同高低的摇曳烘托而起。有的树上都是鸟雀，使枝条动弹不已，有的树上鸟显得稀少，有的树则在缄默中兀立，等待飞来者栖息。

飞鸟是可以选择栖息之树的，可是树无法选择飞鸟。移动的鸟雀和固定的树，选择和被选择的关系，这样的问题真要去想，没有边际。

我把南方城市的共性归为树木繁多。有宅院的人家，会腾出一些空间来种几棵树。种树在这里算得上事半功倍的行为，种下，雨水就来了，养分充足，不需太多时日就绿荫伸张了。每次从外地回来，才三五天，感觉多变的总是草木，不是绿的层次变了，就是绿的密度大了，生长的力量总是突突地向上。

每次外出，当地人常会带我看几处典型的景致。如果有古树，便肯定有这个节目。古树是村落的旗帜——一棵树长到这么大，如同祖先那般苍老，不吭声也能受到景仰。围绕一棵树的故事历来就多，从中也逐代添加了一些后人的理解，有道理的没道理的，讲出来都没人反驳，只是听去。大凡古树，树洞都特别大，储存了一村人的秘密。每个人也觉得将秘密储存在树洞里，比烂在自己肚子里要清洁得多。而今，古树的寂寞如同村子的寂寞，没有什么秘密可以储存了，人们到远方去，把秘密也带走了，反倒是一些外乡人，因一棵古树，慕名从远方来，指望读懂它

的沧桑。往往在近观之后，我会走得远一些，从远处看它的全貌——南方的妩媚往往缘于有如同古树这般的骨感突兀，使妩媚不至于坠入俗格。一棵古树，无论如何也是无法被谄媚为"好看"的，但人们还是欣赏它此时已遭受摧残的容颜——一个人的精神如果若此，就不必担心为万物所挠败了。古树大抵内含奇倔兀傲的硬气，它往往与冠盖的柔和青绿表里不一，就像一位江南文士衣袂飘飘，实则有绵里藏针之美。

人们看重一棵有年份的树，如同尊敬人瑞一般。在我的印象里，有一位百岁老人不痴不呆，还能挥毫纵横于纸上，这是何等地让人惊奇。拍卖行甚至特别地作了注释，能拍到百岁老人的墨迹，悬挂于厅堂，不是福气又是什么。这自然被认同，与他同时代的人都先他而去了，甚至后他时代的人也有早他去了的。他说的话都被认可，没有谁与之商榷，他的落款常见"百岁老人"。他后来和人说得最多的是养生，他对此实则没太大兴致，因为一生坎坷，可是对此话题感兴趣的人太多了，经不住问询，只好重复说去。

以树来衬托人的力量和智慧，《水浒传》里表达了这么一层意思。英雄走进聚义厅之前，在江湖上都是有一些义举或壮举的，以此传于市井。鲁智深是很突出的一个，除了打镇关西、闹五台山、野猪林，还拿一棵垂杨柳使性："走到树前，把直裰脱了，用右手向下，把身倒缴着，却把左手拔住上截，把腰只一趁，将那株绿杨树带根拔起。"鲁智深此举当然是做给那帮泼皮看的，为这，把好端端的一棵树给毁了。后来护送林冲到沧州，告别时为了镇住董超、

薛霸,依旧使性于一棵树:"抡起禅杖,把松树只一下,打的树有二寸深痕,齐齐折了。"树何辜?只能说,这样的举止是有深意的,破坏一种生命,从而警示另一种生命。面对强大的力量,一棵树是不足道的。毁坏一棵垂杨柳,鲁智深莽汉的形象就树立起来了。接下来是攻打祝家庄,白杨树成为智慧的载体:"但有白杨树的转弯,便是活路,没那树时,都是死路,如有别的树木转弯,也不是活路。"如果不能破解智慧的玄妙,就只好被困在那里。一棵树有烟火气寻常相,却让人想不到被寄寓形而上的冥想和切合实际的奇思——如果不是那老人道破玄机,谁也不知晓一棵白杨的分量。

人向来擅用物喻,推出一种物,表达一种想法,或者象征一种格调、境界。在我们记忆的储存间里,都会储存不少树名,连同它们的姿容,明人江盈科说:"桃、梅、李、杏,望其华便知其树。"《世说新语》里庾子嵩赞和峤:"森森如千丈松,虽磊砢有节目,施之大厦,有栋梁之用。"如此以树喻人,真把一个人说尽。

我在后院算起来也种了不少树。有些树是有用的,龙眼、柚子、柠檬都已得到真切的品尝。有的树是无用的,至少对我来说是这样。我说的是海南黄花梨——这是民间俗称,植物学家则称其"降香黄檀"。真要用它做一个像样的器物,没有一个百年免谈。像丝绸那般光滑的日子让人觉得太快了,滑过去无声无息,但要等待一百年,又无从去等。我种这棵海黄纯乎是用来看的。古文士看铣干虬枝的古柏,常看常思,遂将奇诡苍凉、峥嵘突兀注入腕下笔底。而这棵海黄太年轻了,枝叶上下都是清雅俊逸之韵。毕竟是名贵树种,枝条挺拔光洁,清畅不梗。叶片沿枝条左右对称张开,像极了大型的含羞草。风来了,若行于水上,涟漪漾起。有的树就是要让人无从去等,死了用它的心。所谓无用就是这样。玩物可以适情,一个人偶然和一棵无用的树相遇,把它从山区刨出来,用汽车载回家,种下。这缘于感性,每个人都会有自己的情调和审美的故乡,很实在的很虚灵的,很有用的很无用的。我想,对于一个单纯想做文士的人来说,无用就是大用了。

一个城市的变化,人通常是以高楼拔地、道途通畅来言说的,忽略了置身这些坚硬与坚硬之间的树木,它们新旧相杂,高低错落,积极地填充着视觉中的荒漠。人们对一棵树通常不会有太多的依恋和期待,以为它就是一个理所当然的存在。一棵树在笃定沉静中分明具有不动之动的力量,只是不易察觉。在悄然而过的时光里,由贴近地面转而升至空中,使人由俯视而仰望。飞鸟的到来,就是一种修饰了,尤其是它们回旋落下的轻盈之姿,使整个不动的山林雅韵浮动,不禁使人暗暗称道,这是一种绝配。

另一种天才

□ 王 蒙

人们对天才有许多定义,有的说天才即勤奋,有的说天才是三分运气七分汗水,都言之有理。但如果是我,如果浅薄如我都有机会谈天才的定义问题,我要说,天才即集中时间、集中精力。

具有正常智商的人,如能集中自己的时间与精力,全力做好一两件事,而且是长期坚持不懈,一般都能做出不俗的成绩,都能表现出相当的才来。集中毕生精力打桥牌、下围棋、养蛐蛐、养蝎子、做泥人儿、捏面人儿、雕虫雕龙,都能创造成绩,都能当大师。

我很喜欢牛顿拿怀表当鸡蛋煮和他要为两只猫挖两个洞的故事。他竟然不懂大猫虽然进出不了小洞,小猫却可以与大猫共享一个大洞的道理。这就对了,有所为有所不为,才能有为;有所知有所不知,才能有知;有所长有所短,才能有长。任何正常的人只要肯集中时间精力做好一两件事,都能显现出过人的才智,都可能叩响天才的大门。

白居易的谏诤

□张向前

白居易在中唐时期影响极大,他的诗人身份,可谓尽人皆知。他是中唐时期有名的谏臣,却鲜为人知。

公元808年,鲜花着锦的四月,春风满面的白居易被任命为左拾遗。拾遗这个官职并不高,它的职责是捡起皇帝遗漏的东西,谏而论之,隶属谏诤机构。拾遗可参与廷议,也可单独向皇帝上奏章。官不大,位子却至为重要。

受命之时,白居易立刻向唐宪宗李纯表忠心:"臣所以授官已来……食不知味,寝不遑安,惟思粉身,以答殊宠。"他十分珍惜这个报效国家的机会,愿意竭尽平生才识,力求缺漏必规,得失必谏。

名臣王锷干练有才,每任一官,必有治绩。调任广州刺史、岭南节度使后,王锷与其他借机大捞一把的官吏一样,把没收来的非法财产据为己有,用以经营商贸活动,积累的巨额财富富于公藏,京师权门也多受王锷之财。这是个又想发财又想升官的人。

元和三年(809年),时任淮南节度使的王锷以巨款重贿宦官,欲求宰相之职。唐宪宗拟为王锷加平章事,相当于宰相的名位。刚任左拾遗不久的白居易认为,王锷既无"重望",又无"显功",还有不检点的行为,德不配位。在其他官吏各怀心思保持沉默时,白居易进谏说:宰相是陛下的辅臣,天下人都盯着,不是贤良的人不能担任这个职务。王锷敛财进奉,为的是获取自己不配获得的官位,倘若遂了王锷的意愿,不仅于朝廷无益,若四方藩镇纷纷效法,皇上何以处之,百姓何以堪之?

宪宗听了,无奈之下,只得收回成命。

六年之后,王锷因派兵护送回鹘使节与摩尼教士入朝,受到宪宗嘉许,升任检校司空、同中书门下平章事,位列使相。使相与宰相并称,不参与朝政和签署朝政命令,不行使宰相的权力,多是一种形式上的安抚。"一谏迟六年",这未尝不是白居易的谏绩。

元和四年(810年),成德节度使王承宗背叛朝廷,唐宪宗委任宦官吐突承璀为左、右神策以及河中等四道行营兵马使、招讨处置使,领军前去征剿。

朝廷将帅众多,却用宦官领兵,是何道理?宦官不懂军事,如何排兵布阵?简直荒唐,宪宗也是昏了头。

一干大臣提出了异议,宪宗未置可否。白居易即上疏说:"国家征伐,当责成将帅,自古以来,没有宦官为统领的。今用吐突承璀,恐被天下看轻,被外夷耻笑。再说,用宦官为统领,将领们心生嫌隙,征讨势必难以成功。若陛下念吐突承璀勤劳忠诚,可使他安逸富贵,然决不可因此坏了国家、朝廷、祖宗的规矩,为天下笑柄!"

如此忠诚恳切的谏议,宪宗却拒不采纳。

吐突承璀最终成了征剿王承宗的最高统帅。仗打了好长时间,结果却是得不偿失,弄得宪宗下不来台。

一天早朝,趁着大家都还没张口之际,白居易突然跑到皇帝面前说:"陛下,这件事您错了!"

毕竟是九五之尊,宪宗当即变了脸色,起身拂袖而去。

事后,宪宗私下对大臣李绛说:"白居易这小子,是因朕的提拔才得名得位的,现居然对朕很是无礼,朕实在无法忍耐了!"

正直而又赏识白居易的李绛则上言道:"白居易能不避死亡之诛,事无巨细地谏,正是因为要报答陛下的擢拔之恩。陛下欲开谏之路，就不该阻止白居易上言。如若调走他，恐怕难以堵住天下悠悠众口啊。"

皇帝虽嘴上不再说什么，可心里多少存有芥蒂。这个芥蒂为白居易遭贬埋下了伏笔，直至元和十年（815年）才"发芽开花"。

公元814年，白居易升为太子左赞善大夫，成为正五品的东宫官员。这时离他任左拾遗已经过去了六年。

宪宗谋求中兴，重用主张铁腕削藩的宰相武元衡和御史中丞裴度，对付气焰嚣张的藩镇。此举对朝廷是利，却遭到藩镇的忌恨。

空旷的街道，寂灭的灯笼，奔袭的刺客，刀光与剑影……公元815年六月初三，宰相武元衡在上早朝的路上被刺客击杀身亡，同时上朝的御史中丞裴度同样遇刺受伤。

明面上是刺杀了中枢重臣，实质上是挑衅朝廷权威。长安戒严后，刺客留下字条："勿先捕我，我先杀汝！"甚是狂妄。

朝野哗然。或许是惮于藩镇威势，当时掌权的宦官集团和廷臣居然保持沉默，竟无一人上疏提出应对之策。白居易目睹了宰相武元衡的惨状，怒不可遏，在一干朝臣都没有发声的形势下，上疏力主严缉凶手，严肃法纪，以慰逝者，以安天下。

热血喷涌的白居易并未得到朝廷嘉许，有人反而借此生事，说他是东宫官员，抢在谏官之前议论朝政是一种僭越行为。朝廷顺水推舟，给了白居易一个"越职言事"的罪名，将其贬为江州刺史。时任中书舍人的王涯"火"上添"油"：白母是看花掉到井里淹死的，白居易却写赏花和关于井的诗，有伤孝道，这样的人不配治郡。报到宪宗那儿，也许想起了昔时的谏怼，一个"准"字，白居易被追贬为江州司马。

这个江州司马走进了历史的天空。他那抑郁的心情，被一道怅惘的琵琶声骤然引爆，那首流传千古的《琵琶行》呼之欲出。自此，白居易生命长河的激切奔涌开始延展舒缓。

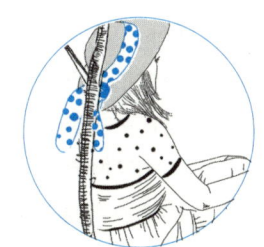

只专注于那一个小格

□ 流念珠

有个学生讲过他在纽约留学时上的一堂有趣的绘画课。

教授给班上每个同学分发了几张小卡片，卡片是他打印出来的图，每张内容都不一样。而后，他又给每个人分发了几张白色卡片。教授交给大家的任务很简单：在空白卡片上还原有图案的卡片。由于各人的绘画水平不同，所以大家画出来的卡片参差不齐。可令人惊讶的是，当教授把每个人画的小卡片拼成一大幅图时，大家一下子就看出来了，那是吐着舌头的爱因斯坦！

随后，教授介绍了这种常用的绘画方法——网格画法，即把一幅画分成很多个小格子，然后一小格一小格去画。他告诉大家，网格画法可以更好地掌握绘画的比例，画的时候，尽量不要去思考自己在画什么，只专注于那一个小格，那么全部画完拼接后，就看得出自己画的是什么了。

美国有一位名叫查克·克洛斯的艺术家，他的绘画风格是"超写实"，每张画都画得十分精细，如果把他的画打印在A4纸上，你完全分辨不出来是画作还是照片。有段时间，他也喜欢网格画。克洛斯在每个小格里画的画都非常抽象、精细，可将许多格子拼在一起后人们发现，那是一幅他的自画像。

很多人在迈向成功之前已经布好了全局。他们之所以能获得最后的成功，则在于他们布好全局后专注于每一个局部。

鸟 鸣

□王 川

从一个边缘县城的温泉别墅走出来，在途经的一片树丛中忽然听到了众鸟的合唱。

在黄昏与夜色之间，春天的树冠被阴影遮盖，浓密的叶子更是遮住了所有鸟儿的身影。"宿鸟归飞急。"谁都没来得及看到天空中那些密密麻麻翱翔的身影，它们已经迫不及待地栖息于纷繁交错的枝叶之间了。它们隐藏起身躯，似乎躲避进了树冠的最深处，而将急切或悠闲的鸣啭投射到清冷的空气中。我看不到它们的群体中哪怕一员的存在，看不到它们的姿态与表情，而那些嘈杂、尖厉、短促、相互纠缠的鸣叫，仿佛是每一片树叶发出的，声音的数量巨大而琐碎、短促而脆薄，像一堆旧时代的银箔或发黑的硬币在相互摩擦、触碰——似乎声音在发光。

这是一群同类的鸟，发出的声音也雷同，但它们和鸣的交响却是如此盛大，以至于使人们联想到春天的五彩缤纷。即使在夜晚单调的光线和气温中，它们编织的音符也具有色彩与温度的生动变化和起伏，"漂移，散逸，浑融"，让我感受到某位思想家所说的"悦"，回想起所有经历过的类似的傍晚，在对时间的追溯和对空间的辨识中，对头顶上端这群微小的异类充满感激和敬意，并一再追思它们早已消失在远方的无数家族——它们有不曾相识的亲戚——是否负责在所有的春天里与人类相伴？

这是我的一厢情愿。我知道，它们只为自己而存在。它们并不知道人类是什么、在做什么，是在花团锦簇的园林中漫步，还是在战火纷飞的大街上狂奔；是在享受着恋爱的幸福，还是在忍受着分离的痛楚；是在酒足饭饱后安睡，还是在忍饥挨饿里无眠；是在甜蜜地向往，还是在绝望地啜泣；是在慢慢地觉知，还是在渐渐地麻木；是在一点点盛开，还是在一丝丝枯萎；是在抱团取暖，还是在彼此戕害；是在欢歌，还是在沉默；是在生，还是在死……

鸟儿们不知道这些，甚至不知道人类距离它们如此之近。令人困惑的是，它们的天地是如此广阔无际，为何还要选择靠近危险，在人类的城市里栖居？如果它们也具备人类过于聪明的大脑，也许早就找到了它们的伊甸园（它们并未遭遇人类被驱逐的命运——我想，即使它们啄食了苹果也不会），而永远避开了在某一个年代对它们灭绝式的追赶与屠戮——好在它们并不是那些鸟儿的后代，它们没有继承被迫害的集体潜意识，它们依然乐于栖落在人类栽种的植物上、兴建的园林里、搭起的屋檐下。它们真是很矛盾的一群：既要躲避，又在接近；既要隐藏，又在暴露；既在撤退，又想占据。它们哪里懂得，在这些充满矛盾的表现中，人类却从中获得了一双更为灵敏的眼睛与耳朵，或创造着音乐与绘画，或制造着霰弹与猎枪。甚至可以说，美景或废墟同样源自一群鸟的盘飞与栖落。人类是唯一能创造仿生学的生物，他们更善于毁灭，因为毁灭不费吹灰之力。在这一点上，人类最像亚马孙的蝴蝶，轻轻扇动翅膀，就能造成远处的风暴和灾难——人类拥有一双无形的翅膀。

我不知道头顶的这群鸟具不具备此类能力。它们的翅膀应该比蝴蝶的更有力——这真是一种可怕的联想，我一边聆听着美妙的、聒噪的鸟鸣，一边为自己的阴暗心理深感惭愧。倒不如想一想鸟儿的觉知造成的集体逃离会留给人类一个枯燥、单调的世界更为合理。难道我不是个矛盾体吗？只是对鸟儿来说没有任何意义。我没有翅膀，只有瘦弱的、不能用以飞翔的双臂；我能发出更为复杂的声音，却总不能被同类所理解。我的双臂多是用来服务自己并为别人制造麻烦的，而我的嘴巴多是用来养活自己并为自保制造沉默的。因为没有翅膀，我失去了自由；因为有了嘴巴，我克服了思想。我与鸟儿们该有多大的不同啊！

但我能欣赏它们。我和它们在异乡相遇，却分辨不出它们有任何乡音。因此，我怀疑它们是永生的鸟儿，在不同的地点不断地出现在我的岁月里，它们跟随我或等待我，只是为了鼓励我，并一再让我相信这个世界还有许多美妙之处。不然，怎么理解它们迎迓我的步履靠近时骤然而发的集体和鸣呢？它们大概最早是从《诗经》里飞出来的一群吧？它们在一册册打开的书页里飞进飞出，从每个朝代的时空里飞过来，飞进我的现世，再伴随我的来生。它们知道我不信任任何夜晚，在意识的混沌与逐渐丧失中，我会丢失自己，因此借一团绽放的树冠，与一轮新升的明月一起，等候我的到来，并给予我善意的提醒：看看吧，世界还以原来的面目存在，一如你在白昼看到的一般。而在白天，它们无须如此，它们了解我的清醒——在生存的泥淖里费力挣扎，绝不会轻易放弃。那时候，它们肆意地去寻觅更为美妙的天地了，了无牵挂。

可是，我并不经常与它们相遇。它们也并不经常伴随我的脚步抵达任何地方。我们只是偶然邂逅。我们仍是彼此分离的存在。只是我会在每一个艰难的时刻想起它们，并深刻意识到寻找它们的意义。

字字皆辛苦

□ 国中华

20世纪50年代初，杨绛先生翻译完法国作家阿兰·列内·勒萨日的长篇小说《吉尔·布拉斯》后，请丈夫钱锺书先生帮忙校读。

钱锺书也不客气，拿起铅笔在她翻译好的稿子上画满横杠，然后指着那些横杠说："这些我看不懂。"

杨绛辩解道："书上就是这样说的。"

钱锺书依然强调说："反正我读不懂。"

于是杨绛听明白了，知道钱锺书是说她没能把原文转换成能让读者理解的"适宜"的中文，便果断推倒重译，直到钱锺书点头说"这下可以看懂了"。

对此杨绛感慨道："要说我的翻译技巧，就全是从这些失败的经验中摸索出来的，换句话就是，一改再改。"

她举了一个较为简短的例子，其中列举出"死译"稿、修改稿和再改稿。

"死译"稿："……你为什么不去召唤那个最忠实的朋友在朋友中太阳所看见的，或黑夜所遮盖的？……"

修改稿："……你为什么不去把白日所见、黑夜所藏的最忠实的朋友叫来呀？……"

再改稿："……你为什么不去把那位忠实的朋友叫来呀？比他更忠实的朋友，太阳没照见过，黑夜也没包藏过！……"

第三稿追求更神似、更丰满的表达，效果可谓"朗朗上口、神气活现"。杨绛如此这般一改再改，虽然让"苦差事"更苦了多少倍，她却笑言："正所谓字字皆辛苦。"

竞争中的"N效应"

□ [美]戴维·迪萨尔沃 译/王岑卉

你是喜欢单枪匹马出击的"独行侠",还是在有竞争对手的时候表现得更好?如果你觉得你是后者,那你和大多数人是一样的。传统智慧告诉我们,人类最强大的竞争动机,就是人和人之间的比较。然而,美国米歇尔根大学心理学教授斯蒂芬·加西亚指出,仅仅是和竞争者处在同一环境中,无法让我们产生特别强烈的竞争欲,竞争者的数量才是直接影响竞争欲的因素。

我们来看一个例子。杰西卡走进教室,教室里还有另外十名学生。她环顾四周,打量自己所处的竞争环境,觉得自己胜算很大。老师把试卷发了下来,杰西卡充满干劲,想成为班里成绩最好的人。杰森在另一间教室考试,这间教室比杰西卡所在的教室大了将近十倍。杰森挤来挤去,才在一百多名学生中间找到座位。他瞧着这个阵势,心里直发毛——我怎么可能比得过这么多人?

和干劲十足的杰西卡比起来,杰森显然缺乏竞争欲。这就是心理学家所说的"N效应"。"N效应"指的是,出现众多竞争者会打击某些竞争者的积极性。研究者发现,在其他影响因素完全相同的情况下,同一考场的考生人数和成绩呈明显的负相关:考生越多,成绩越差。在另一项研究里,研究者告诉考生越早交卷越好,然后调查考生是和十个人竞争时交卷更早,还是和一百个人竞争时交卷更早。结果正如研究者所料,在和十个人竞争时,成绩优异的考生完成试卷的速度明显加快了。

怎么做才能避免"N效应"影响你的竞争欲呢?解决办法就是,及早意识到这种影响,并在它生效之前就用批判的眼光看待它。换句话说,你要迫使自己比没有意识到它的时候更理性。例如你去参加面试,一进大堂就发现前面已经有六个应聘者在等着了。你的第一反应是,这下可惨了,我得到这份工作的机会很渺茫。这种想法会严重动摇你的信心,让你的竞争欲荡然无存。

若你及时遏制住这种念头:"要是我不知道有这么多人来参加面试,我还会突然失去动力吗?我知道或者不知道,实际上又有什么区别呢?"事实上,唯一改变的东西就是,你意识到了至少还有六个人会跟你竞争。意识到这一点之后,你的能力、技术和经验难道比以前差了吗?当然不是。如果能完全发挥自身潜力,竞争力就不会有丝毫减弱。这么想以后,你就会昂首挺胸地去见面试官,拿出自己最好的表现,果然,你做得很好。

6 感受美好：
去过充实而有趣的生活

我的四位美育老师

□ 唐 韧

我的第一位音乐老师姓陈，是刚从中央音乐学院毕业的年轻姑娘。圆圆的苹果脸，亮眼睛，人挺苗条，常穿一件嫩绿色的毛衣。她走进音乐教室，微笑着，宛如春天走了进来。她教我们画五线谱里的"蜗牛"符号、"蝌蚪"符号，画着玩而已，不测验。我们跟着她的琴声唱哆来咪发嗦，也是玩。更快活的是跟着她大声唱"来吧，亲爱的五月，给树林穿上绿衣"或者"驴子走进树林里，要跟布谷比本领"。这些歌保存在我的记忆里，至今仍能完整唱出来。她教的时间不长，后来的音乐老师，我反倒不记得了。

小学的美术老师是个老头，我们知道他叫王成。有一天看到教研室黑板上写着"王成有事，请假半日"，小孩们大约觉得这话有趣，念叨来念叨去，就记住了。他也会讲一些知识，近大远小、三原色，但他最有成效的，也是让我们最感兴趣的教学方式，是布置美术日记。我们每个人都有一个巴掌大的小本子，每天必须画点东西，画就行，画不好也不要紧。一间房子，一只鸟，一颗糖，一顶帽子，一棵树……我画的经常是《格林童话》里的人物和小猫小狗之类；我同桌的日记，连同课本的空白处，则画着各种青蛙，蹲的、跳的、捉虫的，要不就是英雄人物。他的父亲是有名的国画家，曾送给我们班一张北海公园春游的画，一直挂在教室后墙的正中，甚受全班同学景仰。

升入初中后我可遇到了名师。我的音乐老师米黎明，个子不高，宽胖身材，"共鸣器"长得很好，据说是北京"四大名唱"之一。她是女高音，歌声辽阔舒畅，听起来让人想到电影里波浪起伏的海面。她在音乐教室练唱，隔着一个大操场听，耳朵还有震感。

那时候我们学的歌，多是热血沸腾的抗日歌曲和歌颂祖国新面貌的爱国歌曲。她让我们听冼星海的《黄河大合唱》，凄婉的《黄水谣》，高亢有力的《黄河船夫曲》，把全班同学分成两半唱《河边对口曲》，四部轮唱《保卫黄河》。米先生教唱歌从来不用讲解，一首歌的情感该怎样表现，全在她的歌声里。犹记得初三毕业测验，唱的是冼星海的《在太行山上》，我们学着敬爱的米先生，尽量豪迈地唱出："红日照遍了东方，自由之神在纵情歌唱！"

米先生的音乐课最神奇之处是我很多年以后才体会到的。我快70岁的时候，家里为外孙买了一架电子琴。那天我来了新鲜劲，坐在那儿把想起来的歌弹了一首又一首。女婿诧异道："妈妈，你不用看谱子吗？"我说："会唱的歌当然就知道谱子呀。"他大为惊讶："妈妈，你神了！我弹吉他必须先记谱，歌手大赛时好多唱得很棒的选手都不会听谱。"

我这才知道，米先生教了我们一个大本事。一开始上她的音乐课，我们就跟琴唱乐句，从各个声调的"啊——"到唱谱，逐渐学会了把比较长的乐段按高低长短用音符记在纸上。最后，初三毕业时，米先生要求我们找一首歌谣，自己配个曲子交给她看。这不就是作曲吗？不只我学会了，我们全班都学会了。

教我初中美术的樊先生同样优秀，她是工笔花鸟画大师于非闇的关门弟子。她也按教材教西洋画的画法，但最有趣的莫过于让我们跟着她在校园里写生，画墙根下的玉簪花和花圃里的玫瑰。樊先生告诉我们怎样用水彩颜料表现花瓣饱满的水分，着色时怎样用水逼真地刻画花瓣颜色的深浅变化，以及为什么要保留着色的笔痕。

我当时热衷于学画，被选为美术课代表，梦想考中央美院附中，经常守在樊先生的办公桌旁，看她怎样在上过矾的熟宣纸上用双钩法画工笔花卉。荷叶上画出的透明色彩像凸起欲流的露珠，浓稠颜料点出的是颤巍巍的花蕊。她临摹叶浅予先生的舞蹈速写后，改画成工笔画，画出舞蹈的女孩身上轻盈的衣裙和飘带，点出她们亮晶晶的眼睛……

那时候，我常在课间休息时伏在课桌上画画，还曾经背着画夹到学校附近的北海公园去写生。初中毕业时同学们送我的照片后面，许多都写着"送给我们班的小画家"。但是因为素描石膏像没画好，我没考上中央美院附中，梦想就此中断。不过后来在中学教书和在文化站当站长时，我都能为板报配上不错的插画和报头。学校美术老师缺人时，我还教过一个学期的初中美术。

当我回忆这几位美育老师时，感觉曾经跟着他们学习是多么幸运。这种幸运不仅在当时的快乐中，也在后来的工作中。我曾用他们教授的东西给予学生帮助和快乐，他们对美的执着搔到我心中的痒处，对美的向往和追求让我有所触动，这种触动无法用分数评判，却比一切知识技能更重要、更持久。或许可以说，美育的关键就在于这种触动。

以盈待虚

□郭华悦

《弟子规》中有一句话："执虚器，如执盈。"

我的理解就是纵然手中虚无一物，也不能随意处之，而是要当成手中满满当当都是东西一样，小心谨慎，不能有丝毫懈怠。简言之，要用执盈的态度，来对待执虚。

以盈待虚，是这句话的深意。而生活中，以虚待盈者并不少见。

有的人，生活是"盈"的。双亲在堂，和谐安乐；身体健康，无病无灾；儿女承欢膝下，乖巧懂事；日子衣食不愁，温饱有余。生活将这满满当当装满快乐安康的"盈"，送到了跟前，但当事者视而不见，待盈如虚。

将自个儿眼前的"盈"，抛诸脑后，眼里心里装的却是别人的"盈"。别人的"盈"，自己没有，于是，生活中充斥的都是羡慕嫉妒恨的情绪。

看不到自己的"盈"，自然感受不到生活赋予的快乐。眼里只盯着别人有自己无的"虚"，将身心都投入其中，有样学样，亦步亦趋。结果，对自己拥有的"盈"，缺少恭敬；对别人的"盈"，自己的"虚"，则多了贪婪与挑剔。

这样的日子，快乐与否，可想而知。明明有"盈"，却只看到"虚"。以虚待盈，吃着碗里，盯着锅里，最终很可能被贪婪吞噬。

相比而言，能以盈待虚，才是难得。

人生不如意事十之八九，人有短板，月有圆缺。当生活的不如意就摆在眼前，能怎么办？

保持好的心态。哪怕看起来空虚无物，似无所得，但仍得以执盈的态度，用恭敬与感恩的心对待生活。有心挖掘，总能发现自己的生活里也有别人羡慕嫉妒恨的"盈"。以盈待虚，再艰难的生活里，也能找到令人快乐的理由。

虚盈，其实就是知足与否的处世态度。以执虚之心待人处事，日子自然少不了贪婪与傲慢；以执盈之心处世，生活处处都见美好。

亮起来的房间

□ 江 鹅

传统节日和寒暑假总是特别令人期待，因为叔伯姑姑们会带着小孩回老家来。这时，餐桌上会多出许多好吃的菜；堂表兄弟姐妹会与我分享他们的零食；平常规定得死死的作息时间也会被打破，我可以堂而皇之地看电视到很晚；做了什么坏事，爸妈也会因为牵涉别人的小孩而罚我罚得轻一些。不过，最让我感到高兴的是，平常那些黑乎乎的房间终于亮了起来。

老屋有许多房间，阿公盖房子的时候，分配了许多生活空间给子女，大家各自成家，纷纷离开以后，空房间渐渐多了起来——对我来说，好处是躲大人的时候很方便，一楼二楼、上下前后都有地方可以躲；坏处是，到了晚上，黑乎乎的地方永远比亮的地方多。大人为了省电，不许我随便开灯，因此我只有在脑袋里无数次地想象自己拥有各种防御魔鬼的绝技之后，才有勇气独自走进陷入黑暗的二楼房间，去做功课，然后睡觉。

有人能和我一起点亮二楼的灯，真是太好了。

老房子平时无精打采，终于盼来几天灯火通明的日子，阖家上下都弥漫着令人振奋的氛围。阿公和阿嬷当然开心，他们会特别上二楼来看看棉被够不够盖，需不需要多搬一台电扇，要不要点蚊香。尤其是阿嬷，我能明显感觉到她的快乐。

年纪还小不必担负工作责任的我和年纪大了可以随意翘班的阿嬷，我们俩共享的日常比和其他家庭成员的都多。每一天，我听她抱怨姑姑的婆家不够慷慨，担忧大伯的营收，苦恼该怎么安排叔叔的人生。她烦恼，我也忧愁；她愤怒，我也生气。所以当她的脸忽然明亮光彩、步伐特别有劲的时候，我便知道，她因子女们回家而非常快乐，就像自行车的轮胎，平时跑起来稳稳当当的，也没什么不妥，但是忽然充饱气的那一阵，转动起来就特别有气势。

每一次假期结束，大家各自回到自己的城市，老屋恢复平静，我和阿嬷又成为彼此相伴的老搭档。后院里晒着客用棉被和枕头，经过烈日消毒过后，它们又将被收回被橱。被橱就在二楼那些难得点灯的房间里，晒好的棉被混杂着旧棉絮和阳光的气味，对折再三折，然后被一床一床塞进橱底。被单上张牙舞爪的红艳花朵，被收服在方形被橱里，一款压着一款，最后放上绣有鸳鸯水鸭、缝着荷叶边的枕头，阖上柜门，继续用霉味收藏心底的盼望。

我曾经以为，阿嬷的盼望就是我的盼望。但其实，她盼望家人回到身边，有人陪她说体己话，而我盼望的是新鲜的生命力。这两件事往往同时发生，让我误以为是同一件，以为为她带来快乐的家人，也是为我带来快乐的家人。相聚太美好，便显得平日的生活是次要的、无聊的、暂时的。我和阿嬷一起期待着团聚的美好，盼望时间赶快过去。

表弟们和弟弟都长到爱追逐争吵的岁数以后，玩在一起难免会生事端。有一次，我眼看阿嬷没有责罚顽皮闹事的表弟，却对同样顽皮闹事的弟弟予以责怪，觉得很不公平，于是开口问她为什么。阿嬷生气了，她说我长大了，敢阴阳怪气地讲话了，居然指责她。阿嬷的怒气令我手足无措，但是我瞥见避开阿嬷的视线站在厨房里的妈妈，她的表情很微妙，像笑又不是笑。我这才意外地发现，妈妈其实偷偷地赞成我做了这样顶撞长辈的事，原来我为弟弟出了一口气，同时为妈妈顺了一口气。我自此意识到，我和阿嬷一起盼望着的"家人"，其实是我的"亲戚"，除了阿公阿嬷，安静的爸爸妈妈和需要保护的弟弟，才是我的"家人"。

阿嬷生我的气生了很久，大概因为这是第一次有人敢挑战她的权威，爸爸不得不出面处罚我，罪名是"没大没小"。但事实上，当时已经没有任何人、任何事可以阻止我挟着他们惯出来的长孙女的骄气，乘着青春期的敏感，开始怀疑这个家庭试图植入我身体的家庭观。一直以来，阿公和阿嬷都秉持着"人以罕见为亲厚"的态度，虽然我因为机灵又嘴甜，一直在他们的"亲厚圈"里，但我忽然明白，我的父母是"亲厚圈"外的无声人，这令我非常不安。

深厚的感情基础让我和阿嬷终究恢复了良好的祖孙关系——即使心里明白对方的爱在某些方面是有界限的，也不妨碍彼此在其他方面互相付出。我仍然是最懂她腰酸腿痛的人，她也还是我闪避父母威权时的避风港，我们仍旧一起翻着月历，期待假期的团聚。她抱着同样的盼望往老里活，我也越来越清楚地知道，她的失望来自把亲厚寄望在远方。令她感到满足的家族团聚时间越来越短，次数越来越少，直到她离世。多年以后，我为她深感遗憾，她没有更珍惜身边的人，让身边的人感到安慰，她没有让自己活在更容易获得的满足里，直到来不及。

人生原就是重逢的少，别离的多。

在集中营里观鸟

□陈翠珍

1942年春天，在德国瓦尔堡的一个战俘集中营里，英国战俘约翰·巴克斯顿忍受着饥饿带来的眩晕，翻开自己的上衣，仔细地捕捉着一只只跳蚤。

忽然，一声清脆的鸟鸣传来。约翰抬头一看，一只欧亚红尾鸲从窗外一闪而过。二战前，约翰是鸟类爱好者，一直喜欢观鸟。他敏感地意识到，欧亚红尾鸲进入春季迁徙季了。虽然自己每天的生活艰难而危险，失去了空间上的自由，但是有了大把自由的时间可以支配。

这声鸟鸣，唤醒了约翰内心的自由。他决定每天观察营区内欧亚红尾鸲的鸟巢，观察周边目力所及之处的野鸟，观察这些自由的精灵，记录它们的迁徙繁衍状况。从这天起，约翰开始观察，并对欧亚红尾鸲的春季迁徙做了详细的记录。这样的观鸟生活让压抑的纳粹集中营中有了一丝生气，也唤醒了他生活的意志和渴望。即使后来，约翰被转移到其他的集中营，但他一直坚持着观鸟的爱好。三年里，他积累了大量的观鸟资料。

幸运的是，二战结束后，约翰获得了自由。他把自己的记录材料加以整理，写成了《欧亚红尾鸲》一书并出版，一时轰动了整个英国。

约翰用亲身经历告诉我们，无论你是在集中营还是在怎样恶劣的生存环境中，只要你有热爱的事情可做，就能做出一些不一样的成绩来，这些足以让你的人生也变得不同。

钨舅舅的故事

□ 苗 炜

　　面对各种不确定因素，身为成年人，心里总免不了有点儿乱。以后儿子长大了，会面对什么样的情况呢？我忧心忡忡地看着他，他倒是很安静，总是拿着一张纸写写画画，好像在告诉我，我的焦虑没太大必要。

　　很多年前，因为"二战"，一个名叫奥利弗·萨克斯的小孩子，从伦敦被疏散到英国乡村的一所临时学校，他有切实的焦虑：难道爸爸妈妈不要我了吗？他抵抗焦虑的办法是写写画画，画一个10乘10的表格，写上1到100，然后把其中的质数都涂黑，看看有什么规律。然后画一个20乘20的表格，再画一个30乘30的表格，涂黑质数。多年之后，萨克斯在他的回忆录中说："我喜欢数字，数字实在、恒常，在这个混乱的世界中，岿然不动。数字之间有一些关系是绝对的，必然的。"他说他后来读到奥威尔的小说《1984》，最难过的就是主人公在权力的压迫下，承认2加2不等于4。

　　孩子的生活，不可能不受到环境和家族的影响。萨克斯的外祖父早年间从俄国逃到德国，娶妻后，又从德国逃到英国。他们一家是犹太人，逃难是为了躲避"排犹"浪潮。后来，南非发现金矿，萨克斯的几个舅舅就跑到南非去采矿，有的发了财，有的患病早逝。还有几个舅舅留在英国，开灯泡厂，成为企业家。不管是采矿，还是做灯泡，都离不开化学知识，离不开对各种元素的认识。如果从发财这个角度去想，一个穷人变成富人，这个变化非常奇妙。而化学世界似乎能说明，什么样的变化都是可能的，你把紫甘蓝和醋混在一起，发现它们的颜色变化了，这是最简单的化学实验。如果你耳濡目染于化学知识，可能就会自信，从一个俄国人变成一个英国人，从一个无产者变成一个矿主，都不是什么大不了的事。

　　小孩子都会对外部世界感到好奇、有自己的理解。萨克斯小时候，妈妈会给他展示琥珀项链，琥珀摩擦会带电，会把桌上的纸屑吸起来。大哥二哥都对磁铁着迷，三哥喜欢摆弄晶体管收音机，这些东西都是有魔法的。萨克斯感到，在我们熟悉的世界之下，还有一个充满神秘法则的魔法世界。这个魔法世界就是科学。也有人会把那里当成避难所，物理学家弗里曼·戴森在他的自传中说："我身体羸弱，在运动方面表现迟钝，像我这样的男孩没有几个。残忍的校长和只会欺负弱者的同学两面夹击我们，给我们双重压迫。我们这几个常被欺负的孩子终于找到了一个避风港，满脑子都是拉丁文的校长和痴迷足球的同学都找不到这里。这个避风港就是科学，我们发现，在这个充满残暴和仇恨的国度，科学是一片充满自由和友谊的净土。"

　　小萨克斯是从哪里发现这片乐土的呢？是从伦敦西南部的一个灯泡厂。他总有很多问题问爸爸妈妈，爸爸妈妈解答不了，就告诉他，去问你的钨舅舅。萨克斯的这本回忆录就叫《钨舅舅》。钨舅舅在灯泡厂工作，把黑色的沉重的钨粉压挤、捶打，用高热熔接，拉成钨丝。钨舅舅与钨相处30年，厚重的元素渗入他的肺和骨、血管和皮肤，正是这位舅舅带着小萨克斯了解化学的世界。萨克斯的外公娶过两任妻子，总共生育了9个儿子9个女儿，所以萨克斯有一大堆姨妈和舅舅，加上爸爸那边的叔叔大爷，到他这辈儿，兄弟姐妹有100个左右。这个大家族的每个人都继承了祖辈那种业余科学家的精神，都喜欢鼓捣点儿什么。一个良性的大家族的好处，就是每个亲友都能展现一种生活的可能性，都能从自己的兴趣出发去探知世界。而一个恶性的大家族，恐怕有的只是倍增的压抑。

在第二次世界大战期间，萨克斯的一个舅舅在马来西亚成为日军的战俘，伦敦的房子里收留着难民和病人。6岁的萨克斯在英国中部乡村的临时学校，吃着甜菜根和大芜菁，承受着老师的体罚。他偶尔会返回伦敦，看到家里面目全非，花园被挖出了防空壕，种上了粮食，德军飞机时常掠过，扔下炸弹。他说，他那时唯一的享受就是去柴郡的德拉米尔森林，莲恩阿姨在那里办了一所"犹太清净空气学校"，照顾患病的孩子，那些学生有的患哮喘，有的患软骨症或肺结核。莲恩阿姨会带他看向日葵花蕊的螺旋线，告诉他何为斐波那契数列，何为完全数，何为毕达哥拉斯数字。

1943年夏天，萨克斯回到伦敦，这个6岁的孩子已长到了10岁，德国人在斯大林格勒战役中受创，盟军在西西里登陆，他看到了胜利的曙光。这曙光并不是来自新闻战报，而是来自一根香蕉，一根北非的香蕉进口到了英国，被爸爸买回了家，切成了7份，分给家里的7个人。从战争开始，伦敦就买不到北非香蕉了，4年后，他们又买到了香蕉。这就是胜利的曙光。10岁的孩子能更好地理解钨舅舅传授的知识，能用坩埚做实验了，也有了知识英雄的概念。他知道有一个瑞典人叫舍勒，开一间小杂货铺维持生计，闲暇时做实验，研究各种元素及氯化氢、一氧化碳等多种气体。他明白了电灯和煤气灯之争，明白了从碳丝灯泡、锇丝灯泡、钽丝灯泡到钨丝灯泡是怎么一步步发展过来的。

如今我们在LED节能灯的映照下，读《钨舅舅》的故事，重温灯泡的历史。但更重要的是，看一个孩子如何在动荡的"二战"岁月中，找到自己内心的安宁。世界再匮乏、动荡，其中也有恒常的准则。

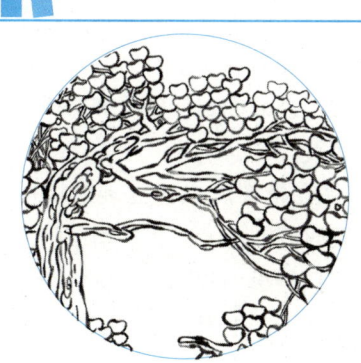

晦养与磅礴

□ 黑 陶

八大山人，他孤寂、清冷，但是，他的内心绝对傲岸。在传统中国士人中间，他僻立一旁，属于我所敬重的少数一脉。

我在某册书中，看到八大山人的一幅书法作品——《行书王文成公语轴》，内容系抄录的王阳明语录："人家酿得好酒，须以泥封口，莫令丝毫泄漏，藏之数年，则其味转佳。才泄漏便不中用，亦此意也。"欲成人杰，晦养重要。元气须牢牢守住，莫使其泄。所谓："凡后生美质，须令晦养厚积。"

南昌。在古木参天、青砖灰瓦的青云谱，我强烈感受到八大山人散发的独特气息。青云谱是历史悠久的赣地道院，汉时就有记载，清代以"吕纯阳驾青云来降"之传说，改为现名。晚年的八大山人，与此道院关系密切。现在的八大山人纪念馆，就在青云谱中，收藏有八大山人众多的书画真迹。在馆内慢行观看，突然，一幅八大山人的行楷立轴映入眼帘，满纸墨字中挺立的四个汉字，像电一样击中了我！这四个汉字是：叙事磅礴。

确实非常震惊！即使立身最陋僻，即使命运最不幸，这样的人，也完全可以"叙事磅礴"。

深沉晦养，并始终拥有"叙事磅礴"之内心。

繁木是夏

□ 草 予

每说到故乡，总有那么一棵枝繁叶茂、撑出大片大片树荫的老树，生长在各人的记忆里。那是一棵盛夏的树，风在树下往来，人在树下摇扇，蓬头稚子在树下你追我赶。晨光，最早光临这棵树，夕阳，最后与这棵树道别，故乡的事，好像都在树下发生。是这棵夏天的老树，目送一个个有梦的少年走远，还是这棵夏天的老树，默默守在原地，等待离去的背影一一归来。

这棵树，落到我的故乡，化成了一株百年梧桐。

梧桐，就在爷爷家门前的敞坪外。为人平和的爷爷，家门前时常聚上三五近邻。酷热难耐，这里总有浓荫蔽日。为了有个好坐处，爷爷请人往树下运来几条石凳。夏夜左右邻里纳凉闲话，蚊虫恼人，爷爷会剥下几片梧桐蜕落的树皮，擦火点燃，那一道幽幽的轻烟，很驱蚊。梧桐树旁，一条羊肠小径划开高高低低的梯田，荷锄的，提筐的，往来不绝。梧桐的树荫，漫过小径，撑出一片绿色的天空。人们，总会在树荫底下停留片刻，分享田间地头的经验，也交换育儿的苦乐。

盛暑难熬，爷爷午后总会坐在梧桐树影里，一把摇扇，一缸清茶。有风来时，树影婆娑，心已静了半截。无风来时，偶尔摇上几扇，也不急不躁。好像没有什么热浪暑涛，是一片树荫带不走的。一棵经年梧桐，领着一辈辈故乡的人穿过苦夏，穿过日月。

树有四季，可关于故乡的印象，为什么它却总是一棵夏天的树呢？葱郁繁茂，铺天盖地，烈日下，它撑向天空，就是一片青云，落在地上，就是一地比夜晚先到的"月光"。想来，大概只有葱茏的夏木，更能荫庇一方。

春是花的舞台，秋是风的看台，冬是雪的候场，只有夏，才是树的主场。姹紫嫣红的繁华过后，成群结队的浅青深绿闯入大地，闯入人们的视线。一棵夏天的树，才被真正看见。

繁花是春，繁木是夏。

夏天的清晨，从一棵树开始。鸟声先从树上升起，一声一声把云唤来，把朝霞唤出。风声，从这一棵树冠传到另一棵树冠，向远处呐喊。蝉奏起下一个乐章，可它们的勇气都来自大树，不信的话，走到一棵树下，惊动一棵树，准会惊起一树鸣蝉。树下，也总有比晨光更早的访客。

我家楼下，有棵老楸树。参天立地的模样，比什么都永恒。它已是时间的老者，可在季节中，它恰值盛年。树很高，风只能没到腰部。树皮龟裂，都是深沟旧壑。虬枝扶摇直上，把楸叶密密匝匝扎束的云冠撑入半空。

我常常凝望这棵楸树，一棵赤手空拳的树。灾难与伤害，树既无法还手，也不能挣逃，炎热的夏天，它们却挡在前面，任凭再狠辣的阳光，也照不透，也晒不枯。一边与烈日对弈，一边投下清凉。世界以痛吻我，我报之以歌，不过如此。

与楸为邻的，有蔷薇，有泡桐，有香樟。夏天，蔷薇的花墙已经谢幕，现在是一篱绿藤。泡桐也结束热闹，放下灿烂，专心枝叶，它的绿荫与日俱增。香樟更加紧实了，如果风不能穿过一棵树，阳光同样不能。

一切夏木，此时都开始变得谦虚沉着。

九重宫阙

□万晓岩

这棵铁线莲叛逃了。

从一开始，它就有独立的处世态度。一般的铁线莲，特质是自带攀爬技能，叶片够到哪里，顺势就打个结，把自己挂起来，保持伸展的姿态，往上延伸。也是眼力不济的，多数是凭触觉，碰到谁就把谁缠住，有时候碰到自己的花苞也照旧缠一圈，作茧自缚到六亲不认。它不同，它的叶片就自然伸着，不勾搭谁，对送上来的攀爬网也爱搭不理，半依不靠的，任随自己的芽尖自主向上。好像生来就不愿依附，只凭内心的一股劲站着，去向明确，心无旁骛。还有就是它有个非凡的名字：九重宫阙。盛名之下，总得有些不一样的气质，哪能轻易泯然于众人。名字，是个奇怪的东西，似乎带有一些特质指向，或者心理暗示，有时候能按住物，像个金钟罩，也有时被物表达。那天有个娃追她的小狗："宠物！宠物！等等我！"她不给她的狗命名，她直接喊它的本质。这娃叫人另眼相看，因为她天生是个哲学家。

这个本质叫法不适合铁线莲。它的分支实在是太多了，名字奇奇怪怪，约瑟芬、乌托邦、大河、蓝光、里昂的村庄……这些命名显示了无限的自由延展性，有时候是个人，有时候是个物，有时候什么都是。还有一款叫啤酒，听着匪夷所思，跟外号似的。品类太多了，起名字就随心所欲，逮着啥叫啥，反正它们也不会回嘴。更有甚者，还有个"円空"，你看这名，就是要叫你喊不出来，若是叫圆空、缘空，倒也不错，这个名的要害在"空"。那不行，空跟空不能比，"円空"更加空，空得念不出来。

这棵特立独行的植物就是一门心思向上延伸。有一天它觉得触感柔软，才发现已经伸到云彩里了。它觉得自己也壮大了，再往上攀登，就是星河了。它想让自己的藤蔓上结满星辰，成为一座金碧辉煌的九重宫阙。还可以钩上月牙，钩上桂花树枝和嫦娥姐姐的裙角。嫦娥姐姐一高兴将月宫种满铁线莲，改变一下天宫的生态也说不定。它的想法越来越多，不止九重。离开那块充满农药和害虫的土地，它感受到了轻盈。云彩这个温柔乡总会让你踌躇满志，它不指望从根系遥遥地传上来的那点可怜的能量了，故土，只是偶尔假装怀恋一下就好了。在云彩这种胖大的、虚无的结构里，是极容易膨胀的。它伸展着肥厚的叶片，想鼓个硕大的花苞，开出天空之境。然后它悲哀地发现，力气一路聚集，在向上冲刺中耗尽，内心里已经无法集中出一个花苞，哪怕只是很小的一个。而且，当它想进一步攀登，比如占领星河时，却发现繁星依然那么遥远，各自闪耀，如同它在地面上看到的一样，粒粒清冷，遥不可及。

慢慢地，它就过起了小日子。云彩自带雨水，生活滋润。它忘记了星空，忘记了土地，忘记了够不着的和回不去的。根系渐渐孱弱了，某阵风吹过，将它连根拔起，扶摇在云里，成了一只断线的风筝。

夏天有脾气，说雨就雨，想晴就晴。花园里草木繁盛，没有谁会发现逃兵留下的痕迹。常有雨后晚霞染红天空，给那云彩镶了金边，像恢宏的宫阙。

没有什么不能用数学表达

□郝景芳

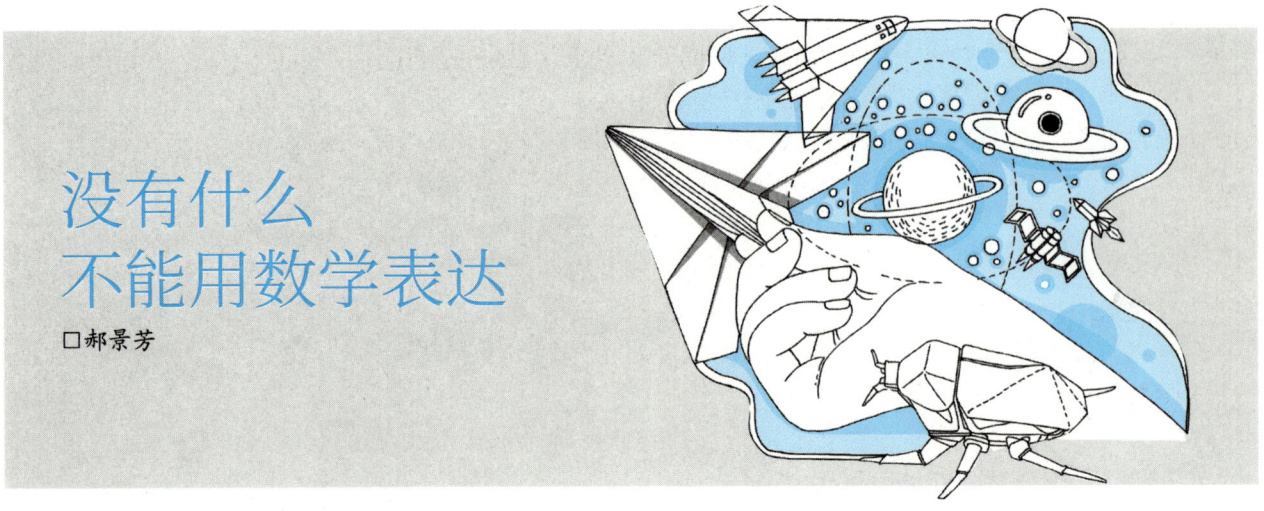

数学是宇宙世界使用的语言,唯一的语言。我们什么时候找到一件事的底层数学语言,就算真正理解了这件事,否则就是不理解。

小时候我也不懂这个道理,我以为数学是人类发明的一种工具,用来描述这个世界。当时我还想,这些人为什么这么着迷研究一些数学问题?反正是人类定义的规则,把定义改改不就变了吗?长大以后才明白:数学是宇宙的底层原理,世界万物只是表象。

数学是简单的

先给大家讲一个小故事。2020年,我们的教研老师做了一版教"微积分"的教研稿,当时他们是中规中矩按照教科书和资料写的,介绍了微积分的定义、历史发展和重要数学家。我说:"这太难太枯燥了,6岁小孩儿看不懂。"教研老师说:"微积分本来6岁小孩儿就没法懂。"我说:"微积分就是直尺量曲线,6岁小孩怎么不能懂?!"

后来我们就做了一个小游戏,让小朋友尝试用一把直尺量曲线,以此理解微积分思想,小孩子都能玩通关。我女儿说:"微积分也挺容易的嘛。"

很久以后,当我在餐桌上跟其他人笑谈这段往事,桌上的一位女士恍然大悟,她说:"微积分就是直尺量曲线吗?你这么一说我好像有点明白微积分了,那么,直尺量曲线该怎么量呢?"我说:"你自己想想啊,你觉得怎么量?"她想了想说:"一小段一小段量,再加起来?"

我说:"对啊!恭喜你推导出了微积分!分成小段,叫微分;加起来,叫积分。"她说:"所以,那一小段得特别小。"

我说:"对啊!这叫'求极限',微分就是无限小。"她说:"我今天才明白!原来是这样。"我说:"是啊,你看你自己都能推导明白。所有微积分,都是某种形式的'直尺量曲线',只是算的东西千变万化。微积分是一种思想,是可以把一个大问题分拆到一个极为微小的局部,把局部算出来,再加总为整体。其余的都是计算技巧。"

很多数学,其实都是思想方法。微积分是"直尺量曲线",这是最直观的数学概念。它的实际思想是把大问题拆分为小问题,再加起来得到大问题的答案。这个思想能解决很多问题,不仅对物理问题有用,对我们在生活中思考问题也有帮助。

有时候,我们并不太重视数学基础概念的理解,直接做题,于是很多学生还没有完全理解数学概念,就开始做题,陷入云里雾里,觉得数学好难啊。

其实,数学概念本身是简单的。很多数学都是为了把这个世界更清晰地表达出来,并且发现其中的终极规律。如果发现了,带着数学规律去看世界,会发现千变万化的世界变得简单清晰。

万事皆可数学

给别人讲过这个微积分的故事之后,有人问我:"线性代数怎么理解呢?"我说:"线性代数就是找男朋友的分数对比。"这是什么意思呢?

其实,线性代数处理的就是多维度向量问题。那什么是维度和向量呢?维度,就是找男朋友要看的几个标准,例如长相、身高、智商、家庭条件等。维度必须是"正交"的,也就是相互之间不能有相关性。例如"家庭条件"和"慷慨程度"就是有相关性的，家里太穷肯定没法慷慨，这就不能算成两个维度。"智商"和"毕业院校"也是有相关性的，也不能算是两个维度。"长相""智商"和"家庭条件"基本上是各自独立的因素，就可以算是维度。

向量是什么呢？就是给男朋友候选人打的分数。例如长相=7分，身高=8分，智商=5分，家庭条件=9分，人品靠谱=3分，做家务=1分，对你的感情=5分，那么向量就是：

候选人1=[7，8，5，9，3，1，5]

如果有另一个候选人：

候选人2=[4，6，9，2，9，7，8]

那两个候选人该怎么比较呢？能把分数直接加总，算总分吗？我们知道，相互正交的维度数值是不能直接相加的。例如长方形的长和宽，不能直接相加算大小。但是我们可以定义一个"长度"，就是把每个数值平方相加开根号，这就能算是"向量长度"，也叫"内积"，也就是你的两个男朋友候选人的总分。算一下就知道：

候选人1 ≈ 15.9分

候选人2 ≈ 18.2分

现在看到候选人2分数高，是不是说明你就想选择候选人2呢？很可能不是。你还是觉得自己被候选人1深深吸引，即使明知道他不靠谱，对自己也不够爱，但就是被他的某种莫名的魅力深深吸引，于是怎么都不肯和候选人2在一起，偏偏要爱候选人1。那是为什么呢？

原因在于，你在选择的时候，"人品靠谱"和"做家务"这两个维度，你心里觉得是不重要的，甚至智商也不太重要，反正你看到的这个人的慷慨和风度，主要源于他的家庭，也不是他自己的本事，这些你都忽略不计了。于是，你心中的真正向量是四个维度：[长相，身高，家庭条件，对你的感情]

这么一算，两个候选人的打分就不一样了：

候选人1=[7，8，9，5]

候选人2=[4，6，2，8]

谁高谁低，就一目了然了。你心目中所有衡量维度组成的空间叫"内积空间"，你就是在自己的内积空间里给每个候选人打分，再比较分数。最初七个维度的内积空间叫七维空间，后来经过一番思考，发现你真正在乎的只有四个维度：高、富、帅、爱你，所以你的内积空间是四维空间。

从一开始你的内积空间就没有"靠谱"这个维度的时候，遇见不靠谱的男生也就不足为奇了。这是你自己的空间，过滤进来的就有大量不靠谱的人。

其实，一个人是否优秀，完全看你怎么衡量。优秀都是在特定的内积空间衡量的，你的内积空间，就代表着你的价值观。

希望所有大朋友小朋友，都爱上数学。

闭环思维

□丛　绿

心理学上有一种叫作"蔡格尼克记忆效应"的心理现象，指的是人们天生有一种办事有始有终的驱动欲与完成欲，如果一件事情没有被完成，就会留下深刻印象，要做的事一日不完结，就一日不得放松，即便貌似忘记了，它也会进入潜意识。所以，那些没有被完结的事就会成为生命中杂乱的线头，每个都像小小的水龙头悄悄跑冒滴漏，不知不觉地消耗我们的能量。很多人可能会觉得自己有隐约的、莫名的焦虑，其实就来自生活中未完成的事项太多。因此，对所发生的事情进行"闭环"很重要。

一个人不需要多么突出的天赋，做事能够善始善终，做到闭环，就已经是"二八定律"中那脱颖而出的20%了。

舍不得

□ 李作民

俗话说："舍得，舍得，有舍才有得！"这是教人做事的一句至理名言，但这句名言也并非适用于所有情况，比如在川菜里，就有真正的舍不得。"舍不得"作为菜名，听着有点令人纳闷，甚至百思不得其解。

何为"舍不得"呢？其实就是我们平常使用的食材中，常被丢弃的那部分，经过精心制作后，端上餐桌供人们食用。或许有人会问："这些废弃的边角料你们也看得上？"说实话，这些许多厨师看不上的边角料，无论从食材的历史还是营养来说，都是传统川菜中的点睛之笔。

就拿芹菜叶子来说吧。现在的餐桌上，已经基本上见不到用芹菜叶子做的食物了，大多是用芹菜秆子。它吃起来香脆微甜，口感甚佳，制作过程也不复杂，深受食客与厨师喜欢。芹菜叶子就不一样了，大小不一、老嫩不均，无论从外形还是色泽来看，都比秆子要差，所以，现在的厨师基本上就将芹菜叶子丢弃了。可我的师父王开发却不一样，常常将它视如珍宝——它在许多老厨师的眼里，都有着属于自己的烟火故事。

像我师父这般年纪的人都知道，"舍不得"系列菜是一道道家常菜。在物资匮乏的年代，人们生活清苦，能够使用的食材都需要物尽其用，绝不浪费。芹菜叶子就是其中之一，人们在吃它时，将老的、黄的叶子清理干净，在开水里汩一下后捞出来拌着吃，很是清香可口。师父也特别喜欢这种做法，师母更是常常将芹菜叶子洗净后用来煮面，作用与小白菜叶子、豌豆尖等同，清香爽口，独具风味。

除了芹菜叶子，冬天里的青菜皮也是"舍不得"系列菜。人们将青菜皮剥下后，将最外面那层绿色的薄皮再分离出来，放在筲箕里面微微晾晒，待表面的水分稍稍蒸发，切成块状或条状，然后加入作料拌成一道菜。这道菜的口感又脆又绵，吃起来"嘎嘎"作响，无论开胃还是下饭，人们都很喜欢。

"舍不得"的主料并不固定，随季节变换而变化。比如，秋冬时节可以吃芹菜叶子，冬春时节可以吃青菜皮，夏秋时节则可以吃茄把子。还有一些"舍不得"是不分季节的，比如豆腐渣和大葱头的根子。

四川人喜欢自家做豆腐，当豆浆与豆渣起锅分开后，往豆浆里面加少部分胆水就点成了豆腐，豆渣就没有什么用处了。勤俭持家的人觉得浪费，就将豆渣过一遍清水，用来烧菜。大葱头的根子也被人们普遍使用，将其洗净，用蛋黄糊裹着油炸，撒点川盐和花椒面，做成椒盐味，成品看起来就像一只大虾，厨师们就称其为炸素虾。

从川菜的味型来说，芹菜叶子作为一种拌菜有许多种味型，比如麻辣味、酸辣味、糖醋味、糖醋麻辣味等。其中，酸辣是一个比较大众化的口味，将川盐、醋、红油、花椒面混在一起搅拌均匀，若是加点泡涨了的粉条一起拌进去，就是另一种风味。芹菜叶子属于香菜系列，不仅香，口感也好。如果不喜欢吃辣的，也可以拌姜汁，用醋、姜、川盐一起来拌。

青菜皮的做法也是相通的，将晾晒蔫了的青菜皮切好后，用川盐码味，待入味后，根据自己的喜好加点辣椒面、红油、花椒面等搅拌均匀，再加点醋就成酸辣味了。有些人家也用它来做泡菜，清脆爽口，十分开胃。

在拌菜的作料中，用油是一个很重要的环节。人们在拌菜时，常常会加点生清油（菜籽油）进去，主要体现在家庭里面，特别是夏季。最明显的是激胡豆，必须用生清油，同时拌仔姜、拌青椒，做"阴豆瓣儿"，也都必须用生清油。这生清油不仅是四川家庭拌菜里的一个标志性符号，更是一个民间、市井的标志性符号。

为什么这里一定要强调"民间"呢？这里的民间是指以家庭为代表的拌菜，而各大饭馆、餐厅里面的拌菜是不用生清油的，他们更多地选择用芝麻香油。所以在川菜里面，有许多细节特别值得学习与研究。

除了凉拌，干煸也是做"舍不得"的一种方式。在制作茄把子时，需要将里面的脉络撕掉，稍微改一下刀，与秋天快要结尾的长辣椒一起下锅干煸，然后加点豆豉，再加入川盐，这道菜也是下饭的好手。

在过去的清苦年代里，这些食材要是被丢掉就显得太可惜了。而今的许多家庭中，只要与中老年人一起生活的，都知道制作"舍不得"是一种传统美德，不仅体现出我们中国人勤俭持家的美德，更展现了中国人做餐饮的思路之宽、变化之大、选材用料之广。

如今过去了这么多年，很多人突然之间在桌子上见到这些菜，常常会唤醒记忆，"老年人能吃出曾经生活的味道，中年人能吃出儿时的味道，年轻人则能够吃出奶奶和外婆的味道"。

这些菜看似相貌平平，分量都不大，却能引起桌上所有人的共鸣，这便是今天"舍不得"最具魅力之处。

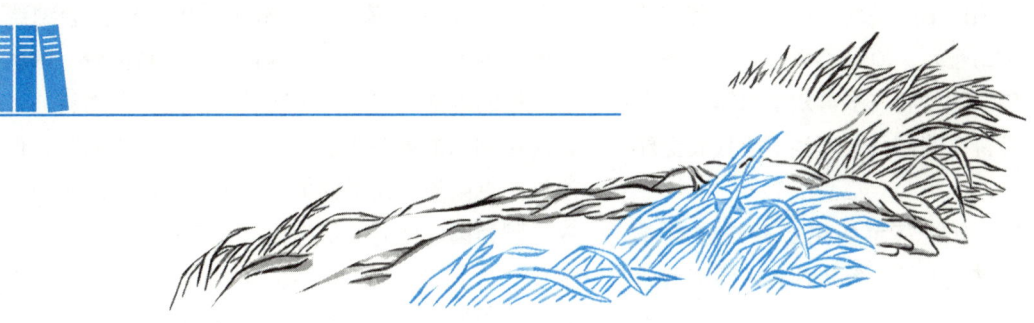

石级的装饰画

□王剑冰

有些草从一个个石级缝隙挤出来，多是趁着夜色。

缝隙很小，草们争着往外挤，就挤成了一团。也是，它们不从这里挤出来又从哪里挤出来呢？不能就此被压在石级下面。既然是风或鸟儿把草籽丢在这里并且生根，就只有往外挤，挤出来才能挺直身体并且享受阳光。

只是这实在不是个地方，它们挤在了鞋子的必经之处。无数双鞋子踏过，就有一些被踏烂，再有无数双鞋子踏过，挤出来的几乎全军覆没。但是后边的草还在往外挤，白天的惨烈不足以阻止它们的坚毅。于是，就有了一次次的循环往复。鞋子踩踏得久了，竟然在石级上踩踏出了草的印迹，或者说，草以另一种形式完成了生命的意义。

那些印迹完全是一个个草的鲜活形体，它们依然挤在一起。这是怎样的层层伸展又层层踩踏而出现的惊人结果，就像石级的装饰画。

这天我上到一个高处，看到一片瓦上，竟然有一枝花在开放。不是风，便是鸟儿，给了瓦一个生命，瓦便精心地守护它。瓦将身下的一丁点儿泥土贡献出来，让人感觉是瓦挪了挪身子。那么舒展的花，先让人想到了舒服。是的，花儿必然是感到了舒服，否则它怎么那般自在？于瓦的这片世界里，它开出了异样的美丽。

本来是看瓦的，却看到了瓦上的花。

真菌消失后的世界

□ [法] 蒂图昂·科莱 编译 / 邹伶俐

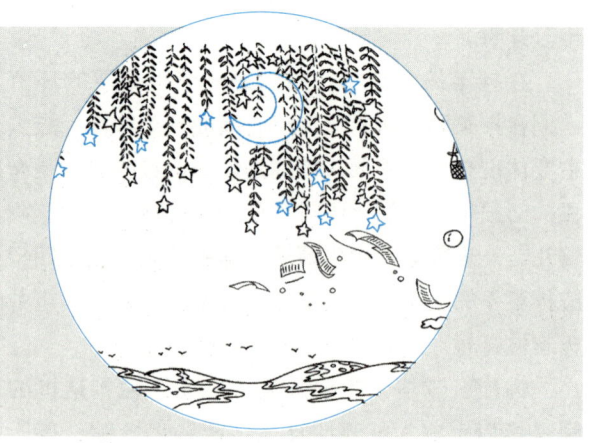

入秋之后,雨后阳光普照,如此好的天气,人们按捺不住想去森林里散步、采蘑菇。然而,法国的采菇人从森林回来后都在嘀咕,怎么树底下完全不见鸡油菌和牛肝菌?更别提有毒的鹅膏菌了。就连地窖里种植的双孢蘑菇也没有了!几个月后,某个国际科学研究机构宣布了一项可怕的发现:全球的真菌都消失了(这当然是一种幻想)。原因不详,有可能是某种病毒或细菌在作祟。即便有许多喜欢吃松露和牛肝菌蛋饼的人在苦苦等待真菌回归,这也不能代表全球所有人都是这样。

真菌形态多样,有些甚至要用显微镜才能看到,而部分种类会带来大麻烦,每年都有人因真菌感染而生病。如此说来,真菌的消失或许能让数百万人受益。对整个动物界而言,真菌的消失还有其他值得高兴的地方:至少120种两栖类动物不会因感染壶菌而灭亡,已导致600万只蝙蝠死亡的白鼻综合征亦不复存在。看来,真菌消失还挺好!

悲伤的春天

不过,到了来年春天,林业人员就开始着急了。本该是万物复苏的季节,小草却开始枯黄,树木也不再开花,因为大部分植物都需要和真菌共生以更好地生长。其实大多数人缺乏对真菌的了解,比如,作为盘中餐的蘑菇既非植物,也非动物,恰恰属于真菌。

真菌并不仅仅是人们看到的伞状突起,那些菌盖其实是它们的繁殖器官:它们每年冒头一次,为的是传播孢子,孢子散落到各处,生长出新的个体。一旦完成繁殖工作(通常在秋天,某些种类也会在春夏繁殖),真菌的菌盖和菌柄就会消失。

互利共生

真菌的"真身"是深入地下庞大而密集的丝状网,能绵延数平方米,甚至数公顷。部分真菌的丝状组织被称为菌丝体,它会和周围的植物建立一种紧密的共生关系。当菌丝体接触某株植物时,会缠绕其根部末端形成一个密集的网状系统。紧接着,菌丝体进入根的内部,建立一个物质交换区。植物将通过光合作用制造的糖分中的20%~40%提供给真菌。作为回报,真菌能帮助植物更好地吸收土壤里的水分和营养,因为菌丝体的网络远比植物根系密集而且分布范围更广。真菌与植物的共生结构叫作菌根,极为高效,自然界中90%的植物都依靠这种关系生存。

植物通过叶片吸收二氧化碳,借助光来启动光合作用,同时再利用水和矿物质制造营养物质。真菌的菌丝体进入植物的根部,形成菌根,为相互之间的物质交换提供条件。其他种类的真菌充当清道夫,分解腐木和枯叶,有机物被消化,其中的矿物质被送回土壤,二氧化碳则被释放到大气中。

问题显而易见,没有真菌,地球上大部分的植物都没法享受"外卖到家"的服务了。当然,植物还可以尽量延伸自己的根系来自食其力。只不过,额外生长的根系需要很多能量,非常不划算。更何况,在根部延伸的过程中,植物很容易碰到周围其他植物的根系,资源争夺在所难免。此外,真菌还能保护植物:它们在土壤中的污染物扩散至植物根系前先行过滤,还能为植物提供化学防御,使其免遭病害或寄生虫入侵。总之,没有真菌,众多植物会枯萎。即使少数植物幸存,为了节约使用有限的资源,它们只能尽量抑制自己的生长。

告别面包、蛋糕和巧克力

真菌的消失不仅关系到自然景观，人们的日常生活也将发生天翻地覆的变化。首先，我们会和酵母道别，因为这些微小的真菌是一切发酵工艺的根基。没有酵母，自然也就没有葡萄酒和啤酒，制作面包和蛋糕更是无从谈起；甚至连巧克力也没有了，因为让可可豆发酵是制作巧克力不可或缺的步骤。

真菌还是药物的来源之一。1928年，英国细菌学家弗莱明发现了青霉素，这是世界上第一种抗生素。此后，人们陆续发现了数十种可以杀死细菌的真菌毒素。它们使足以致命的细菌感染问题迎刃而解，换作以前，剧烈的牙痛都可能致命！一些从真菌中提取的物质可以用来治疗心血管疾病、癌症和抑郁症。

因此，真菌消失后也将致使药典里的一大部分药物跟着消失。虽然，如今部分药物来自化学合成，但仍有一些药物提取自实验室培育的真菌。再者，至今人类都还没有完整统计和完全弄清世界上的所有真菌。城市里的真菌中有90%仍属未知，热带雨林的未知真菌更是占到99%，而这些都有可能是新品种药物的潜在来源。

生命史的垃圾箱

然而，真菌消失带来的最严重后果要在数年后才会显现。多种真菌扮演着生态系统"清道夫"的角色。真菌以有机物为食，通过分解有机物形成腐殖质，把有机物中的营养成分带回土壤，供植物重新利用。如果没有这一步，土壤会变得越来越贫瘠，植物也将因缺少营养而逐渐死亡。

当然，细菌也能起到一部分给土壤增肥的作用。但是，木质素降解主要靠真菌。这种复杂分子用于构成植物的机械组织，是木材的主要成分，在各生态系统的生物量中占20%～35%。换算下来，每年有500亿～1500亿吨木质素需要被分解。如果不及时循环，大自然中将堆满有机物。不出几年，森林会被堆积如山的腐木取代，而草原也将变成沼泽。

最终，几乎整个生态系统都将因真菌的消失而崩溃，地球不再宜居。更糟糕的是，木质素主要由碳组成，在分解的过程中，碳以二氧化碳的形式重回大气。如果没有真菌参与分解，碳将被封存于木质素中。起初，影响还算正面，因为温室效应的"元凶"二氧化碳的排放减少了，几个世纪后，人类活动排放的二氧化碳被抵消，全球升温得到抑制。然而，现有的植物需要继续利用二氧化碳进行光合作用。一至两个世纪后，当二氧化碳储备消耗殆尽，地球将会进入新的冰期。缺乏二氧化碳，所有的植物都将逐渐灭亡，相应地，食草动物必然会消失，继而食肉动物也就消亡了。

简而言之，假如真菌消失了，地球上的一切就都完了。

向自然万物请教

[德] 埃克哈特·托利　译 / 曹植

你看到过不开心的花朵或有压力的橡树吗？你是否遇到过抑郁的海豚、自尊有问题的青蛙、无法放松的猫、充满仇恨或怨恨的小鸟？

那些偶尔表现出这些消极心态或神经质行为的动物，是因为它们在与人类亲密接触的过程中被人类影响了。

请观察任意一种动物或植物，让它教你如何接受现实，向当下臣服。让它教你如何获得本体意识，教你成为你自己，使你变得更为真实。

从大自然中学会这个道理：观察万事是如何运作的，生命的奇迹是如何在没有不满或不开心的状态下展现在你面前的。

不期而遇的感觉

□ 冯骥才

黄昏时听音乐是种特殊享受。那当儿，暮色浓深，屋里的一切都迷蒙模糊，没有什么具体清晰的形象映入眼帘，搅乱头脑；心灵才能让听觉牵着，梦游一般地飘入音乐的境界中去。哎，你是不是也有此同感？

我这感觉既强烈又奇妙，以致我怀疑自己有点神经质。记得那次绝对是个黄昏，大概是在听舒曼的《梦幻曲》吧！家里只我自己，静静的空间灌满了那深沉而醉心的琴音。屋子的四角都黑了，窗前的东西变成一堆分辨不清的影子，只有窗玻璃上还依稀映着一点淡淡的橘色的夕照。

我的心像被这音乐洗过一样圣洁。不知是心沉浸在琴音里，还是琴音充溢我的心里，一股潜流似的婉转回旋。于是我被感动起来，随之而来的，便是这种动心的感觉渐渐加强，心里的潜流形成一个疾转的漩涡，到了感动的潮头卷起，我忽然不能自已。好像有根无形的搅棒，把沉淀心底的乱七八糟的全部翻腾起来。一下子，大颗大颗的泪珠竟然夺眶而出，滚过脸颊，啪啪掉在地上。我倚着门框，仰起头，衣襟很快就湿了一片。平日里，偶然给什么意外的事物的触发，也会生出这样一种感觉，却总是一掠而过，从来没有凝聚起来，这样有力地撞击我的心扉。

然而我不明白，这感觉是怎样来的？是那琴音招引来的。更奇怪的是，以后，多少次，黄昏时，我设法支开家里的人，依旧在这光线晦暗、阴影重重的安寂的小屋里，独自倚门倾听这支曲子，但再也不曾出现那种忍俊不禁、苦乐交加的感觉了。

感觉是找不到的，只有它来找你。

两年后，我早已忘掉寻觅这感觉的念头，却意外碰到了它。

那是个深秋时节，刚刚下过一场蒙蒙小雨，天色将晚，人在户外，脸颊和双手都感到微微凉意。我才办完一件事回家，走在一条沿河的小道上。小河在左边，蜿蜒又清亮，缓斜的泥坡三三五五坐着一些垂柳；右边是一面石砌的高墙，不知当年是哪家豪门显贵的宅院。这石墙很长，向前延长很远。院内一些老杨树把它巨大的伞状的树冠伸出墙来。树上的叶子正在脱落，地上积了厚厚一层，枝上挂的不多。虽然无风，不时有一片巴掌大的褐色叶子，自个儿脱开枝干，从半空中打着各式各样的旋儿忽悠悠落下来，落在地上的叶子中间，立时混在一起，分不出来，大树也就立刻显得轻松一些似的。我踏着这落叶走，忽然发现一片叶子，异常显眼，它较比一般叶子稍小，崭新油亮，分明是一片新叶。可惜它生不逢时，没有长足，胀满它每一个生命的细胞，散尽它的汗液与幽香，就早早随同老叶一同飘落。可是，大自然已经不可逆地到了落叶时节，谁又管它这一片无足轻重的叶子呢？

我怜惜地拾起这片绿叶，抬眼一望，蓦然发现高高的、被雨淋湿而发暗的墙头上，趴着一只雪白的猫，正呆呆瞧着我；杨树深处，有两扇玻璃窗反映着雨后如洗的蓝天，好像躲在暗处的一双美丽的眼睛……突然，就是这突然的一下，我被莫名地感动了。那次听音乐时所产生的异样的感觉，又一次涌入我的心中，在我心里翻江倒海地搅动起来，视线又一次被止不住的大股热泪遮挡住了。我站在满地褐黄斑驳的落叶中间，贪婪地享受这又甜又苦的情感，并任使这情感尽情发泄和延长，多留它一些时候。谁知它只是这一小阵子，转眼竟然雾一般渐渐消散。

等待中的期许

□张 恒

曾听出版界的朋友讲过一个令人心动的故事。前些年，他在一个饭局上，遇到一个初次见面的人。中国人聊天，总会问籍贯，就像英国人爱聊天气。听那人说到自己的故乡，朋友心弦微动。他忽然想起一个名字。30多年前，他还是一个少年，从杂志上找了一个笔友。两个人通信很久，聊聊日常琐事、青春悸动。直到后来，毕业、上班、搬家，逐渐失联。

这是许多人都有过的经历，成长，始于告别。这位朋友一直记得笔友所在的城市——就是在饭局上初见的那个人的故乡。朋友随意问起，是否认识某某某（他笔友的名字）。那人当即回道："我们是邻居。"

中国地大物博、人口众多，他们却通过这种巧合，再次相遇了。如今，两个人都结了婚，有了孩子，换了城市过着平淡的生活。这样的巧合，算是生活里的小奇迹。朋友还找机会去了笔友所在的城市，与她和她的家人见面，从此建立联系。只是交流方式不再是车马慢的信件，而是微信，两个人升级为网友。

近日和年轻的同事聊起这个故事，让我惊讶的是，这群"90后"竟然也有笔友。一名同事还提到一个网站，注册后，会收到一个随机地址，可以给对方寄送明信片。他也收到过来自英国、日本、马来西亚等地的明信片。日本笔友，很体贴地用中文写着地址；法国笔友，歪歪扭扭地写了"你好"两个字。

据这家网站统计，已经有80多万名会员收到来自207个国家的6293万张明信片。这种跨越千万里的期待，总是令人怦然心动。

多年前，我出差去外地，还时不时给同事寄上一两张明信片，总算生活中，能有一些小小的惊喜。

这些惊喜所蕴含的正是"等待"的迷人之处。像《等待戈多》里所说的："我在等待我的戈多，我却真的不知道他什么时候来。"沈从文写《边城》，也说翠翠等着心上人，"那个人也许永远不回来了，也许明天回来"。

日本人伊藤秀夫从来没想过，自己的孩子能够"回来"。10年前，他的儿子就因落水而丧生了。但是不久前，他收到一张明信片，是儿子寄出的。原来，在孩子遭遇意外之前，当地政府搞了一个防止全球变暖的宣传和启蒙活动。他们邀请小学生给10年后的自己寄一张明信片。伊藤的儿子参加了。10多年后，政府才把这些明信片寄出。伊藤这才知道，儿子当时最关心的一件事是，"我弟弟在干什么？"看着明信片，伊藤一下子记起了那个冬天，那个孩子的样子。我也忽然想起"刻舟求剑"这个成语来。那张明信片，就是伊藤的儿子刻下的记号，伊藤永远找不回儿子了，记号却一直存在。

如今，邮筒正在慢慢消失，说起来总令人深感惋惜。可是，如果让我们回到那个车马慢的时代，估计大部分人会拒绝。

在这个时代，人们不断往前跑，总会甩下一些东西，有得有失。

前两天看新闻，一家外卖平台要增加社交功能了。我于是掰着手指头数了数，我们有了电商社交、短视频社交，现在又有外卖社交——这真是一个社交途径极丰富的时代。

只是，曾经那种社交的丰富感——期待、温馨、畅快、痛苦……已很难感受到了。一个点赞图标，几乎表达了我们作为人类的一切感情。

路是森林的露天舞台

口艾 平

网状的路在原始森林秘境中缭绕。

这里是呼伦贝尔境内，额尔古纳河右岸，中国最大的集中连片、未经生产性开采的原始林区。当我登上长梁北山的防火瞭望塔，顷刻间被扑面而来的壮阔和深远惊倒——阳光明亮清澈，天空剔透到冰蓝色，群山连绵，大河逶迤，植被缜密而华美，犹如漫卷的丝绒跌宕起伏；樟子松、白桦、偃松、落叶松、红松参差葳蕤，斑斓着岁月的深浅。那驼鹿、棕熊、猞猁……种种野性的生命在何处缱绻奔放？万山幽静，百兽归隐，正是天长地久的景象。

我们走来的路呢？它在山林间，像穿梭在丝绒上的银线，细若游丝，时隐时现，纤细几近虚无。

这片将近一百万公顷的原始森林，得益于远在高寒边地，躲过了大采伐的油锯。1999年，内蒙古北部原始林区管护局成立，这片森林从此进入全封闭管护状态。但因为七个无人区管护站的供给，因为消防部队需要及时抵达火场，因为护林人员需要常年巡山，因为这里的每一寸土地，每一棵树木，每一种动物都需要安全，路，成了这里不可或缺的命脉。

带领我们考察的是森林管护局的工程师梅玉生，二十多年来，他一年中总有大半时间在林子里工作。说到这片原始森林的天气、地质、动植物，他深情难掩，已然将身心融入了森林，或者说，森林已经长在了他的生命里。在我们瞪大眼睛四处寻觅的时候，他突然说，快停车，一边举起了相机——原来，路旁的阳坡山腰，有一只大马鹿在晒太阳，因为饱食了夏季馈赠的归心草和柳树枝叶，它灰褐色的毛皮光泽熠熠，身肢硕壮矫健。它静立看我们片刻，不慌不忙地走进了林子。马鹿的从容让我有点意外，梅工告诉我，这里的马鹿很多，它们每天跨过这条路，去河边喝水，路让它们见了世面，知道了车和人的存在，也知道了人并不是它们的天敌。

在我看来，世上任何一条路都是生龙活虎的，它走到哪里，哪里就有阵痛，就有巨变。眼下这条路，却不属于那种走的人多了，也就成了路的路，它不期望宽阔，拒绝热闹，终年车马稀疏，瞭望着山林，避让着动物，小心翼翼地存在着。

梅工接着告诉我，有一天，他在公路上看见远处横着一大截黑色的过火木，走近一看，竟然是一头熊卧在那里晒太阳，梅工都到了跟前，它却不为所动，轻轻按了下喇叭，它才慢悠悠地站起身，极不情愿地让开了路。传说熊瞎子打立正，这头熊还真的站在路边，行注目礼一般，看着眼前的车离开。梅工说："你就沿着这条路走吧，可热闹呢。"

一场小雨过去，我们又看到了四只在路边跳跃的狍子，它们遁入林子的身影极具美感，躯体抻直如飞镖。狍子作为食草动物，一生以逃避为功课。现在，它们到路边干什么来了呢？一路上我不停好奇，不停发问。梅工说，不是下雨了嘛，林子里的腐殖层潮湿泥泞，路面平坦没有积水，太阳出来了，还暖洋洋的，所以公路成了动物们求之不得的小憩场。当然，聪明的动物虽然不再害怕汽车和人类，却不会放松对天敌的警惕，它们懂得择机而行，趋利避害，往往能够出神入化地保护好自己。

话题落在这条路上，梅工一连串的故事讲不完——暮霭将至，山间弥漫起黑红色的帷幕。汽车的对面，一对小灯泡般的光点漂移晃动，梅工凭经验知道是个不小的动物。稍近，看出是一匹威风凛凛的森林狼。它向前探着头，龇着牙，满目凶光，发出低低的咆哮，迎面逼视着梅工的汽车。梅工停车，意在给狼让路。狼却站立了起来，高举两个前肢，分明是在拦路。真是难得的拍照机会，梅工端起长焦，狼随即开始亮剑——它像投篮的运动员那样纵身一跃，跳起将近一人高，同时发出高亢的嚎叫。梅工的相机咔咔咔地连拍着，狼继续原地弹跳、嚎叫，天渐黑，那声音在山间回荡着，很瘆人，估计狼的团队很快就会赶来。两三分钟后，梅工拍摄完毕，上车后退，那狼立马偃旗息鼓，跳下公路，进了林子。

我听得心跳直加速——这么凶的狼，你怎么不害怕？梅工一笑说，我知道狼不过是想把我赶走，因为这里是它的领地，我影响了它狩猎。狼也知道我是过路，不会攻击它。果真，当梅工原路返回的时候，在路边看到了一具马鹿的残尸，看上去被狼掏过不久。

貌似亘古的食物链法则，处处留有进化历程留下的伏笔。随着环境的变化，觅食的大军立马刷新策略蠢蠢欲动。梅工告诉我，几天之后，他再次经过这里，老远就看到有个团块状的东西，像被抻开的破被似的在路边悬移着，拿长焦一调，竟然是五六头野猪在撕拽着那只马鹿的毛皮。狼的剩饭，貂熊尝过，松鸦啄过，现在轮到野猪做最后的饕餮。缤纷的生命就这样在林中弱肉强食，到头来殊途同归，成为万物重生的土壤。

试想，假如这是一条四溢火药气味或者暗设陷阱猎套的道路，森林的故事该走向何方，还会有眼下略带伤痛的美妙吗？还会有如此物竞天择的绵绵瓜瓞吗？我们见过太多的生态陡变，好在人类也像林中的动物一样，总结了生存经验，悟出了一个道理，那就是必须满怀敬畏，与大自然共生共荣。

原始森林之路和梅工的讲述始终贯穿着同一个主题，那就是不用处理盆景的方式干预生态，相信大自然的自我调节功能，相信一切都可以自然而然地嬗变或者轮回，正如森林母亲正在收容着一条谦卑的路，渐渐使之成为自身的肌体。

问题很简单

□王吴军

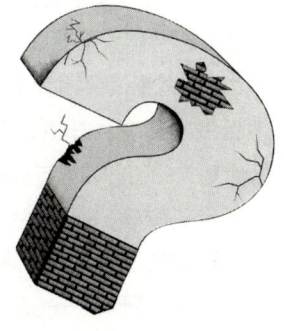

哈利思是美国著名专栏作家。

有一天，哈利思和一位朋友到街上去，走到一个报摊前面时，哈利思停下了脚步。平时，哈利思经常在这个报摊上买报纸，于是，他像往常一样，买了一份报纸，然后，哈利思对报摊的主人说了声："谢谢！"

但是，当哈利思微笑着对报摊的主人说完"谢谢"的时候，他却一脸冰冷，没有说一句话。

"这个家伙的态度真的很差，是不是？"在哈利思买完报纸和朋友继续向前走的时候，哈利思的朋友问道。

"他每天都是这样的，这是他的性格。"哈利思毫不介意地说。

"那么，你为什么对他还是那样客气？"哈利思的朋友惊异地问他。

哈利思淡淡一笑，回答道："我的老伙计，这个问题其实很简单，我为什么要让他决定我的行为呢？"

你的猫一直在认真听你说话

□ 贾静晗

中国至少有5800万只宠物猫，这是2021年的数据。畜牧业协会发布的《2021年中国宠物行业白皮书》显示，猫的数量已超过了狗，成为中国城镇家庭饲养最多的宠物。

人人都有脆弱的时刻，一张漫画里，大人羡慕小孩轻松，小孩羡慕狗单纯，狗羡慕人类什么都有，只有猫独树一帜，高高地站在柜子上说"我超厉害的"。

人们习惯称猫为"主子"，这或许是人类历史上第一次对其他生物使用敬称。和狗比起来，猫与主人的情感关系更弱。在目睹陌生人"伤害"主人后，狗会拒绝陌生人的食物，但猫不会。

当然，猫在离开主人的时候，也会表现出分离焦虑症，在主人的床上撒尿、叫喊；它们对主人的声音更敏感，听到主人说话会更快地转头。情绪不稳定的主人还有可能让自己的猫患上一系列疾病，比如肥胖——这也许是因为他们的担忧导致了对宠物猫的过度保护。

另一个常被提起的区别是，每当狗听到你叫它的名字，总会迅速、热情地跑到你的身边；但猫呢，无论你呼唤多少次，无论声音多么饱含爱意，它们丝毫不予理会。

在搜索网站输入"猫能听懂自己的名字吗"，一条搜索结果来自一名专业兽医，他的答案简单直白："猫咪是听不懂人说话的，也听不懂自己的名字。"在动物学界，不同于狗，家猫与人类交流的能力还没有得到彻底的探索。在很长的时间里，人类都不清楚，猫咪能听懂我们的话吗？事实上，猫不仅听得懂自己的名字，可能也知道家里其他猫的名字，甚至是你的名字。

2019年，一个来自日本的研究团队发现，家猫能从人类的话语里辨别出自己的名字。2022年5月，同样是这个研究团队，在《自然》杂志旗下的期刊《科学报告》上又发表了一篇论文，题目为《猫咪能在日常生活中学习同伴猫咪的名字》。

这些心理学家、动物行为专家找来了48只猫，其中29只来自猫咖，另外19只来自家里有多只猫咪的家庭。研究者用一台笔记本电脑为每一只猫播放4次主人喊它同伴名字的录音，每次间隔2.5秒。之后，电脑屏幕上会显示一张猫的照片，时间持续7秒。每只猫会进行4次试验，其中两次名字和照片一致，另外两次则不同。

结果发现，当猫听到的名字和照片上的脸不匹配时，它们就会花更长的时间盯着屏幕看。这意味着，图片与它们的期待不一致，它们感到困惑。研究者因此认为猫咪能记住同伴的名字，他们猜测，这源于"竞争"。毕竟，一只猫通常在主人叫它的名字的时候能得到食物，叫别的猫时，它只能干瞪眼。

但是，这种情况只出现在家养的猫咪身上，猫咖中的猫不会对同伴的名字产生明显的反应。这或许是因为猫咖里的猫对与自己生活在一起的同伴没那么熟悉，听到它们名字的机会也更少。

在第二个实验中，研究者把猫同伴的照片换成了人类家庭成员的照片，将播放的声音也换成了猫主人的名字，然后重复了第一次实验的操作。这一次，家养的猫咪也显现出了对于主人名字的认知。并且，与人共同生活的时间越长，猫对于"叫错名字"的反应也会越明显。

实验证明，猫能够站在第三方的视角，通过观察人类之间的互动来记住人类的名字。第一项实验结束后，一只猫就从房间里逃了出来，爬到了研究者够不到的地方，因此，它遗憾地未能完成第二项实验。

你的猫可能一直在默默地、认真地听你说话。此前许多关于猫的研究都表明，猫对人类的注意状态高度敏感。而这项研究第一次证实了，家猫会通过日常的经验学习将人类的话语和话语的社会意义联系起来。

猫对你的关心不止于此。它们可以在大脑中记录人类的存在，并通过敏锐的听觉来确定人类的位置，用声音追踪你的一举一动。美国俄勒冈州立大学的一个团队还发现，当被单独留在一个陌生的环境中时，64.3%的小猫会对主人产生类似于人类婴儿般的"安全附着"。在研究的最后，研究者克里斯汀·维塔莱写道："也许我们的猫真的爱着我们——或者说，它们中的大多数是这样的。"

一个遥远的下午

□ [美] 理查德·布劳提根　译 / 潘其扬　肖　水

这是一个我反复讲给4岁女儿听的故事。她从中有所收获，一次又一次地要我讲给她听。

到她上床睡觉的时候了，她说："爸爸，给我讲讲你小时候爬进那块石头的事吧。"

她把身边的一圈被子抱紧，仿佛它们是可控的云。她又将拇指含在嘴里，用好奇的蓝眼睛看着我。

"有一次，当我还是一个和你一样大的孩子的时候，我的父母带我去雷尼尔山野餐。我们开着一辆旧车去那里，途中看见一只鹿站在路中间。

"我们来到一片草地，树木的阴影下有积雪，太阳照不到的地方也有雪。

"草地上生长着野花，很美。草地中央有一块巨大的圆形岩石。我走到岩石前，发现岩石中央有一个洞，就往里面看，那里像一个小房间一样，空空的。

"我爬进岩石，坐在那里凝视着蓝天和野花。我非常喜欢那块石头，假装那是一栋房子，整个下午我都在石头里面玩。

"我捡了一些较小的石块，把它们放进大石头里。我假装较小的石块是炉子、家具和其他东西，然后我把野花当作食材，做了一顿饭。"

故事到这里就结束了。

然后她抬起头，用深邃的蓝眼睛看着我，把我看作那个在石头里玩耍的孩子——假装野花是汉堡包，然后在由岩石充当的小火炉上做饭。

她永远听不厌这个故事。她已经听了三四十遍了，却总想再听一遍。

这对她来说很重要。

我认为她是在用这个故事作为一种哥伦布式的契机，去探索她父亲的童年。那时，我和现在的她是同龄人。

画境之中有蓑衣

□明前茶

雨下了一场又一场，稻田里的水逐渐抵达小腿中段，放养稻田鱼苗的人穿着古老笨重的蓑衣，蹚水来往。蓑衣由龙须草编成，每一根露在外面的龙须草上都噙着一颗晶亮的水珠。当活泼健硕的鱼苗甩动泥水，穿蓑衣的人迅速闪避的刹那，这些悬挂的水珠甩出了流线型的一长串，如侠客腾跃，明亮的暗器蜂拥。这是蒙蒙细雨中的唯美时节，稻田方正、河流曲折，哪怕这蓑衣比塑料雨衣看起来厚重很多，但因为每一根龙须草中都有空气流动，其实穿蓑衣反而透汗、干爽。

每年，在梅雨降临之前，老姜会从镇上的编织小作坊中回到乡间老宅，替穿惯了蓑衣的稻农们，编织或修补他们急需的大蓑衣。

蓑衣还有大小之分？有的。因为如今穿蓑衣下田、撑船、垂钓的人实在稀少，老姜为了生存，开发了一种只有八寸高的小蓑衣。这种蓑衣出口到东南亚，是深受年青一代喜爱的"偶人"装束，可以穿在素瓷玩偶身上，也可以单独张挂在朴素的茶室中。它是常规蓑衣等比例缩小而得，好像一只惟妙惟肖的草蝴蝶，两肩如鼓胀的鸟翼，略上翘，中间用棕绳做成紧凑的圆领口。

散发隐隐草木之味的蓑衣，悬挂在素白的墙上，外面是青青苍苍的远山、晶亮绵密的烟雨，这小小的蓑衣仿佛凝聚了蒙蒙的乡愁，在它的背后，有着"青箬笠，绿蓑衣，斜风细雨不须归"的诗情，也有着"短蓑箬笠扁舟小。深入水云人不到。吟复笑。一轮明月长相照"的空灵语境。

在8寸高的小蓑衣背后，旅人看到的是愈加邈远的故园，是辛劳的农桑与渔樵，看到的是现代化生活中难得的心灵抚慰，以及中国人深深向往的耕读意境。

作为谋生者，老姜并不太懂这些藏匿在蓑衣背后的微妙语境，在他的心目中，蓑衣只与渔事相关，与孕育稻米的劳作相关。当年，一件成人穿的大蓑衣可以换一百斤大米，因为蓑衣不仅是雨具，烈日当头时，农人在树荫下小憩避暑，还可以将它垫在泥地上，厚实软和的质地可隔绝田间的湿气，避免出现关节病。

如今，绝大多数稻田都采用了机械化的耕作，然而，留守乡村的老农们还有"十边地"要种，这些零星地块位于林边、屋边、山坡边、沟渠边、河边、塘岸边，都是不适合大型农用机械开进的，种这些地依旧需要手作。一件大蓑衣，费料是小蓑衣的十倍，但卖价几乎是一样的。老姜说，只要种田人需要蓑衣，他就卖这个价钱，因为"买小蓑衣的人就是玩家，买大蓑衣的人过的才是一颗汗珠摔八瓣的日子"。

为了编织蓑衣，6月，老姜提前去深山崖面上采摘龙须草。从山顶往下看，映入眼帘的葱绿色如同仙翁纷披的长发与美髯，成片的龙须草在山风中左右摇荡，露水瞬间就会打湿采集人的球鞋。老姜手脚并用攀下陡坡，小心翼翼地采撷。而后，他要赶在梅雨开始之前，将整筐的龙须草通过"三煮三晒""两浸两露"等工序，使之消去淀粉质地的脆弱成分，生长出韧性。

这就是制作蓑衣的主料。此外，因为蓑衣是从领口开始编结，他还需要一只大海碗来模拟人的脖围儿，再围绕着这只碗编织出立体的蓑骨领口。编织领口一定会用到棕绳，从领口往下，将一小束一小束龙须草完美编结起来的，也是棕绳。老姜用一双粗大的手创造出这些天然的棕绳：首先，他要攀上山中高大的棕榈树，用一个自制的长柄铁爪在棕叶上反复抓挠拉扯，搔抓下来的絮状物便是棕绒。将棕绒放在箩筐里背下山，在场院中充分晒干，之后需要将棕绒揉搓成长线，再用一个手摇轱辘将细棕线捻成棕绳，这样，用来编织蓑衣才有足够的强度。当然，无论棕绳，还是龙须草，天然材料的柔韧性终归有限，在编织的漫长时光中，老姜这样的匠人不得不长时间蹲着，让沉厚的蓑衣处于相对舒展的状态。"年轻时，蹲着的辰光比睡觉的时间还长。"累吗？肯定是累的。后悔入这行吗？不后悔，因为，这蹲着编织的场景就像怀抱着自己的娃儿，眼看着它轻柔地跳跃着，长大了、有型了，"上有青被襁，下有新腽疏"。蓑衣分上下两部分穿着，上面像一袭宽和的坎肩，下面像一条侠士的袄裙。蓑衣编织起来，人就像坐在一张小小的飞毯上，也像坐在一片黄褐色的云彩上，创造的快乐盈满身心。

在编织中，小姜变成了老姜。编好的蓑衣好像世间最浩大的蝴蝶，两翼略上翘，披在身上，就可以感受"山前度微雨，不废小涧渔"的快适了。有了这件蓑衣，人就可以在入世耕作与出世隐逸之间自由往来。

买卖做完了，此地的种田人还有一样老规矩：到了收获季节，会带着自家田里出产的一小袋新米来答谢编蓑衣的匠人。新米与超市里的大米有点不一样，抓在手里泛着莹白的光，将鼻尖凑近嗅闻，有一股难以描述的米香，清润扑鼻又低调敦厚。

新米煮粥，会有一层米油浮现，喝一口，齿颊生津。买了蓑衣的老农还惦记着他，老姜知道，这是稻米文明中流传下来的接近散逸的传统，但还是被这份记挂触动了。

爱的天赋

□ 傅 菲

我做了一个麻雀吃食的实验。在院子里的圆桌上，倒扣一个筲箕，用两根约三十厘米长的君子竹，支起筲箕嘴的两个角，将麻线在竹节扎结，拉直，线的另一端扎在筲箕背上。这是简易的捕鸟笼，等鸟进了筲箕罩，触碰麻线，筲箕会自动落下来。

我藏身在厨房里，半掩着门，盯着圆桌。一刻钟后，来了六只麻雀，站在圆桌上，东张西望。其中一只麻雀进去了，小心地吃着饭粒，吃了几粒，停下来叫几声，其他麻雀便也进去吃了。在筲箕嘴，我没有扎麻线，筲箕不会罩下来。

我撒了三次饭粒，麻雀都会以同样的方式进食：由一只麻雀先试探性地进筲箕啄食，确定安全了，再通知其他麻雀一起享用。

2019年9月，我去鄱阳湖做候鸟保护调查，余干县野保站站长雷小勇讲了小天鹅进食的故事。上百只小天鹅去湖滩觅食，由一只小天鹅先吃，半小时后，若吃食的小天鹅没有发生意外，其他小天鹅才开始进食；若有意外发生，其他小天鹅就会飞走。

做过麻雀吃食的实验，我相信了雷站长的观察结论：为同类的生存而牺牲的精神，并非人类所独有。

爱是一种天赋。

树与人

□ 孙葆元

中华文化以物喻理，博大精深。树与人类伴生伴助，人们很早就注意到它的品质，或松龄千年，或杨柳婀娜，或槐荫玉立，说的是树，喻的是人。于是我们发现"树"这个词有两重含义，一重是作为木本植物的"树木"的含义，是名词；另一重是以树喻立、喻直的文化含义，是动词。以树拟人，树又不似人。直树为栋是哲理，歪树为美就是美学，怪树为奇便喻成独特，我们看到林林总总的树构成森林，也看到形形色色的人构成社会，这就是中国树的文化。

中国人喜欢树，把树写进诗文、绘入图画，成为不可动摇的文化传统。丹青山水必有树，山水画家说，树是山水的眉目。明白无误地说，山水画就是一张脸面，这张脸面上如果没有眉眼，那是多么难看！清代著名文学家李渔支持其婿沈心友及王氏三兄弟编绘画谱、成书出版的《芥子园画谱》教习作画，其中的"树谱"通篇赋予人情事理。"画树起手四岐法"说的便是树的特征，"岐"实际是"歧"之误。歧者，是分岔，是不相同。树必分杈，没有一片相同的叶子，自然也没有一根相同的枝杈，以此喻人最为贴切。树谱说："石分三面、树分四枝也。然不曰面而曰歧者，以见此法参伍变幻真若路之分歧。"画中的"石分三面"便是立体的石，"树分四枝"是说树的枝杈向四面伸展，是立体的树。古人对于三维空间很早就有了清醒的认识，于是要求"四歧之中面面有眼，四歧之外头头是道"，这是图画中树的美学。

原则确立，紧接着讲树的画法。如果画两棵树，务必一棵大树、一棵小树相搭配才好看。画谱说，一大加一小是扶老；一小加一大是携幼。大树须婆娑多情，小树须窈窕有致。这是不是以人比树？如果画三棵以上的树，画谱则要求"须左右相让，穿插自然"，这是人的和谐美学，于是就分出"交形"与"分行"的规则，让读画的人读出画中的意趣。画中的树挺立着、交织着，其实是人的挺立与交织。

以人比树，大概是有了文学就有了这样的比拟。《诗经·小雅·巧言》中说："荏染柔木，君子树之。"这里的"树"是种植，说风采无限的树木由君子栽培，把"荏染"的树与君子等同起来，意味着君子如树，风采无限。由此管子说，"一年之计，莫如树谷；十年之计，莫如树木；终身之计，莫如树人"，他比喻说，种植粮食，有一年的盘算就够了；种植树木，须十年盘算；那么，树立一个人呢？须终身盘算。树人当然是树德。《尚书》中说得更直接："树德务滋，除恶务本。"这里的"树"是建立，说的是建立德治，务必深益；剪除邪恶，务必根尽。

在中华文化观念里，人生如树，树生即人。且看王安石的《忆昨诗示诸外弟》："忆昨此地相逢时，春入穷谷多芳菲……此时少壮自负恃，意气与日争光辉……男儿少壮不树立，挟此穷老将安归。"他也在讲人生树立以及不能树立之哀。司马迁在《史记·吕不韦列传》中进一步讲到，树立人生要从根本上"树本"之理。当年吕不韦曾规劝华阳夫人："不以繁华时树本，即色衰爱弛后，虽欲开一语，尚可得乎？"是说人立于世，不要以青春靓丽为资，而应以贤德正直为本。他的劝告虽然动机存疑，但人本思想是没有差错的。这是关于"树本"最早的文字记载。此后，人们以树为范例，建树起无数的英模，为人寰立行为标本，为思想立正确准则。人与树并立于世间，共同绿化着这个生气勃勃的世界。

　　人并不盲目地效仿树，对于树是有取舍的。效其直，慕其坚，羡其韧，人的行为准则就有了耿直、坚强、坚韧的品格。原来人们是以堪用、担当来评价树的。树又是人们心中的骨架。故宫的梁柱是树木做的，这些树生时婆娑多情，斫后承梁负脊，肩起一座巍峨的宫殿、一段难忘的历史，这样的树如何不让人心生敬意？难堪大用的斜、怪、丑却是入画的好素材，这样的树以奇标新立异，形成中国画里的美学共识。直立与歪斜、端正与怪异，在树的身上完成了对立与统一。

　　以物取意，唯物立标，是中华文化的智慧。物尽其用，物便多情，树就寄托起人们无限的情感。贺知章看到了柳的依依多情，便说："碧玉妆成一树高，万条垂下绿丝绦。不知细叶谁裁出？二月春风似剪刀。"一语既出，派生出柳的文化。插柳寓意不择生存环境，折柳寓意留别，把柳条盘成枝冠戴在头上寓意生发，把柳条插到门上寓意辟邪。贾思勰在《齐民要术》里说："取柳枝著户上，百鬼不入家。"柳便成了战胜邪恶的力量。桃树是柳树之外被屡屡钟情之木，唐代元稹咏桃花："桃花浅深处，似匀深浅妆"，桃花是结队登场的女子；崔护笔下的桃花更是花与人面的叠印："去年今日此门中，人面桃花相映红"；李贺则有点伤春："况是青春日将暮，桃花乱落如红雨。"一棵树，在不同人的眼里具有不同的姿态，这是文化观念的解读。

　　最被人尊重的是松树。松树千载，华亭如盖，且不朽腐，是中华文化中极庄严的形象，有文以来，没有谁敢轻亵玩弄。魏晋时期的刘桢以松树勉励自己的从弟："亭亭山上松，瑟瑟谷中风。风声一何盛，松枝一何劲！冰霜正惨凄，终岁常端正。岂不罹凝寒，松柏有本性。"这哪是在说松，分明是在说人。陈毅将军另寄深意："大雪压青松，青松挺且直。要知松高洁，待到雪化时。"了解将军生平的人，都知道这是他的自我写照。如果仅仅满足于松龄鹤寿，那文化就俗了，松的文化是它苦寒而不凋、艰岁而青葱的本色。

　　另一株经岁寒而愈红的是枫树，它也是被人尊敬的树。杜牧忍不住停下赞赏它："停车坐爱枫林晚，霜叶红于二月花。"杨万里眼光诙谐，他眼里的枫树是一个调皮的孩子："小枫一夜偷天酒，却倩孤松掩醉容。"把松、枫间杂在一起，塑造了《芥子园画谱》里的意境。中华传统文化中从来没有无来由的谬赏，我们击节赞叹贞节、高洁、气节、不屈、不折，都是从树的性格中引申过来的。

我让萤火虫去接你

□周华诚

　　我和两三位朋友饮酒夜归，几个人穿过小树林，发现路上飞舞着几只萤火虫。小小的绿色的光点飞啊飞，引得大家大呼小叫，兴奋不已。

　　那是六月初，我带着城市里的朋友回老家种水稻。每年的暮春初夏，我都会带他们来田间干农活。我们在田埂上坐着，谈天说地，也在泥水中弯腰劳作，把青秧一株一株插进泥土。到了秋天，田地里一片金黄，他们又会回来，一起收割。

　　每一次在田间劳作，都让人领略到自然与山野的美好。

　　即便是一两只萤火虫飞过眼前，都令人惊讶。我们还以为这细微的美好早已丢失，结果它们还在。而我们内心深处，居然还能被这种微不足道的美好打动，这也让自己感到意外。

　　夜渐渐深了，大人与小孩带着一身疲累，沉入梦乡。只有小小的萤火虫，提着小小的绿色灯笼，那么飘逸，飞呀飞。一闪一闪，一闪一闪，仿佛在梦境。